排污许可证申请与核发技术规范系列培训教材

石化工业排污许可管理

——申请、审核、监督管理

冉丽君　蔡　梅　主　编

中国环境出版集团·北京

图书在版编目（CIP）数据

石化工业排污许可管理：申请、审核、监督管理/冉丽君，蔡梅主编. —北京：中国环境出版集团，2020.12

排污许可证申请与核发技术规范系列培训教材

ISBN 978-7-5111-4534-5

Ⅰ. ①石… Ⅱ. ①冉… ②蔡… Ⅲ. ①石油化学工业—排污许可证—技术规范—中国—技术培训—教材 Ⅳ. ①X74-65

中国版本图书馆 CIP 数据核字（2020）第 251388 号

出 版 人 武德凯
责任编辑 李兰兰
责任校对 任 丽
封面设计 岳 帅

更多信息，请关注
中国环境出版集团
第一分社

出版发行 中国环境出版集团
（100062 北京市东城区广渠门内大街 16 号）
网　　址：http://www.cesp.com.cn
电子邮箱：bjgl@cesp.com.cn
联系电话：010-67112765（编辑管理部）
010-67112735（第一分社）
发行热线：010-67125803，010-67113405（传真）

印　　刷 北京建宏印刷有限公司
经　　销 各地新华书店
版　　次 2020 年 12 月第 1 版
印　　次 2020 年 12 月第 1 次印刷
开　　本 787×1092 1/16
印　　张 15
字　　数 310 千字
定　　价 50.00 元

《石化工业排污许可管理
——申请、审核、监督管理》
编 委 会

主　编：冉丽君　蔡　梅

编　者：刘贺峰　杨一鸣　吴成志　欧阳振宇

刘仁涛　孙　慧　郭　森　王赫婧

王卫红　王之正　朱秋颖　罗　霂

于　喆　黄敏超　戴永立　滕　巍

王军霞　关　雎　庄思源　吴琼慧

薛　媛　何建东　夏志同

前　言

自党的十八届三中全会将“完善污染物排放许可制”写入《中共中央关于全面深化改革若干重大问题的决定》后，党的十八届五中全会又在《中共中央关于制定国民经济和社会发展第十三个五年规划的建议》中提出“改革环境治理基础制度，建立覆盖所有固定污染源的企业排放许可制”。2015 年 9 月 11 日，由中央政治局会议审议通过的《生态文明体制改革总体方案》明确要求：“完善污染物排放许可制。尽快在全国范围建立统一公平、覆盖所有固定污染源的企业排放许可制，依法核发排污许可证，排污者必须持证排污，禁止无证排污或不按许可证规定排污。”《中共中央关于坚持和完善中国特色社会主义制度 推进国家治理体系和治理能力现代化若干重大问题的决定》中提出，构建以排污许可制为核心的固定污染源监管制度体系。为了贯彻落实党中央、国务院的改革思路和目标要求，2016 年 11 月 10 日，国务院办公厅发布了《控制污染物排放许可制实施方案》（国办发〔2016〕81 号），排污许可制度改革全面启动。根据《控制污染物排放许可制实施方案》，到 2020 年要完成所有行业的排污许可证发放，实现固定污染源排污许可全覆盖。

石化行业是《水污染防治行动计划》和《大气污染防治行动计划》中的重点行业。石化行业范围较广，按照《固定污染源排污许可分类管理名录（2019 年版）》，到 2020 年年底完成行业全部排污许可证核发工作。为建立并完善石化工业排污许可管理体系和技术体系，指导和规范石化工业排污单位排污许可证申请与核发工作，加快推动石化工业排污许可制度实施，生态环境部组织海南省环境科学研究院、中国石油大学（华东）、中国石化抚顺石油化工研究院、生态环境部环境工程评估中心、中国人民大学、中国石油集团安全环保技术研究院、海油环境科技（北京）有限公司等单位共同起草了《排污许可证申请与核发技术规范　石化工业》（HJ 853—2017）。该技术规范规定了石化工业排污单位排污许可证申请与核发的基本情况填报要求、许可排放限值确定、实际排放量核算、合规判定的技术方法以及自行监测、环境管理台账、执行报告等环境管理要求，列出了石化工业污染防治可行技术。

为做好排污许可制度实施，便于石化工业排污单位管理人员及技术人员、许可证核发机关审核部门及第三方技术支持单位、石化工业排污许可证监管人员理解石化工业排污许可管理的各项要求，掌握排污许可证申请与核发技术要点，后期实现按证排污、依证监管，特编制本教材。全书共分为 6 章。第 1 章为行业介绍，主要包括石化工业发展现状、相关环境管理要求、主要工艺及产排污特点等。第 2 章以美国和欧盟为例，重点介绍了国外石化工业排污许可管理要求。第 3 章详细介绍了石化工业排污许可技术规范主要内容，包括技术规范总体框架、适用范围、排污单位基本情况填报要求、许可排放限值确定方法、排污许可环境管理要求等。第 4 章主要介绍了排污许可证申报，分步骤叙述了在全国排污许可证管理信息平台上的排污许可证申报的具体流程。第 5 章主要介绍了石化工业排污许可证核发过程中管理部门需要关注的审核要点，并结合实际情况给出了具体案例分析。第 6 章从证后监管的角度，主要介绍了排污许可证后监管的主要内容，包括材料审查、现场检查及典型违反排污许可行为等。

本书编写人员分工如下：第 1 章，杨一鸣、郭森、于喆；第 2 章，吴成志、王赫婧、黄敏超、薛媛；第 3 章，欧阳振宇、王卫红、戴永立、吴琼慧；第 4 章，刘仁涛、王之正、滕巍、庄思源；第 5 章，刘贺峰、朱秋颖、王军霞、何建东；第 6 章，孙慧、罗霂、关雎、夏志同。本书统稿工作主要由冉丽君、刘贺峰完成。

本书在编制过程中得到了多方面的支持与关心，包括原环境保护部规划财务司、原环境保护部环境影响评价司、中国石油大学（华东）、海油环境科技（北京）有限公司、三捷环境工程咨询（杭州）有限公司、海南省环境科学研究院、中国石化抚顺石油化工研究院的大力支持，特别鸣谢中国海油海洋环境与生态保护公益基金会对本书的支持及协助，在此一并致谢。

由于时间仓促，书中难免有不妥之处，敬请广大读者批评指正，以便进一步探讨和完善！

编　者

2020 年 6 月

目 录

1 石化工业发展概况

国家统计局数据显示，截至 2018 年年末，石油和化工行业规模以上企业 27 813 家，全年增加值增长 4.6%，同比提高 0.6 个百分点；主营业务收入 12.40 万亿元，增长 13.6%；利润总额 8 393.8 亿元，增长 32.1%，分别占全国规模以上工业主营收入和利润总额的 12.1% 和 12.7%；出口交货值 7 018.7 亿元，增长 22.0%；资产总计 12.8 万亿元，增长 5.3%，占全国规模以上工业总资产的 11.3%，资产负债率 54.56%，比上年下降 1.40 个百分点。

2018 年，石油和化工行业主营收入利润率为 6.77%，同比上升 0.95 个百分点；每 100 元主营收入成本为 81.32 元，同比下降 0.50 元。产成品存货周转天数为 16.1 天；应收账款平均回收期为 29.5 天。行业亏损面为 16.7%，比前 11 个月缩小 0.5 个百分点。

1.1 石化工业发展现状

1.1.1 石油炼制工业

截至 2018 年年末，石油炼制工业规模以上企业 1 210 家，累计增加值增长 6.4%，同比加快 0.3 个百分点；主营收入 3.88 万亿元，增长 22.5%；利润总额 1 697.4 亿元，下降 3.4%；出口交货值 1 396.0 亿元，增长 82.0%；资产总计 2.24 万亿元，增长 10.7%；资产负债率 60.73%，同比下降 0.02 个百分点（见表 1-1）。

表 1-1　2018 年石油炼制工业主要经济指标完成情况

项　目	1—3 月	1—6 月	1—9 月	1—12 月
增加值增幅/%	8.0	7.3	6.9	6.4
原油加工量/万 t	14 871.5	29 961.0	45 254.4	60 357.0
同比增速/%	7.5	8.9	8.1	6.8
主营收入/亿元	9 212.6	19 029.0	29 063.1	38 763.1
同比增速/%	16.9	19.2	22.8	22.5
利润总额/亿元	555.8	1 148.3	1 664.3	1 697.4

项　目	1—3 月	1—6 月	1—9 月	1—12 月
同比增速/%	5.8	28.6	23.2	−3.4
出口交货值/亿元	287.6	627.3	962.9	1 396.0
同比增速/%	71.6	93.6	99.8	82.0
资产总计/亿元	20 416.1	21 421.4	21 235.8	22 426.1
同比增速/%	10.9	13.0	10.3	10.7

全年原油加工量 6.04 亿 t，同比增长 6.8%。成品油产量（汽油、煤油、柴油合计，下同）3.60 亿 t，增长 3.6%，其中，柴油产量 1.74 亿 t，下降 1.9%；汽油产量 1.39 亿 t，增长 8.1%；煤油产量 4 770.3 万 t，增长 12.7%。2018 年出口成品油 4 608.0 万 t，同比增长 12.8%。

2018 年，石油加工业主营收入利润率为 4.38%，同比下降 1.17 个百分点；每 100 元主营收入成本为 80.20 元，同比增加 3.53 元。产成品存货周转天数为 11.0 天；应收账款平均回收期为 9.4 天。行业亏损面为 24.5%，比前 11 个月扩大 1.3 个百分点。

1.1.2　石油化学工业

截至 2018 年年末，石油化学工业规模以上企业 24 821 家，累计增加值增幅 3.6%，与上年持平；主营收入 7.27 万亿元，同比增长 8.6%；利润总额 5 006.5 亿元，增长 16.3%；出口交货值 5 374.8 亿元，增长 13.1%；资产总计 7.98 万亿元，增长 4.8%；资产负债率 55.85%，同比下降 1.33 个百分点。全年投资增长 6.0%，结束了连续 2 年下降的局面。

2018 年，全国主要化工产品总产量增幅约 2.3%，较上年回落 0.2 个百分点。其中，化肥总产量（折纯）5 459.6 万 t，下降 5.2%；硫酸产量 8 636.4 万 t，增长 1.8%；烧碱产量 3 420.2 万 t，增长 0.9%；多晶硅产量 32.5 万 t，增长 2.5%；乙烯产量 1 841.0 万 t，增长 1.0%；纯苯产量 827.6 万 t，增长 4.7%；甲醇产量 475.6 万 t，增长 2.9%；合成材料总产量 1.58 亿 t，增长 7.5%；轮胎产量 8.16 亿条，增长 1.0%。

2018 年，化工行业主营收入利润率为 6.89%，同比上升 0.46 个百分点；每 100 元主营收入成本为 84.13 元，同比下降 0.56 元。产成品存货周转天数为 18.9 天；应收账款平均回收期为 37.6 天。行业亏损面为 16.2%，比前 11 个月缩小 0.3 个百分点。

1.2　石化工业相关环境管理要求

1.2.1　污染物排放标准

石化工业污染物排放涉及的排放标准有《石油炼制工业污染物排放标准》（GB 31570）、《石油化学工业污染物排放标准》（GB 31571）、《合成树脂工业污染物排放标准》（GB 31572）、

《火电厂大气污染物排放标准》（GB 13223）、《锅炉大气污染物排放标准》（GB 13271）、《危险废物焚烧污染控制标准》（GB 18484）和《恶臭污染物排放标准》（GB 14554）等。

GB 31570、GB 31571、GB 31572 系列排放标准是我国污染物排放标准的一个分水岭。在此之前发布的行业排放标准都是以管控末端排放浓度为主，污染物排放浓度低于排放限值即可。而 GB 31570、GB 31571、GB 31572 系列排放标准不仅管控末端排放，还引入了污染防治可行技术的理念，对于挥发性有机物的去除，提出了去除效率的要求（一般区域 95%，重点区域 97%），并对最重要的 3 个无组织排放源——有机液体储存与调和挥发损失、有机液体装载挥发损失、设备动静密封点泄漏提出了详细的管控要求。同时，GB 31571 还兼顾了有毒空气污染物（HAPs）的管控，借鉴了美国最大可达控制技术（MACT）标准的管控理念，对多种特征污染物提出了管控要求，废水特征污染物和废气特征污染物均有数十种之多。

1.2.2 环境影响评价制度

环境影响评价制度是建设项目的环境准入门槛，生产企业应该具备环评批复文件或地方政府对违规项目的认定或备案文件，这也是核发排污许可证的环境准入要求。也就是说，如果一个生产企业不具备这类准入文件，那么该企业就不具备核发排污许可证的条件。根据《建设项目环境影响评价分类管理名录》，原油加工及其他石油制品制造全部编制环境影响评价报告书；下游的基础化学原料制造和合成材料制造（含合成橡胶、合成树脂、合成纤维），除单纯混合分装编制环境影响评价报告表，其余均编制环境影响评价报告书。

1.2.3 总量控制指标

根据《中华人民共和国环境保护法》第四十四条，国家实行重点污染物排放总量控制制度。重点污染物排放总量控制指标由国务院下达，省、自治区、直辖市人民政府分解落实。企业事业单位在执行国家和地方污染物排放标准的同时，应当遵守分解落实到本单位的重点污染物排放总量控制指标。目前，企业涉及的总量控制指标包括地方政府或生态环境主管部门发文确定的排污单位总量控制指标、环评批复时的总量控制指标、现有排污许可证中载明的总量控制指标、通过排污权有偿使用和交易确定的总量控制指标等地方政府或生态环境主管部门与排污许可证申领排污单位以一定形式确认的总量控制指标。

1.2.4 环境保护税

《中华人民共和国环境保护税法》于 2018 年 1 月 1 日起施行。在中华人民共和国领域和中华人民共和国管辖的其他海域，直接向环境排放应税污染物的企业事业单位和其他生产经营者为环境保护税的纳税人，应当依照《中华人民共和国环境保护税法》规定缴纳环境保护税。每一排放口或者没有排放口的应税大气污染物，按照污染当量数从大到小排序，对前三项污染物征收环境保护税。每一排放口的应税水污染物，区分第一类水污染物和其他类水污染物，按照污染当量数从大到小排序，对第一类水污染物按照前五项征收环境保护税，对其他类水污染物按照前三项征收环境保护税。

1.3 石化工业主要工艺及产排污特点

1.3.1 石化工业主要生产工艺

石化工业可分为石油炼制工业和石油化学工业。根据《石油炼制工业污染物排放标准》（GB 31570）和《石油化学工业污染物排放标准》（GB 31571）中的定义，石油炼制工业指以原油、重油等为原料，生产汽油馏分、柴油馏分、燃料油、润滑油、石油蜡、石油沥青和石油化工原料等的工业；石油化学工业指以石油馏分、天然气等为原料，生产有机化学品、合成树脂、合成纤维、合成橡胶等的工业。石油炼制和石油化学工艺流程见图 1-1 和图 1-2。

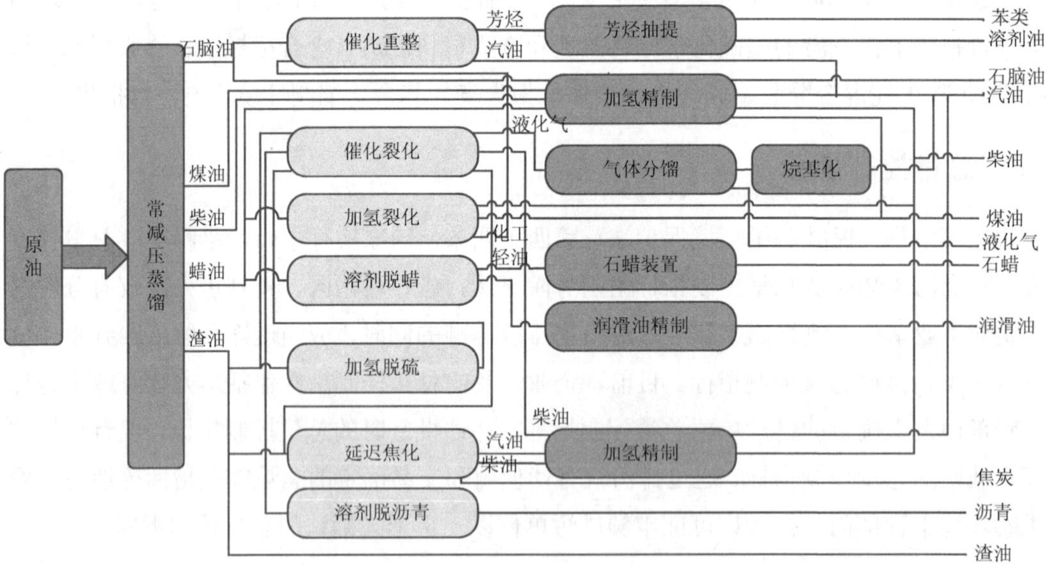

图 1-1　石油炼制工业基本工艺流程

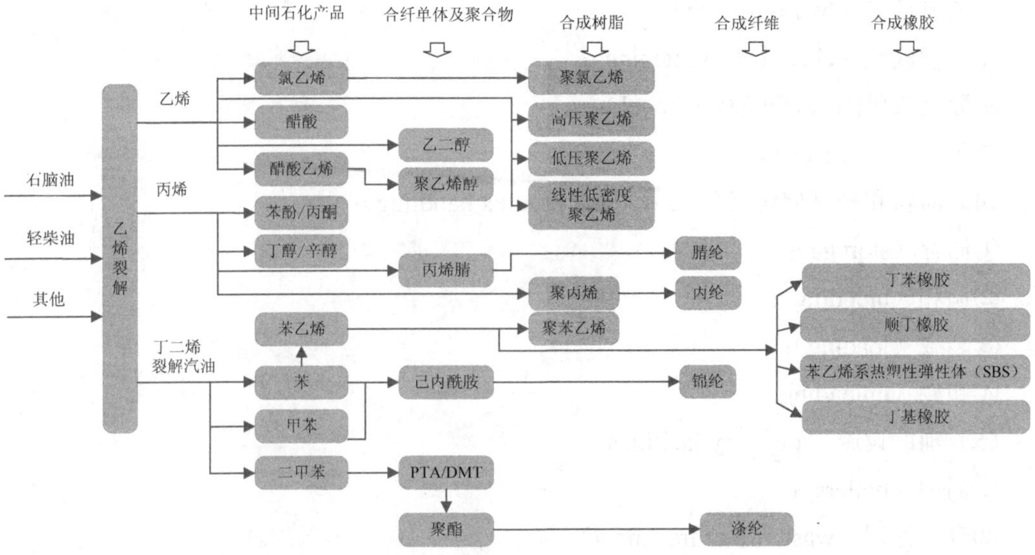

图 1-2 石油化学工业基本工艺流程

注：PTA 为精对苯二甲酸，DMT 为 1,4-苯二甲酸二甲酯。

1.3.1.1 石油炼制工艺

由于我国国产原油大部分为重质原油，为了更多地提高原油的产品率，炼油企业大多采用焦化、催化裂化加工工艺使重质馏分轻质化。

5 种一般炼油工艺和相关操作如下：

（1）分离工艺（separation processes）：

①常压蒸馏（atmospheric distillation）；

②减压蒸馏（vacuum distillation）；

③轻烃回收（气体加工）[light ends recovery（gas processing）]。

（2）石油转化工艺（petroleum conversion processes）：

①裂化（热裂化和催化裂化）[cracking（thermal and catalytic）]；

②重整（reforming）；

③烷基化（alkylation）；

④聚合（polymerization）；

⑤异构化（isomerization）；

⑥焦化（coking）；

⑦减黏裂化（visbreaking）。

（3）石油精制工艺（petroleum treating processes）：

①加氢脱硫（hydrodesulfurization）；

②加氢精制（hydrotreating）；

③化学脱硫（chemical sweetening）；

④酸性气脱除（acid gas removal）；

⑤脱沥青（deasphalting）。

（4）原料和产品储运（feedstock and product handling）：

①储存（storage）；

②调和（blending）；

③装载（loading）；

④卸载（unloading）。

（5）辅助设施（auxiliary facilities）：

①锅炉（boilers）；

②废水处理（waste water treatment）；

③制氢（hydrogen production）；

④硫回收厂（sulfur recovery plant）；

⑤凉水塔（cooling towers）；

⑥泄放系统（blowdown system）。

这些炼油工艺说明如下：

——分离工艺指使用常压蒸馏、减压蒸馏、轻烃回收（气体加工）等方式把原油（由烷烃、环烷烃和带有少量杂质硫、氮、氧和金属的芳香烃等烃类化合物的混合物组成）分割为沸点相近馏分的过程，是石油炼制操作的第一个阶段；

——石油转化工艺指为了满足高辛烷值汽油、喷气燃料和柴油的需求，将渣油、燃料油和轻烃转化为汽油和其他轻馏分，其中裂化、焦化和减黏裂化工艺把大的石油分子裂化为较小的分子，聚合和烷基化工艺接合小石油分子为较大的分子，异构化和重整过程重排石油分子的结构以生产相似分子大小的较高价值的分子；

——石油精制工艺指通过加氢脱硫、加氢精制、化学脱硫和酸性气脱除等工艺去除硫、氮、氧和金属等杂质组分，以稳定和升级石油产品；

——原料和产品储运指卸载、储存、调和以及装载等操作；

——辅助设施指不直接涉及原油炼制但又具有至关重要功能的工艺和设备，如锅炉、废水处理设施、制氢厂、凉水塔和酸性气硫回收单元等。

1.3.1.2 石油化工工艺

石油化工产品包括有机化学原料、合成树脂、合成纤维、合成橡胶和专用化学品等。合成树脂、合成纤维、合成橡胶都是将单体通过聚合反应结合成大分子而生产的，工业上常用的聚合方法有本体聚合法、悬浮聚合法、乳液聚合法和溶液聚合法 4 种，不同的是合成纤维还要经过纺丝和后加工，才能成为合格的纺织纤维。

石油化工产品种类众多，表 1-2 总结了部分产品及其对应的生产工艺。

表 1-2　部分石油化工产品及其对应的生产工艺

类别	生产装置		生产工艺
有机化学原料生产单元	脂肪族有机化学品生产装置	乙醛	乙炔水合法
			液化石油气或石脑油氧化法
			乙醇催化脱氢或氧化脱氢法
			乙烯直接氧化法
		乙酸	乙醛氧化法
			甲醇羰基化法
			液化石油气氧化法
		丙烯腈	丙烯氨氧化
			烯丙基氯+氰化钠
		丙酮	异丙醇脱氢
		异丙醇	丙酮催化加氢
		甲醇	天然气经过合成气高压合成
			天然气经过合成气低压合成
			天然气经过合成气中压合成
			联醇法（与合成氨联产甲醇）
		正丁醇	将氧化合成的正丁醛加氢
		环己酮	以环己醇为中间体，由苯酚经过加氢—脱氢
		乙烯	高温裂解、深冷分离
		异丁烯	催化裂解、水洗和精馏
		丁二烯	二甲基甲酰胺（DMF）抽提法：萃取和精馏
			丁烯氧化脱氢法：氧化脱氢和精制分离
		环氧乙烷、乙二醇	乙烯直接氧化法
		环氧丙烷	氯醇法
			过氧化物法
			共氧化法
		丁辛醇	发酵法
			醇醛缩合法
			雷普法
			高压羰基合成法
			低压羰基合成法
		醋酸	乙醛氧化法
			甲醇羰基化法
			液化石油气氧化法
		醋酸乙烯	乙烯气相法
		……	……

类别	生产装置		生产工艺
有机化学原料生产单元	芳香族有机化合物生产装置	苯	溶剂抽提法
			吸附法
			抽提蒸馏法
			共沸蒸馏法
		对二甲苯（PX）	吸附分离法（甲苯歧化和烷基转移、吸附分离、异构化和二甲苯精馏）
		精对苯二甲酸	低温氧化法（以二甲苯为原料，催化作用下用空气氧化反应制取对苯二甲酸）
			以二甲苯为原料，催化作用和中温条件下用空气氧化反应制取对苯二甲酸
		对苯二甲酸二甲酯	以二甲苯、甲醇为原料催化氧化反应生成对苯二甲酸二甲酯
		苯酚/丙酮	异丙苯法
		间甲酚	甲苯磺化法
			异丙基甲苯法
		苯酐	固定床气相催化氧化法
		烷基苯	煤油加氢+分子筛脱蜡+脱氢+烷基化
		苯乙烯	乙苯脱氢法
		苯酚	苯甲酸液相氧化
		……	……
	卤化有机化学品生产装置	四氯乙烯（全氯乙烯）	四氯乙烷氧氯化氢处理
		1,2-二氯乙烷	乙烯氢氯化
		氯乙烯	平衡氧氯化法
		……	……
	胺及氨基有机化学品生产装置	苯胺	硝基苯加氢
		己内酰胺	环己烷经过环己酮及其肟
		乙胺	乙醇胺化还原
		乙二胺四乙酸	乙二胺+甲醛+氰化钠
		脂肪胺	脂肪腈加氢
		烷基胺	醇类胺化
			动物脂肪腈或植物脂肪腈加氢
		对氨基乙酰苯胺	对硝基乙酰苯胺加氢
		乙胺类（一乙基胺、二乙基胺、三乙基胺）	乙醇的氨合物（氨+氢）还原
		二异丁基胺	异丁醇氨解
		异丙基胺（异丙基一胺、异丙基二胺）	异丙醇氨基化（氨+氢）还原
		三（羟甲基）甲基胺	三（羟甲基）硝基甲烷加氢
		3-甲氧基丙基胺	丙烯酰胺氨基化还原（甲醇、氢）
		正丙胺	正丙醇氨基化还原（氨、氢）
		……	……

类别	生产装置		生产工艺
合成树脂生产单元	热塑性树脂	高压聚乙烯	管式法
		低压高密度聚乙烯	淤浆法
		线性低密度聚乙烯	气相聚合法
		聚丙烯	日本 HYPOL 工艺
		聚氯乙烯	悬浮聚合法
		聚苯乙烯	悬浮法
			本体法
		酯交换聚酯	酯交换法
			直接酯化法
		丙烯酸树脂	乳状或溶液聚合反应制涂料
			溶液聚合
		丙烯酸树脂（胶乳）	丙烯腈和聚丁二烯乳状聚合
		改性聚苯乙烯（晶体）	聚苯乙烯磺化、氯甲基化或氨基化
		SAN（苯乙烯丙烯腈共聚物）树脂	乳液聚合
		醇酸树脂	缩合聚合
			邻苯二甲酸酐+丙三醇+植物油脂，缩合聚合
		聚乙烯醇	醋酸乙烯浓液聚合、醇解
		……	……
	热固性树脂	不饱和聚酯树脂	马来酸酐+邻苯二甲酸酐+丙二醇聚酯和苯乙烯或甲基丙烯酸甲酯
		……	……
合成纤维生产单元	丙烯酸纤维（85%丙烯腈）		悬浮聚合，湿法纺丝
			溶液聚合，湿法纺丝
	尼龙 6 纤维		挤制加工（熔融纺丝）
	腈纶（聚丙烯腈纤维）		湿法：水相悬浮聚合（二步法）和湿法纺丝工艺
			干法：水相悬浮聚合工艺
	涤纶短纤维		以聚酯熔体为原料，采用直接纺工艺
	涤纶长丝		以聚酯熔体为原料，采用大容量直接纺工艺
	丙纶（聚丙烯纤维）		纺丝牵伸连续工艺
	己内酰胺-锦纶		苯法
			甲苯法
	……		……
合成橡胶生产单元	顺丁基橡胶		以丁二烯为原料催化作用下进行聚合反应
	丁基橡胶		以异丁烯、异戊二烯为原料进行聚合反应
	丁苯橡胶		以丁二烯和苯乙烯为原料进行聚合反应
	……		……

1.3.2 石化工业主要的产排污环节

1.3.2.1 废水产排污环节分析

（1）石油炼制工业废水

石油炼制是以原油、重油等为原料，生产汽油馏分、柴油馏分、燃料油、润滑油、石油蜡、石油沥青和石油化工原料等的工业。石油炼制工业的污水来源、特性和污水量与原油加工工艺过程、原油的类型、使用的设备、水重复利用程度以及维护管理水平等因素密切相关。

石油炼制的生产装置包括常减压蒸馏、催化裂化、延迟焦化、柴油加氢、航煤加氢精制、催化重整、加氢裂化、制氢、气体分馏、酸性水汽提、硫黄回收等，现将石油炼制主要工艺过程产生的污水总结如下：

①常减压蒸馏装置

常减压蒸馏装置主要由电脱盐、换热网络及加热炉、闪蒸塔、常压蒸馏、减压蒸馏和轻烃回收等组成。电脱盐过程是在高压电场作用下，除去原油中的无机盐类及悬浮固体的工艺，目的是减少对设备和管线的腐蚀和堵塞，防止后续工艺的催化剂中毒。常压蒸馏和减压蒸馏，是用常压和减压的方法对原油按沸点不同进行分离从而得到各种石油馏分的过程。装置产生的污水主要为含盐污水、含硫污水、含油污水及生产废水。含盐污水主要来自电脱盐过程所排的来自原油进入装置时的自身携带水和溶解原油中的无机盐所注入的水。含硫污水来自初馏塔顶、常压塔顶、减压塔顶回流分离罐排出的污水。含油污水主要来自机泵冷却、地面冲洗所产生的污水。生产废水来自蒸汽发生器冷凝水。

②催化裂化装置

催化裂化装置是重要的石油二次加工手段之一，按处理的原料分为蜡油催化裂化和重油催化裂化、催化裂解等部分。催化裂化装置主要由反应—再生、分馏、稳定等系统构成。污水主要为含硫污水、含油污水及生产废水。含硫污水来自分馏塔、稳定塔顶分离器和回流罐排出的污水。含油污水主要来自机泵冷却、地面冲洗所产生的污水。生产废水来自余热锅炉汽包排放的污水。FCC（催化裂化）烟气目前一般采用碱洗脱硫，会产生高含盐的脱硫废水。

③延迟焦化装置

延迟焦化装置分为延迟焦化、吸收稳定、冷焦水回用、除焦水回用、放空系统几部分。污水主要为特殊机泵冷却水、烧焦罐切水和排污容器定期排水等排放的含油污水；分馏塔、气液分离罐排出的含硫污水。

④催化重整装置

目前催化重整装置主要有固定床半再生、连续再生重整两种类型。装置的目的是生产高辛烷值汽油和芳烃。装置由原油预处理、催化重整、芳烃抽提和分离、催化剂再生四部分组成。污水主要为塔顶回流罐排出的含硫污水；机泵冷却及地面冲洗排放的含油污水；再生放空洗涤塔底排放的含碱污水。

⑤加氢裂化装置

根据原料与目的产品的不同，加氢裂化装置由反应、分馏、气体脱硫三部分组成。

污水主要为随油品夹带进入分馏塔的少量经分馏塔顶冷凝后从回流罐排出的含硫污水；工艺管线导凝排液、原料罐切水、减压抽真空蒸汽冷凝水、机泵冷却及地面冲洗排放的含油污水；催化剂再生、高压空冷器及过滤网清洗产生的含碱污水。

⑥制氢装置

制氢装置由原料升压、原料精制、原料气转换和变换、中变气换热及冷却、PSA（变压吸附分离）氢提纯、酸性水处理及回用、蒸汽发生及锅炉给水系统组成。污水主要为地面冲洗和机泵冷却等排放产生的含油污水、装置除盐水排放产生的生产废水以及废热锅炉排污水。

⑦加氢精制装置

根据处理的原料，加氢精制可分为汽油加氢精制、柴油加氢精制和润滑油加氢精制。污水主要为蒸汽经冷凝冷却产生的含硫污水；工艺管线导凝排液、原料罐切水、机泵冷却及地面冲洗排放的含油污水；催化剂烧焦产生的含碱污水。

⑧气体分馏装置

气体分馏装置由脱甲烷塔、脱乙烷塔、脱丙烷塔和脱戊烷塔及配套设施组成。污水主要为地面冲洗和机泵冷却等排放产生的含油污水和回流罐底冷凝后排放的生产废水。

⑨酸性水汽提装置

酸性水汽提装置处理上游装置排放的酸性水。为提高酸性水汽提效率和汽提净化水的回用率，对不同来源的污水进行分系列汽提处理：系列一是处理来自常减压装置、重油催化裂化装置及延迟焦化等非加氢型装置的酸性水；系列二是处理来自原料预加氢装置、加氢联合（精制）装置、重整装置等加氢型装置的酸性水。装置的污水主要为机泵冷却、地面冲洗排放的含油污水和酸性水汽提后在汽提塔底排出的汽提净化水。

⑩硫黄回收装置

硫黄回收装置的原料为上游溶剂再生装置、污水汽提装置排放的酸性气。装置由制硫、尾气处理、尾气焚烧及液硫成型四部分组成。污水主要为含硫污水、生产废水。含硫污水来自酸性水汽提塔及酸性气分液罐。生产废水为废热锅炉排放的污水。

一般将炼油企业生产过程中产生的污水分为含油污水、含硫污水、含盐污水、生活污水和生产废水。经“清污分流”及“污污分流”分别处理：

——含油污水，是炼油厂内排放量最大的一种废水，占全厂废水量的80%以上，主要包括装置油水分离器排水、油品水洗水、容器及地面冲洗水、机泵冷却排水、油罐切水、化验室含油废水、未回用的汽提净化水及循环水排污水、含油雨水等；废水中的特征污染物有石油类、硫化物、挥发酚、氨氮以及综合性指标化学需氧量等，与油品相接触的含油废水，如油水分离器排水、机泵轴封冷却水、油罐切水等，一般为全厂含油污水量的 20%左右，其主要污染物的浓度较高，如石油类为 500～1 000 mg/L、化学需氧量为 1 000 mg/L；另一部分含油污水，如地面冲洗水、含油雨水、循环水排污等，其主要污染物的浓度较低，如石油类为 100～200 mg/L、化学需氧量为 500 mg/L 以下，但这部分废水水量较大，一般占全厂含油污水量的 70%～80%。

——含硫污水，主要来自加工装置的轻质油油水分离罐、富气水洗罐、液态烃水洗罐等，该部分水量较小，一般占全厂污水总量的 10%～20%，其特征污染物主要是硫化物、氨氮、氰化物、挥发酚等，浓度较高，一般占全厂污水中硫化物、氨氮总量的 90%以上。

——含盐污水，主要包括含污染物浓度较高的电脱盐污水、双脱碱渣、码头船舶压舱水、污泥滤液、烟气脱硫废水、循环水场旁滤罐反冲洗排水、循环冷却水排污水、污水回用脱盐产生的 RO（反渗透）浓水等，该部分废水水量相对较少，一般占全厂污水总量的 10%以下，但污染物的浓度并不低，而且变动很大，常常对污水处理厂产生冲击，其特征污染物为 pH 值、无机盐类、游离碱、石油类、硫化物和酚类化合物等。

——其他生产废水及生活污水。其他生产废水主要为污染物含量较低的污水，包括循环水系统合格排污水、除盐水站排污水、锅炉排污水、预处理后的烟气脱硫废水等，这部分废水受污染的程度较轻，可与污水处理厂处理后的污水合并后由总排放口排放。生活污水主要来自炼油厂内生活辅助设施的排水，如办公楼、卫生间、食堂等，这部分水量很少，其特征污染物主要是生化需氧量、化学需氧量、氨氮及悬浮物。

（2）石油化学工业废水

石油化学工业是以石油馏分、天然气等为原料，生产有机化学品、合成树脂、合成纤维、合成橡胶等的工业。生产过程中所用的原料品种繁多，相态涵盖气态、液态、固态；反应过程有溶解、萃取、氧化、聚合、精馏、洗涤、分离、吸收、干燥等。其水质中所含污染物种类及浓度，因其所使用的原料、采用的工艺路线、经历的加工过程不同而有差异。

典型石油化学工业装置废水分析：

①乙烯装置

乙烯装置主要由高温裂解、裂解气深冷分离精制、炼厂干气预处理、废碱处理、凝液回收等组成。污水主要包括稀释蒸汽排污水、废碱液、裂解炉超高压汽包排污、间断排污以及清焦水等。

②异丁烯装置

异丁烯装置采用 MTBE（甲基叔丁基醚）为原料，裂解生产异丁烯。异丁烯装置包括反应、分离、产品精制等三部分。污水主要来自甲醇精馏塔底排水，主要污染物为甲醇；含油污水主要为机泵冷却、地面冲洗所产生的污水。

③DMF（二甲基甲酰胺）抽提丁二烯装置

DMF 抽提丁二烯装置由萃取部分和精馏部分组成。污水主要为原料中带的饱和水和洗涤丁二烯时产生的洗胺水、洗塔污水及溶剂精制中产生的污水。

④环氧乙烷/乙二醇装置

环氧乙烷/乙二醇的生产工艺路线主要采用乙烯直接氧化法，目前均采用纯氧氧化法。装置分为两个工艺单元：氧化单元和精制单元。生产方式不同将导致产生的污水水质、水量也有所不同。采用氧化法生产时污水量不大。采用氯乙醇法生产环氧乙烷经水合后可生产乙二醇，其排放的污水量较大，污水中含有乙二醇、二氯乙烷、氢氧化钠、化学需氧量等污染物。尾气压缩机分液罐凝液、污水汽提塔釜液、脱水塔热水收集槽排污、多乙二醇塔热水收集槽排污等，经污水池收集后送污水处理厂进行最终处理。循环水处理单元反冲洗水，经污水池收集后送污水处理厂进行最终处理。

⑤聚丙烯装置

聚丙烯装置包括催化剂配制单元、聚合反应单元、催化剂脱活及粉料干燥单元、挤压造粒单元等四部分。污水主要来自颗粒水罐溢流排水，污染物主要是颗粒物及催化剂残渣等。

⑥聚氯乙烯装置

氯乙烯的聚合方法一般分为悬浮聚合、溶液聚合、本体聚合、乳液聚合等，其中悬浮聚合是主要的聚合方法。污水主要来自聚合釜、气体洗涤塔、汽提塔及离心母液沉淀池等处，污染物有氯乙烯、汞等。

⑦苯乙烯装置

苯乙烯装置包括乙苯、乙苯脱氢和苯乙烯精馏等三个生产单元。污水主要为脱氢工序中排出的稀释蒸汽冷凝水、蒸汽喷射泵冷凝器排出的蒸汽冷凝水和油水分离器排水，污染物为甲苯、乙苯、苯乙烯等。

⑧丁辛醇装置

丁辛醇装置按工艺可分为原料净化、丁醛生产、丁醇生产和辛醇生产四部分。污水主要为正丁醛缩合排出的废碱液及蒸汽喷射泵排出的带有有机物的冷凝水。

⑨高压聚乙烯装置

高压聚乙烯装置生产流程主要由压缩、聚合、造粒、风送和包装五个环节组成。污水主要为压缩聚合区的机泵冷却水，主要污染物为油类和化学需氧量。此外，还存在挤出造粒污水，主要污染物为少量的高压聚乙烯粒子和粉末。

⑩低压高密度聚乙烯装置

低压高密度聚乙烯装置是以乙烯、氢气、共聚单体（丙烯、1-丁烯）为原料，与溶剂在催化剂的作用下进行聚合反应。反应后的浆液经离心分离成湿饼和母液，湿饼经干燥成粉末后加入助剂进行挤压造粒。装置排水主要来自汽提塔接收器、冷凝液接收器、低聚物储水池和颗粒水池，排水进装置隔油池后，再送进污水处理厂。

⑪聚苯乙烯装置

聚苯乙烯装置可采用悬浮法和本体法两种聚合工艺，本体法聚合工艺装置主要包括聚合、脱挥发、冷凝及真空、切粒及包装、导生等单元。污水来自聚合反应后期去除残留单体阶段，主要为聚合釜上部排出的含芳烃的蒸汽冷凝污水以及聚合体洗涤工序和脱水机排出的污水。污水中污染物为苯乙烯、苯、乙苯、硫酸镁以及化学需氧量等。

一般石油化学工业企业生产多种产品，各生产废水集中处理，其特点如下：

——废水量大。石油化学工业废水除生产过程中所产生的废水外，还包括冷却水及其他用水。国外年产 35 万 t 乙烯及其衍生物的工厂每天排出的废水量约为 1.6×10^4 m^3。

——废水组分复杂。石油化工产品繁多，反应过程单元操作复杂，废水性质复杂。

——有机物特别是烃类及其衍生物含量高。石油化工废水有机物含量高，表现为废水中的化学需氧量和生化需氧量高；毒性较大，很多为有毒有害物质，需要执行严格的排放标准限值。

——含有多种重金属。这主要是因为生产中使用多种金属催化剂。

1.3.2.2 废气产排污环节分析

石化工业企业废气污染物排放源包括有组织排放源和无组织排放源。有组织排放源包括燃烧烟气和工艺尾气，燃烧烟气主要包括工艺加热炉、裂解炉、焚烧炉、锅炉等烟气，主要污染物为二氧化硫、氮氧化物、颗粒物；工艺尾气包括催化裂化催化剂再生尾气、催化重整催化剂再生尾气、烷基化催化剂再生尾气、酸性气回收装置尾气、催化汽油吸附脱硫（S-zorb）催化剂再生尾气、真空泵排气、固体物料气体输送料仓气、氧化（氨氧化、氧氯化）尾气、煤（页岩）干馏、序批式生产设备气体置换及保护气、有机液体装载分装废气、干燥设备尾气、废水集输及处理设施排气等，主要污染物为二氧化硫、氮氧化物、颗粒物、挥发性有机物等。无组织排放源包括动静密封点（如机泵、阀门、法兰等）泄漏，挥发性有机液体常压储罐（固定顶罐、内浮顶罐、外浮顶罐等）、酸性水罐呼吸，冷却塔/循环水冷却过程逸散，固体物料堆场逸散，固体物料破碎、过筛车间排气等，主要污染物为挥发性有机物、恶臭和颗粒物。

挥发性有机物是石化工业的主要特征污染物，根据《石化行业 VOCs 污染源排查工作指南》，将石化工业企业挥发性有机物排放源分为 12 类，具体见表 1-3。

表 1-3 石化工业企业挥发性有机物源项解析

序号	源项	描述
1	设备动静密封点泄漏	石化装置或设施的动、静密封点排放的挥发性有机物
2	有机液体储存与调和挥发损失	挥发性有机物的排放来自挥发性有机液体固定顶罐（立式和卧式）、浮顶罐（内浮顶和外浮顶）的静止呼吸损耗和工作损耗
3	有机液体装载挥发损失	挥发性有机液体在装载、分装过程中逸散进入大气的挥发性有机物
4	废水集输、储存、处理处置过程逸散	废水在收集、储存及处理过程中从水中挥发的挥发性有机物
5	工艺有组织排放	主要指生产过程中装置有组织排放的工艺废气，其挥发性有机物的排放受生产工艺过程的操作形式（间歇、连续）、工艺条件、物料性质限制
6	冷却塔、循环水冷却系统释放	由于设备泄漏，导致有机物料和冷却水直接接触，冷却水将物料带出，冷却过程由于凉水塔的汽提作用和风吹逸散，从冷却水中排入大气的挥发性有机物
7	装置启停	开停工及检维修过程中由于泄压和吹扫等工序而排放的废气
8	工艺无组织排放	指非密闭式工艺过程中的无组织、间歇式的排放，在生产材料准备、工艺反应、产品精馏、萃取、结晶、干燥、卸料等工艺过程中，污染物通过生产加注、反应、分离、净化等单元操作过程，通过蒸发、闪蒸、吹扫、置换、喷溅、涂布等方式逸散到大气中，属于正常工况下的无组织排放
9	火炬排放	用于热氧化处理、处置区域内生产设备所排放的各类具有一定热值气体的焚烧净化装置，通过焚烧可去除火炬气中大部分的烃类，但其排放废气中仍包括未燃烧的挥发性有机物
10	燃烧烟气排放	主要指锅炉、加热炉、内燃机和燃气轮机等设施燃烧燃料过程中排放的烟气
11	采样过程排放	采样管线内物料置换和置换出物料的收集储存过程中，逸散的部分挥发性有机物
12	事故排放	由于泄漏、火灾、爆炸等事故导致的挥发性有机物排放

1.3.3 石化工业污染控制现状及趋势

1.3.3.1 废水污染控制技术现状及趋势

按照石化工业中主要工艺装置预处理废水［电脱盐工艺废水、含硫含氨酸性水、碱渣、酸碱废水、对苯二甲酸（PTA）工艺废水、含腈污水、甲醇制烯烃（MTO）急冷塔塔底工艺废水、苯酚丙酮工艺废水、丁二烯装置工艺废水］、外排或回用废水（含碱废水、含硫含氨酸性水、含苯系物废水、含盐废水、其他工艺废水、含油废水、污染雨水、生活污水、循环冷却水排污水、蒸汽发生器排污水、余热锅炉排污水、化学水制水排污水、脱硫废水）两大类生产废水，明确了废水处理可行技术。

依据已发布的 HJ 2045、GB 50747、GB 31570、GB 31571、GB 31572 等标准及技术要求，结合石化工业污水处理厂现场调研成果，总结石化工业废水处理技术以及运行管理要求。根据不同废水产生的不同特点和处理要求，将石化污水处理技术分为装置区预处理技术和污水处理厂处理技术，其中污水处理厂处理技术又可分为预处理技术、生化处理技术和深度处理及回用技术。

其中，装置区常用预处理工艺主要包括破乳、除油、汽提、生物法、湿式氧化、中和、氧化、萃取、溶剂回收、蒸发、焚烧等；污水处理厂预处理工艺主要包括隔油、气浮、混凝沉淀、调节（均质）等；常用一级生化处理工艺主要包括活性污泥法、序批式活性污泥法（SBR）、缺氧好氧法（A/O）、氧化沟法、膜生物反应器（MBR）、曝气生物滤池（BAF）、生物接触氧化法、一体化微氧高浓缺氧好氧法等；常用二级生化处理工艺主要包括曝气生物滤池（BAF）、生物接触氧化法等；深度处理工艺及回用工艺主要包括混凝沉淀、过滤、臭氧氧化以及超滤（UF）、反渗透（RO）等。针对某些特殊废水中含总磷较高的情况，增加了 A^2/O（厌氧缺氧好氧法）、化学除磷工艺。各种主要单元技术和处理工艺见表 1-4。

表 1-4　石化工业污水处理技术

序号	工艺类型	单元技术或设备	主要作用	原理	应用范围
1	装置区预处理	汽提	分离污染物	改变气液平衡	装置区预处理，氨、硫化氢脱除
2		萃取	化学物质分离	萃取剂溶解度及分配系数不同，分为萃取和反萃取	装置区预处理
3		湿式氧化	将大分子有机物开环断链、将小分子有机物氧化分解	高温、高压分解有机物	碱渣等高浓度有机污水装置区预处理
4	污水处理厂预处理	格栅	去除粗大物质	筛除作用	各种污水预处理
5		中和	酸碱中和	中和反应	酸碱污水预处理
6		隔油	去除浮油	重力分离	含油污水预处理
7		气浮	去除悬浮物和油类	形成微小空气泡，在浮升过程中吸附黏结油珠	污水预处理或深度处理
8		混凝沉淀	胶体脱稳、破乳、凝聚	脱稳、架桥	污水预处理或深度处理
9		调节（均质）	调节水质水量	均匀浓度	各种污水预处理
10		重力沉淀	固液分离、去除悬浮物	重力分离	各种污水预处理
11	生化处理	常规活性污泥法	微生物降解作用	好氧菌胶团生物代谢氧化作用	生化处理
12		氧化沟	微生物降解作用	生物碳化、硝化和反硝化	生化处理
13		缺氧好氧法（A/O）	去除化学需氧量、氨氮、总氮等	微生物降解、好氧、缺氧作用	生化处理

序号	工艺类型	单元技术或设备	主要作用	原理	应用范围
14	生化处理	厌氧缺氧好氧法（A^2/O）	去除化学需氧量、脱总氮、除磷	微生物降解、厌氧、缺氧、好氧作用	生化处理
15		序批式活性污泥法（SBR）	去除化学需氧量、脱总氮、除磷	微生物降解、厌氧、缺氧、好氧作用	生化处理
16		生物接触氧化法	去除化学需氧量、氨氮、（总氮）*	微生物降解、好氧处理、（缺氧+好氧）*	生化处理或深度处理
17		粉末活性炭生物降解技术	去除难降解有机物	微生物与粉末活性炭相互作用，吸附与生物降解同时进行	生化处理，适用于难降解有机物浓度高的污水
18		粉末活性炭生物降解技术+湿式空气再生	去除难降解有机物	微生物与粉末活性炭相互作用，吸附与生物降解同时进行，高温氧化使粉末活性炭再生	生化处理，适用于难降解有机物浓度高的污水
19		一体化微氧高浓缺氧好氧法	去除化学需氧量、氨氮、总氮	结合氧化沟全液内回流的生物处理工艺，大比例回流，低通气量微孔曝气	生化处理，适用于含难降解有机物和高总氮的污水处理
20		膜生物反应器（MBR）	去除化学需氧量、悬浮物、氨氮、（总氮）*	微生物和膜的分离特性去除水中的有机物	生化处理，适用于场地紧张的情况
21		载体流化床生物膜技术（MBBR）	去除化学需氧量、悬浮物、氨氮、（总氮）*	生物膜工艺与活性污泥结合，投加悬浮载体，提高反应器中的生物量及生物种类	生化处理，适用于活性污泥法的升级改造
22		曝气生物滤池（BAF）	去除化学需氧量、悬浮物、氨氮、（总氮）*	生物膜法、好氧处理、（缺氧+好氧处理）*	生化处理或深度处理，小规模污水处理
23	深度处理	化学氧化法	降解有机物、无机物、脱色、除臭等	氧化还原反应	深度处理
24		臭氧氧化法	开环断链、提高污水可生化性、降解有机物	氧化	深度处理
25		过滤	去除水中细小悬浮物及脱稳胶体	在压力差的作用下，实现固液分离	深度处理
26		吸附法	有机物、重金属去除	表面吸附作用	深度处理
27	回用工艺	微滤（MF）	悬浮物、细菌、部分病毒及大尺寸胶体的去除	膜分离过程	回用
28		超滤（UF）	大分子、胶体物质分离，固液分离	膜分离过程	回用，反渗透预处理
29		纳滤（NF）	多价离子、部分一价离子的去除	膜分离过程	回用
30		反渗透（RO）	浓缩、脱盐、小分子去除	膜分离过程	回用
31		高效反渗透	浓缩、脱盐、小分子去除	膜分离过程	回用
32		电渗析（ED）	重金属处理，脱盐、离子浓缩回收	电场作用下的膜分离过程	回用

注：* 一般都是好氧工艺，只能去除氨氮；也存在特殊的情况，既有缺氧也有好氧，此时也具有脱除总氮的功能。

重点生化处理技术介绍：

（1）缺氧好氧（A/O）工艺

①原理

缺氧好氧生物处理系统简称为 A/O 工艺，利用厌氧水解（酸化）进行厌氧反应中的水解和产酸阶段，使得污水中大分子、难降解的有机物分解，转化为易降解的有机酸、醇等，从而大大提高污水的可生化性。水解后污水进入好氧生物处理单元，进一步去除有机物。二沉池排出的剩余污泥进入水解池的污泥悬浮层，并定期从污泥层排出。

②工艺特点

A. A/O 工艺流程简单、基建费用低、无二次污染，具有去除有机物和总氮的作用。

B. 污水中的有机物和内源代谢产物可用作反硝化的碳源，无须外加碳源。

C. 前置的反硝化缺氧池具有生物选择器的功能，可避免污泥膨胀，改善污泥沉降性能。

D. 缺氧池进行的反硝化可以恢复部分碱度，调节系统的 pH 值。

E. 好氧在缺氧池之后，可以使反硝化残留的有机污染物得到进一步去除，提高出水水质。

（2）一体化微氧高浓缺氧好氧法

①原理

一体化微氧高浓缺氧好氧法是结合了氧化沟的全液内回流及一体化结构理念，利用 A^2/O 的不同功能分区形式，借助 CASS（循环活性污泥法）工艺前置选择区模式，辅以高效的曝气技术，通过创新的空气提推技术作为源动力，将不同功能单元结合在一起的生物处理工艺。该工艺严格控制水中的溶解氧和回流比，具有一定的短程硝化反硝化工艺的作用，对有机物和总氮的去除都具有较好的效果。

②工艺特点

该技术主要特点为：高密度曝气、高回流比［（40～100）∶1］、高污泥浓度（6～8 g/L）、低溶解氧（0.2～0.5 mg/L）。

A. 高密度曝气。高密度曝气是一种低通气量的微孔曝气技术，采取高密度均布及特殊打孔方式，气泡小且上升慢，保证其有足够时间与水体接触传质，有效增大了氧转移效率，同时杜绝了曝气盲区，形成了泥水混合的全接触环境，保证了良好的氧利用率。

B. 空气提推技术。空气提推是依靠厌氧气体或者鼓风机产生的压缩空气作为动力源，通过均匀布气技术来改变局部水体的密度，从而在特殊的池体结构下提高充气区液面来推动水体的运动。通过布气系统的通气量可以直接影响混合液的回流比，进而实现整个池内大流量水流的能动调节。

C. 高回流比技术。高回流比实现方式是通过空气提推技术来实现的，其最大的好处在于快速稀释进水浓度，使得整个生物池内浓度梯度负荷最小化，并能有效地抵抗负荷冲击。一体化微氧高浓缺氧好氧法采取空气提推来实现泥水全液回流，在较低的能耗下能实现几十至几百倍的回流。

D. 低溶解氧控制。一体化微氧高浓缺氧好氧法是以先进的同步硝化反硝化脱氮理论为基础的高效一体化生物处理系统，它通过控制曝气池溶解氧（小于 0.5 mg/L），在单一池体内不仅完成对有机物的彻底去除，更重要的是实现了硝化反硝化的同步进行，该系统不仅简化了系统脱氮的运行流程，节约了能耗，降低了对碳源的需求，提高了脱氮效率，还避免了由于硝态氮积累带来的不利影响。

（3）粉末活性炭生物降解技术+湿式空气再生工艺

①原理

吸附与生物降解同时进行的过程，微生物与粉末活性炭有相互加强的作用，粉末活性炭的存在增大了固液接触面积，在活性炭表面吸附有微生物细胞、酶、有机物以及氧，为微生物的新陈代谢提供良好的环境，微生物酶可以进入活性炭微孔，从而使已吸附的有机物降解，空出吸附位使活性炭得到再生并重新吸附新的有机物，这种由生物降解控制的炭吸附能力可得到大幅提高，与单纯的吸附系统相比，炭的吸附容量增大，生物难降解但能被吸附的物质和不能降解的物质以及代谢终产物可通过这种强化活性污泥工艺去除，在吸附—降解—再生—重吸附这种协同作用下有机污染物的去除率得以提高。

含活性炭的污泥进入活性炭再生系统再生，其中难降解化学需氧量部分被氧化成CO_2、短链烃随气体从再生系统顶部排出，部分被开环断链成易生化降解的小分子随再生活性炭回到污水处理工序，再生过程中产生的灰分也同时从再生系统底部排出。

②工艺特点

A. 微生物降解依赖于有机物的浓度，吸附增大了固定在炭粒表面的有机物浓度，并使反应进行得比较彻底。

B. 粉末活性炭和活性污泥一起停留在曝气池中，停留时间相当于污泥龄，难降解有机物有更多的机会被降解。

C. 活性炭吸附难降解有机物的同时吸附了微生物，从而延长了生物与有机物的接触时间，同时粉末活性炭对细胞外酶的吸附也有利于微生物对有机物的降解。

该工艺原理简单，处理效果好，如能与污泥综合利用相结合，则该工艺在处理高浓度、难降解污水方面具有巨大优势。

该工艺抗冲击能力强，污水达标保证率高，流程简单；由于污水中投加粉末炭，可有效吸附降解污水中的恶臭物质，生化废气无须处理；能够减少剩余污泥排放量及其处置费用；系统具有高度的灵活性，可通过对粉末炭的投加量、粉末炭的种类、活性污泥的浓度来保障工艺的最优化和灵活性。

1.3.3.2 污水处理技术发展趋势

污水的分级控制、分质处理是石化工业污水处理的大趋势，因此，针对装置区污水、污水处理厂的各级处理单元污水，不同的水质将采用不同的处理技术。

（1）加强装置区特殊污水的预处理。含硫污水、含氨污水、高浓度碱渣污水等经装置污水预处理后可以有效减轻污水处理厂水质的负荷，确保污水达标排放。

（2）现有处理技术面临挑战。部分省级地方标准、行业标准中对污水中化学需氧量、总氮提出了明确限值要求，现有技术处理的污水达标排放难度增加。

（3）总氮达标将面临更大压力。目前部分省级地方标准和行业标准中均对总氮提出了限制性的要求，因此，具有良好脱氮效果的同步硝化—反硝化、短程硝化—反硝化以及后置反硝化等技术将得到应用。

（4）低能耗、短流程技术将得到推广应用。难处理的污染物先分离、后分解的技术，可以降低系统的能耗，缩短处理流程，节省污水处理费用。

（5）近零排放技术将成为热点。在没有纳污水体、水环境容量不够或水环境质量十分敏感的地区，近零排放将成为一种趋势。通过提高膜的浓缩倍数，选用低能耗的蒸发技术，达到近零排放要求。废水近零排放处理除化学药剂消耗高、能耗高、处理成本高外，直接面对的问题主要是大量化学污泥的去向、分盐产品的去向、杂盐泥的去向（作为危废填埋，南方多雨地区面临溶出的风险）。

（6）提高污水回用率。水资源供给的严峻形势，国家、地方、行业相关法规标准要求，将促使污水处理技术向提高回用率方向发展。

（7）高含盐污水深度处理将提上日程。企业实施节水工程后产生的反渗透浓水一般难以达标，因此要针对高含盐污水进行深度处理，达标排放。

（8）污水处理技术向减少二次污染的方向发展。污水处理厂产生的污泥为危险废物，外委处理成本相对较高，且污水处理过程中产生的恶臭易导致厂界环境质量超标。因此，在确保污水处理达标排放的基础上降低二次污染的处理技术，将成为污水处理技术发展的一个方向。

1.3.3.3 废气污染控制技术及趋势

石化工业的废气治理技术包括脱硫技术、脱硝技术、除尘技术、挥发性有机物回收或治理技术和恶臭治理技术等。

脱硫技术：干法脱硫、半干法脱硫、湿法脱硫（石灰石—石膏法、氧化镁法、氨法、钠碱法）等。

脱硝技术：低氮燃烧、选择性催化还原法（SCR）、选择性非催化还原法（SNCR）等。

除尘技术：旋风除尘、干式电除尘、袋式除尘、湿式电除尘等。

挥发性有机物回收或治理技术：设备动静密封点泄漏检测与修复技术、热力焚烧法、催化燃烧法、蓄热燃烧法、吸附法、吸收法、冷凝法等。

恶臭污染物治理技术：生物滴滤、碱洗等。

石化工业涉及的废气污染源过于繁杂，以石油炼制工业为例进行简要分析。石油炼制工业主要废气污染源有锅炉、加热炉、催化裂化装置、设备与管线组件、酸性气回收装置、储罐、装载以及污水处理厂等。下面对其可以实现达标排放的主要技术进行简要分析（见表 1-5）。

表 1-5　石油炼制工业主要污染源及常用治理技术

生产装置或设施	排放形式	污染物	常用治理技术
锅炉	有组织	二氧化硫	湿法脱硫（石灰石—石膏法、氧化镁法、氨法、钠碱法）、半干法脱硫、干法脱硫
		氮氧化物	低氮燃烧技术（低氮燃烧器、空气分级燃烧、燃料分级燃烧）、选择性催化还原法（SCR）、选择性非催化还原法（SNCR）
		颗粒物	袋式除尘、干式电除尘、湿式电除尘
加热炉	有组织	二氧化硫	采用低硫燃料、干法脱硫
		氮氧化物	低氮燃烧技术（低氮燃烧器、空气分级燃烧、燃料分级燃烧）、选择性非催化还原法（SNCR）
		颗粒物	采用清洁燃料
催化裂化装置	有组织	二氧化硫	湿法脱硫（钠碱法、氧化镁法等）
		氮氧化物	选择性催化还原法（SCR）
		颗粒物	袋式除尘技术、湿式电除尘
酸性气回收装置	有组织	二氧化硫	硫黄回收+焚烧+（碱洗技术）[a] 酸性气制硫酸+（碱洗技术）[a]
设备与管线组件	无组织	挥发性有机物	泄漏检测与修复（LDAR）
储罐	无组织	挥发性有机物	油气平衡、油气回收（冷凝、吸附、吸收、膜分离或组合技术等）、燃烧净化（热力焚烧、催化燃烧、蓄热燃烧）
装载	无组织	挥发性有机物、其他	顶部浸没式或底部装载方式+油气回收或燃烧净化
污水处理厂油水分离器	有组织	挥发性有机物	密闭集输与储存+油气回收或燃烧净化
		有机特征污染物[b]	
污水处理厂生化单元	有组织	挥发性有机物、氨	生物滴滤
		有机特征污染物[b]	
		硫化氢	生物滴滤、碱洗技术

注：[a]碱洗技术适用于执行特别排放限值的污染源。

[b]对于石油炼制排污单位，有机特征污染物为苯、甲苯、二甲苯；对于石油化学排污单位，有机特征污染物为 GB 31571 中表 6 所列有机特征污染物。

石化工业烟气脱硫可行技术主要有石灰石—石膏法、氧化镁法、氨法和钠碱法，这些技术的效率均可至99%以上；脱硝可行技术主要有低氮燃烧技术（一般在50%以下）、选择性催化还原法（可至90%以上）和选择性非催化还原法（一般在50%以下）；除尘可行技术主要有布袋除尘技术（可至 99%以上）、干式静电除尘技术（可至 99%以上），对于需要执行特别排放限值的或对三氧化硫（SO_3）蓝色烟羽有特别要求的，还需要在湿法脱硫后增加湿式静电除尘技术（SO_3、含盐雾滴、超细颗粒物脱除效率可达70%以上）。挥发性有机物治理技术主要有冷凝法、焚烧法、催化燃烧（RCO）、蓄热燃烧（RTO）、直接燃烧、吸附法、吸收法和生物滴滤法，其中冷凝法、吸附法、吸收法等技术常组合应用于挥发性有机物的回收。

2015 年前后，催化裂化装置的烟气治理，尤其是烟气中氮氧化物的治理成为热点。常用的脱硝技术有罗塔斯法（臭氧氧化）和选择性催化还原法，两者各有特点。下面就两种工艺进行简要对比分析。

（1）罗塔斯法（臭氧氧化）

①技术原理

罗塔斯法（臭氧氧化）主要是利用臭氧发生器产生臭氧，将 NO 和 NO_2 氧化为 N_2O_5，再利用湿法脱硫碱液吸收 N_2O_5，以达到去除烟气中氮氧化物的目的（见图 1-3）。

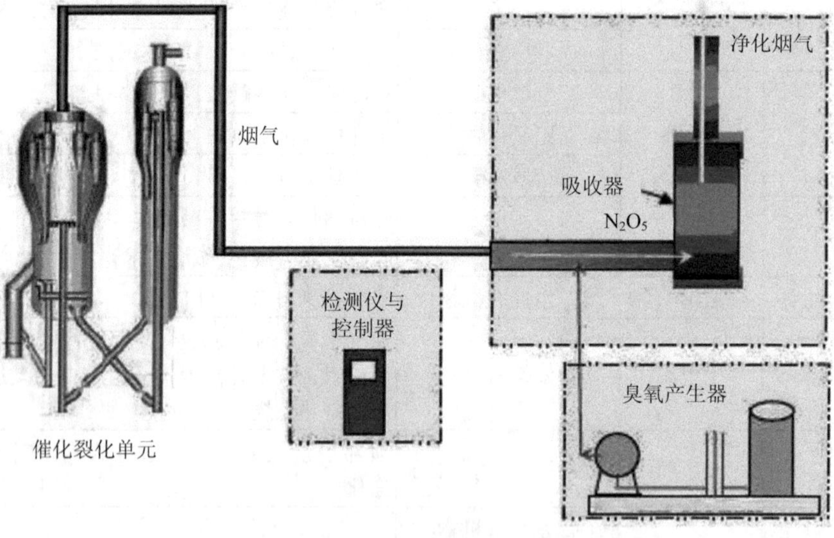

图 1-3　罗塔斯法烟气脱硝示意

②罗塔斯法（臭氧氧化）的特点

A. 适应温度低。罗塔斯法（臭氧氧化）较适宜的温度在 200℃以下，最佳反应温度为 59～61℃。

B. 存在二次污染。罗塔斯法（臭氧氧化）有废水产生，且含有较高浓度的硝态氮，应注意废水的处理。

C. 一次投资及运行费用较高。由于罗塔斯法（臭氧氧化）使用臭氧发生器来制备臭氧，电耗和氧耗量较高，因此其运行费用相对较高。

③罗塔斯法（臭氧氧化）的关键技术和设备

罗塔斯法（臭氧氧化）低温脱硝技术工艺极其简单，它可以和 EDV 洗涤塔或其他洗涤塔结合在一起使用，也可以单独建造脱硝洗涤塔（见图 1-4）。

图 1-4 EDV 洗涤塔

罗塔斯法（臭氧氧化）所需的关键设备仅为塔外的臭氧发生器（见图 1-5）、塔内的臭氧喷管和一个 MONOVILE 喷头。臭氧发生器布置在洗涤塔附近以提高臭氧的利用率。臭氧喷管布置在洗涤塔与烟气管道相连的水平段的激冷区，紧邻在激冷区内垂直排列的液体喷头的后部，臭氧喷管用于喷出臭氧并形成一个臭氧层包裹烟气，使得烟气中的 NO_x 与臭氧迅速反应生成 N_2O_5。MONOVILE 喷头水平布置在洗涤塔下部、激冷区上部，距离激冷区数米的位置上，它可以喷出水平的碱液水帘与 N_2O_5 反应形成硝酸盐脱除烟气中的 NO_x。

图 1-5 罗塔斯法主要设备（臭氧发生器）

（2）选择性催化还原法

选择性催化还原法（Selective Catalytic Reduction，SCR）是指在催化剂的作用下，利用还原剂（如 NH_3）“有选择性地”与烟气中的氮氧化物反应并生成无毒无污染的 N_2 和 H_2O。其原理首先由 Engelhard 公司发现并于 1957 年申请专利，后来日本在环保政策的驱动下，成功研制出了现今被广泛使用的 V_2O_5/TiO_2 催化剂，并分别在 1977 年和 1979 年在燃油和燃煤锅炉上成功投入商业运用。SCR 技术对锅炉烟气氮氧化物控制效果十分显著，技术较为成熟，目前已成为世界上应用最多、最有成效的一种烟气脱硝技术。

SCR 脱硝原理：

在 SCR 脱硝过程中，通过加氨可以把氮氧化物转化为空气中天然含有的氮气（N_2）和水（H_2O），主要的化学反应如下：

$$4NH_3 + 2NO + 2NO_2 \longrightarrow 4N_2 + 6H_2O$$

$$4NH_3 + 4NO + O_2 \longrightarrow 4N_2 + 6H_2O$$

$$2NH_3 + 2NO_2 \longrightarrow NH_4NO_3 + N_2 + H_2O$$

在选择性催化还原工艺中，催化剂安放在反应器箱体内。催化剂单元通常垂直布置，烟气由上向下流动。典型工艺布置和反应原理如图 1-6 所示。

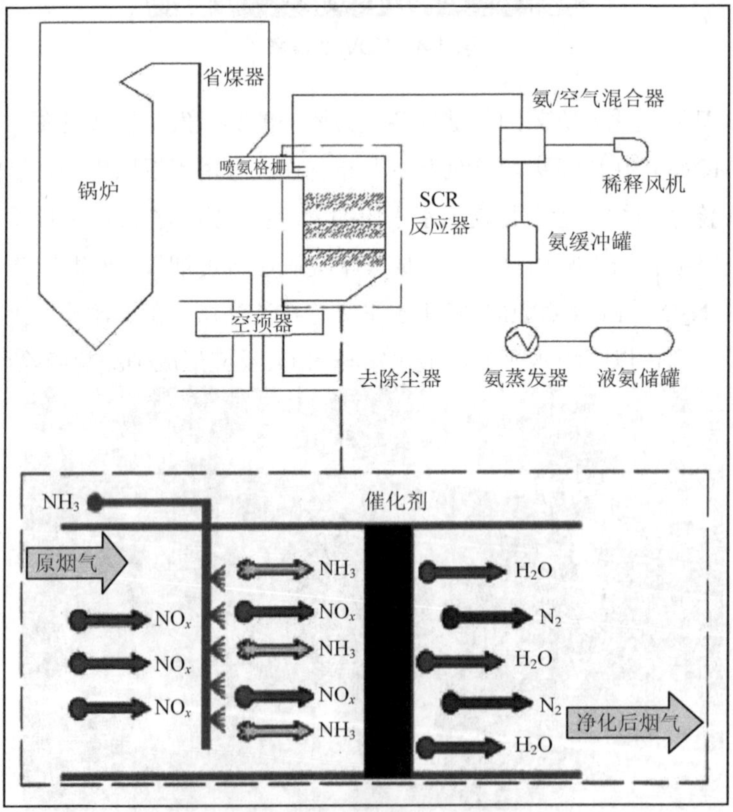

图 1-6　SCR 烟气脱硝原理

（3）两种工艺的对比（见表 1-6）

表 1-6　催化裂化烟气脱硝减排工艺的比较

NO_x减排工艺	适用性及特点	优点与不足	脱硝工程实施后能否达标	工程造价	运行费用
SCR	适合排气量大，连续排放源	二次污染小，净化效率高，技术成熟；设备投资高。催化裂化装置废气换热器前后的温度区间均不在高温SCR温度窗口内，通常需要对换热器进行改造。存在氨逃逸问题，若后续采用碱洗或湿式工艺脱硫，脱硫废水中有可能出现氨氮超标的问题	能	高	中等
罗塔斯法	特殊工艺废气，如催化裂化装置	臭氧发生器能耗大。产生污水及大量二次污染物——硝酸盐，需要进一步处理	能	中等	高

对比可见，两种工艺实施后均可满足催化裂化烟气中氮氧化物的达标需求，运行费用上 SCR 要低于罗塔斯法。从这几点看，SCR 比罗塔斯法稍有优势。但是 SCR 直接将 NO_x 转化为 N_2，需要关注氨逃逸造成脱硫废水氨氮超标的问题。而罗塔斯法将 NO_x 转化为硝酸盐，硝酸盐属于废水中的总氮指标，属于 GB 31570 中污水常规因子之一，需要通过反硝化技术将其转化为 N_2，而高含盐条件下脱除总氮是污水处理厂的处理难点之一，需要数倍的稀释水及较多的外加碳源，罗塔斯法进一步加剧了污水处理厂总氮达标的处理难度，增加了处理成本。因此，总体来看，SCR 要优于罗塔斯法。

1.3.3.4　废气治理技术发展趋势

（1）颗粒物超低排放和 SO_3 控制技术——湿式静电除尘技术

湿式静电除尘技术是在高压电场内，使悬浮于烟气中的烟尘或颗粒物受到气体电离的作用而荷电，荷电颗粒在电场力的作用下，向极性相反的电极运动，并吸附在电极上，通过水膜清除使其从电极表面脱落，实现超细颗粒物和 SO_3 的脱除。

对于需要执行特别排放限值或对 SO_3 蓝色烟羽有控制要求的燃煤锅炉或催化裂化尾气治理，可以考虑增加湿式静电除尘技术。

（2）二氧化硫超低排放技术

二氧化硫超低排放技术是利用吸收剂（如石灰石—石膏法以含石灰石粉的浆液为吸收剂）吸收烟气中二氧化硫的技术。在脱硫塔底部浆液池及其上部的喷淋层之间以及各喷淋层之间加装湍流类、托盘类等气液强化传质装置，提高烟气穿越持液层时气液固三相传质效率；通过调整喷淋密度及雾化效果，改善气液分布。目前烟气湿法脱硫的脱除效率可达 99.7%以上。这些二氧化硫脱除增效手段还有协同捕集烟气中颗粒物的辅助功能，再配合脱硫塔内、外加装的高效除雾器或高效除尘除雾器，复合塔系统的颗粒物协调脱除效率可达 70%以上。该类技术目前应用较多的工艺包括喷淋空塔、单塔双循环、筛板塔等。

（3）氮氧化物超低排放技术

①选择性催化还原技术

SCR 是目前最为高效的烟气氮氧化物脱除技术。总体而言，SCR 技术的脱硝效率与催化剂的效能、喷氨装置的设计、脱硝反应器的设计和优化密切相关。随着国内催化剂研发和生产能力的提升，催化剂的效率和温度窗口范围进一步提升；随着计算机流体力学的进一步普及，喷氨装置、脱硝反应器的设计日臻完善，目前实现氮氧化物超低排放的 SCR 技术已经比较成熟，为今后石化工业的烟气氮氧化物超低排放奠定了坚实基础。

②低氮燃烧器

低氮燃烧器（Low NO_x Burners，LNBs）通过特殊设计的燃烧器结构，改变通过燃烧器的风和燃料的比例，使在燃烧器内部或出口射流的空气分级，以控制燃烧器中燃料与空气的混合过程，尽可能降低着火区的温度和氧浓度，在保证燃料着火和燃烧的同时能有效地抑制氮氧化物的生成。同时，在富燃料燃烧条件下，选择合适的停留时间和温度使氮最大限度地转化成 N_2，以达到减少氮氧化物排放的目的。目前京津冀的一些超低氮燃烧器已经可以稳定满足 30 mg/m^3（标态）的浓度限值。然而，在降低氮氧化物生成的同时，燃烧效率却有不同程度的下降，一氧化碳浓度也有不同幅度的上升。

（4）挥发性有机物控制技术的重点发展趋势

①蓄热燃烧（RTO）技术在处理有机特征污染物中的应用

与催化燃烧（RCO）相比，RTO 的运行温度更高，因此在处理 GB 31571 中所列的某些有机特征污染物时，RTO 的优势比较明显。据美国环保局资料显示，某些特殊的特征污染物（HAPs）需要达到 1 100℃的高温才能实现达标排放，很明显，这种情况下只有 RTO 才能胜任。

②生物法在低浓度、大气量有机废气治理中的应用

以炼油厂为例，污水处理厂废气的处理可分为两段开展，除油预处理部分废气的特点是气量小、浓度高，某些资料显示，其非甲烷总烃（NMHC）浓度可达 5 000～10 000 mg/m^3，因此用 RCO、RTO 甚至油气回收技术较为合适；生化处理部分废气的特点是气量大、浓度低且湿度大，因此生物滴滤法处理较合适。美国环保局的资料显示，生物滴滤法的去除效率最高可达 99%，目前我国尚未有如此高的处理效率的实例。从另一方面来说，我国生物滴滤法去除 VOCs 的研究和应用还具有较大的提升空间。

③变压吸附技术在油气回收技术中的应用

油气回收技术是一大类技术的综合。单独的吸收、吸附、冷凝、膜分离技术或其组合构成了多种多样的油气回收技术。目前我国油气回收技术处理效率都不是很理想，尤其是变压

吸附技术在油气回收中应用很少。变压吸附是国外油气回收的核心技术之一，应用广泛。

④多污染物协同脱除技术的推广应用

陶瓷催化剂管式过滤器可实现在单一设备内，同时清除硫氧化物、氮氧化物、氯化氢、氟化氢、灰尘和二噁英。

机理如下（见图 1-7 和图 1-8）：

A. 通过管式过滤器表面去除烟气中的灰尘。

B. 使用石灰或碳酸氢盐，通过在催化剂管式过滤器上的预涂层去除 SO_x。

C. 使用 NH_3 作为还原剂，在通过 20 mm 的催化层时实现脱硝。烟气在通过 20 mm 的催化层时进行脱硝反应，脱除率高，且 NH_3 逃逸效率低。

D. 在反应釜中可一步式完成二噁英化合物分解全过程，而无须使用反应物及处置固体废物，也不必进行后续处理。

目前该技术国内外已有多个应用案例，具有处理效率高、占地面积小的优点，但是一次投资费用较高，该技术尚未完全国产化。

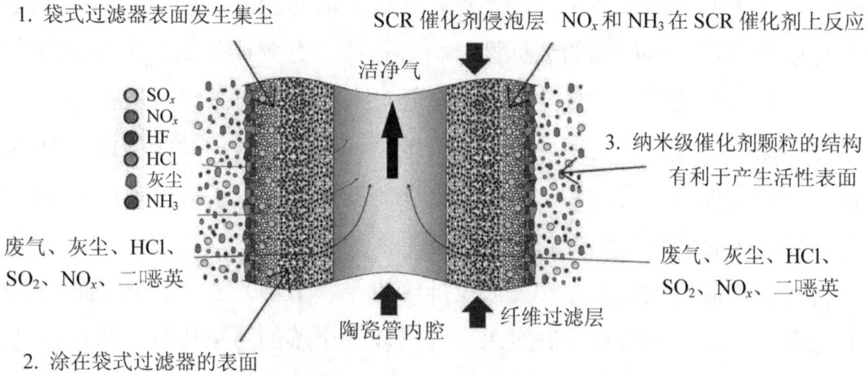

图 1-7 陶瓷催化剂袋式过滤单元结构示意

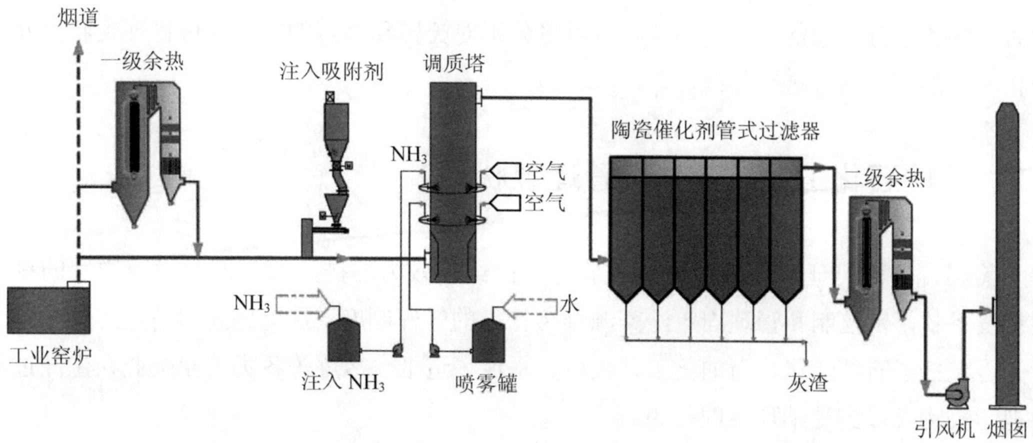

图 1-8 陶瓷催化剂管式多污染物超低净化系统工艺流程

2 国外石化工业排污许可制度

2.1 国外排污许可制度概况

排污许可制度是一项国际通行的环境管理基本制度，在美国和欧盟等国家和地区已被证明是固定污染源管理的重要手段。

美国的排污许可制度经过数十年的实施，通过采取对企业污染物控制技术的要求、排放标准的执行以及环境质量标准的达标性分析等措施，有效地降低了污染物排放量，保障了区域环境质量达标以及环境质量改善，在降低对人类和生态系统有潜在伤害的常规污染物的环境浓度、保护和改善可见度受损的荒野地区和国家公园、减少酸雨、改善河流和湖泊水体水质等方面发挥着非常重要的作用。这项制度不仅提高了政府对企业环境监管的可操作性，而且保证了企业自身环境管理的合规性和有效性。

欧盟的排污许可制度主要是基于《工业排放指令》（IED）这一指令，通过对大气、水、固体废物的综合管控，来预防和控制对水、大气以及土壤的污染排放，防止环境污染事故的发生，防止、减少以及最大限度地消除工业活动所产生的污染。

由于美国和欧盟的排污许可制度推行时间长，制度管理体系相对成熟，对环境质量的改善起到了十分重要的作用，因此，本章将分别对美国和欧盟的排污许可管理现状以及与石化工业的相关内容进行介绍。

2.2 美国石化工业排污许可管理现状

美国排污许可证制度是指通过发放有法律约束效力的排污许可证并载明详细的排污限量及条款，以控制和管理固定污染源排污行为的管理制度。这里提到的固定污染源排污行为，包括了石油炼化、石油化工、火电、水泥、造纸、冶炼等各类工业企业在生产过程中把污染物排放到受纳环境的行为。

美国排污许可制的法规依据主要来自《联邦法规法典》（CFR）第 40 章，包含了美国环保局在环保方面的各类法规要求，包括排放源排放标准、大气质量标准、污水排放指导方针和标准、固体废物和有毒物质控制法等，排污许可证中经常引用该类法规的相关要求对企业的行为进行约束管理。

美国的排污许可证制度并没有针对行业出具不同的申报核发流程，所有工业企业在执行排污许可制度时需要遵循的准则是一致的，石化工业作为其中一类固定污染源，同样遵循美国统一的排污许可制度要求。

2.2.1 美国排污许可证的申请与核发

美国的排污许可证是按照环境要素来发放和执行的，主要有大气排污许可证、污水排污许可证和雨水排污许可证等种类。而其他环境要素如固体废物、化学品风险等，则主要是通过向当地环保部门或美国环保局报备或登记等方式进行日常管理。企业噪声一般通过市政或者本地的社区条文等当地法律要求进行管理，不涉及法律许可。

以下对大气排污许可证和污水/雨水排污许可证做重点介绍。

2.2.1.1 大气排污许可证

（1）大气排污许可证类别

美国大气排污许可证制度源于《清洁空气法》及其修正案。《清洁空气法》是美国联邦法律，旨在从国家层面管控大气污染。美国环保局根据《清洁空气法》的要求制定和颁布相应的法规和技术导则。

美国的大气排污许可证分为大气建设许可证（New Source Review，NSR）和大气运营许可证（operating permit）。原则上所有向大气排放受法律约束污染物的行为发生之前必须获得大气建设许可证，而只有重大排放源或少数法律规定的非重大排放源才需要申请大气运营许可证。

①大气建设许可证

大气建设许可证规定了企业在正常生产运营时的生产及大气污染物排放情况，但不包含项目建设期间的排污情况。大气建设许可证应当在企业开工建设之前取得，而企业在进入运营后该许可证仍然有效，最长有效期为10年，到期后需更新。由于企业每进行一次扩产、新增设备或设备/工艺改造，都需要申请新的大气建设许可证或修改已有的大气建设许可证，因此一个企业通常同时会有多个大气建设许可证。

根据排放源污染物的年排放量是否超出法律规定的阈值，大气建设许可证分为重大排放源大气建设许可证和非重大排放源大气建设许可证。

在达标地区，重大排放源大气建设许可证称为防止重大恶化（Prevention of Significant Deterioration，PSD）许可证。任何工业行业的固定源，若排放的某项标准大气污染物（CO、NO_x、SO_2、$PM/PM_{10}/PM_{2.5}$、VOCs 和 Pb）的最大可能排放量超过一定限值，该固定源就判定为重大排放源。在重大排放源大气建设许可证中，必须规定使用最佳可行控制技术、对大气质量的影响不能超出规定的防止重大恶化增量等要求。

在不达标地区，重大排放源大气建设许可证则被称为不达标地区新源审查（Nonattainment New Source Review，NNSR）许可证。不仅判定重大排放源的最大可能排放量阈值比达标地区更加严格，而且需要执行更严格的控制技术，此外，对排放源限定标准如州实施计划（State Implementation Plan，SIP）中针对该不达标地区制定的内容等都将被纳入许可证中。

对于非重大排放源大气建设许可证，各州或地方环保部门一般会根据排放源类型、排放量以及可能的环境影响等因素进行许可证申请并简化审批流程，由此产生出不同的许可证类型。以得克萨斯州为例，非重大排放源建设项目许可申请包括了微量排放豁免、简易许可证（permit by rule）、标准许可证（standard permit）、新源审查许可证（NSR）。

②大气运营许可证

大气运营许可证是将固定源需要遵守的所有法律法规要求及大气建设许可证条款归纳汇编到一个具有法律约束力的文件中，目的是便于企业遵守和执行所有相关的大气污染法律法规和大气建设许可证条款要求。这些要求包括操作、流程、适用的法律法规、污染物排放标准、污染物排放控制技术、许可排放限值、许可排放条件、监控、记录和报告等。大气运营许可证的期限一般是 5 年，每 5 年需要更新。

并非所有的固定源均需要申请大气运营许可证，其申请对象仅包括所有重大大气污染排放源，需要遵守联邦酸雨计划法规的固定源，单个有毒有害大气污染物最大可能排放量至少是每年 10 ton（US）或者有毒有害大气污染物排放总量至少是每年 25 ton（US）的污染源。

（2）大气排污许可证申请与核发

①申请与发放流程

美国许可证的发放主体一般为州环保局，美国环保局可以对州环保局的许可证发放进行监督，并回应公众对美国环保局提出重审许可文件的要求。

大气建设许可证的申请由企业提出，向州环保局递交完整的申请材料，发证部门按一定流程及法律要求的环节完成审核并作出是否发放许可证的决定。大气建设许可证的申请通常还需要提交对大气质量影响的模拟评估，明确对环境的影响满足所有适用的标准，包括联邦、州和当地的常规污染物环境质量标准。同时，可能要求对其他环境要素如国家公园的能见度、沉降、生态、物种、湿地、文物等要素进行影响分析。如果建设项目对大气质量影响程度超过大气质量标准或超过防止重大恶化增量，则不能发放大气建设许可证；如果影响程度不超过任何相关环境质量标准，则可以发放许可证。

大气运营许可证的申请一般由被认定为有重大排放源的企业向发证机构提出，许可证发证机构制订许可证的草稿并交由公众审阅（可请求举行公众听证会），后续进行更正或颁发许可证。

②排放标准

在大气建设许可证的申请过程中，排放源依据自身所在的行业和工艺流程来遵守有关的排放标准。主要有针对常规污染物的新建污染源排放标准（NSPS）和针对有毒有害大气污染物的国家排放标准（NESHAP 和 MACT）。其中，NESHAP 是指美国的有毒有害大气污染物（HAPs）国家排放标准。最大可达控制技术（MACT）标准是基于技术考量的排放法规。

针对石化工业的大气污染物，在 40 CFR 中制订了炼油装置执行标准（EPA 40 CFR-60-Ja）、挥发性石油液体储罐执行标准（EPA 40 CFR-60-Kb）、炼油厂废水系统 VOCs 排放标准（EPA 40 CFR-60-Kb）、汽油储油库和接卸站执行标准（EPA 40 CFR-63-R）、炼油厂设备和管阀件 VOCs 泄漏检测与维修标准（EPA40 CFR-60-GGGa）、石油炼制工业有毒有害大气污染物（HAPs）排放标准（EPA 40 CFR-60-CC）等。

石油炼制企业 MACT 标准可应用于石油炼制过程的各加工单元及相关的排放点，在检查、监测、报告、记录保存及控制要求等方面均有相关标准。标准要求石油炼制企业炼油过程中需要对各加工单元的工艺排放口、各类储罐、废水收集及处理系统、汽油装车、装船系统及设备泄漏等排放点的 HAPs 排放量进行控制。

大气建设许可证的污染物排放限值一般有3种表达形式：A. 大气污染物的排放量限值（排放速率），又分为短时排放量限值（即小时排放量）和长期排放量限值（即年排放量），这些是基于原料/燃料用量、产品产量、采用的工艺设备类型以及污染物控制设备的去除效率等因素计算得到的。B. 大气污染物的排放浓度限值，也分为短时排放浓度限值（即小时排放浓度）和长期排放浓度限值（即年均排放浓度），由美国环保局颁布的排放标准进行规定。C. 基于燃料/能量消耗、发电量、原材料消耗量等的污染物排放限值，来自联邦 NSPS 法规中的相关规定。

在联邦层面要求的基础上，每个州还需要制定州实施计划（SIP）来确保《清洁空气法》的落实。通常州和地方设定的标准会比联邦标准更严格。这也需要纳入大气建设许可证中。

③控制技术

在大气建设许可证的申报过程中，应当根据不同的情形（行业、工艺、厂址、环境质量等）来确定不同的控制技术要求。达标地区的新重大排放源必须采用最佳可用控制技术（BACT），不达标地区的新重大排放源必须采用最低可达排放速率（LAER）。

最佳可用控制技术（BACT）是美国《清洁空气法》规定的一种污染控制要求，适用于任何在达标地区拟建的重大排放源或重大修改的排放源所排放的污染物。最佳可用控制技术可以通过生产过程或方法、系统和技术，包括使用清洁或者创新的燃料燃烧技术来实现对大气污染物的控制。而最低可达排放速率（LAER）则是指在不达标地区，当增加或者修改重大大气排放源时所要遵循的控制技术要求。最低可达排放速率的实施不考虑成本、经济或技术可行性等因素。

此外，控制技术还有合理可达控制技术（RACT），它一般应用于不达标地区的现有大气污染源，是现有大气污染源通过采用技术上可行且经济上合理的控制技术，能够达到的最低排放限值。通常在州实施计划（SIP）的制定过程中，通过执行 RACT 来实施减排计划，从而促使不达标区域从不达标状态转变为达标状态。

为了更好地指导企业采用相应的控制技术，美国环保局建立了一个包含 RACT/BACT/LAER 的数据库（简称 RBLC 数据库），是给企业和相关单位提供空气污染防治技术信息的中央数据库，可帮助申请人和审查人员制定固定空气污染源的污染预防和控制技术决策。

④源强核算

源强核算是大气许可证申请过程中一项十分重要的内容。大气许可的申请文件需包含项目各污染源的排放数据，明确每种排放源的排放计算方法、详细计算过程、参数和说明等内容。污染源的核算方法有 AP-42 排放系数法、美国环保局在线排放系数法、供应商排放数据法、BACT 分析法等。石化工业涉及的核算方法如 AP-42 排放系数，该排放系数包含了 200 多类的大气污染源排放因子，包括燃料燃烧、固体废物处理、固定源内燃发动机、蒸发源、石化天然气行业、有机化学、液体储罐等排放源。

同时，源强估算工具（表格文件、计算软件）的大力推广也方便了污染物排放量的计算，石化工业可能涉及的有石油化工的排放量估算方案（emission estimation protocol for petroleum refineries）、石油炼制废水排放量计算表格（refinery wastewater emissions tool spreadsheet）等表格文件，以及计算固定顶罐和浮顶罐产生的挥发性有机物和有毒有害大气污染物排放量的储罐（TANKS），计算污水收集、储存、处理设施中各大气污染物排放量的 WATER9 等计算软件。

⑤大气排污许可证载明内容

排污许可证的载明内容明确了企业内每个污染源需要遵循的环境法规、排放标准、控制技术要求、日常操作说明以及记录报告要求。企业严格按照许可证所规范的条款执行，可达到有效的环境管理并满足环境合规性要求，避免可能的环境违规风险。

大气建设许可证的载明内容主要包括：A. 通用条款，是所有大气建设许可证都适用的内容；B. 特别条款，是针对该项目适用的许可条款；C. 各个排放源各类污染物的允许最大小时及年排放速率；D. 附件。

其中，大气建设许可证的特别条款最能体现对不同企业和污染源的“定制化”管控要求。在特别条款中，记载了持证企业所有大气排放源的排放限量和排放条件，并根据不同工艺、设备、控制技术的排放特征、法律要求和技术规范，合理结合源头管理、过程控制、末端治理等手段，规定了企业为有效管控大气排放行为需要遵守的各种要求。在石化工业中，针对涉及的生产设备、生产活动和处理工艺（如冷却塔、储罐、火炬源、热焚烧炉，主要生产装置如常减压和催化裂化装置、硫回收装置、脱水装置、吸附塔，设备维护、启动和停机活动等）产生的大气排放行为，均会制订相应的特别条款。

在上述载明内容中，排放源污染物最大允许排放速率是最重要的条款之一，载明内容中的记录保存、合规分析、报告内容等都是为了证明企业能达到这个条款的各方面因素。排放源污染物最大允许排放速率中列出了各个污染源污染物的短期排放限值和长期排放限值，企业需要同时遵守短期和长期两类排放限值。

针对大气运营许可证，主要载明的内容有：A. 基础声明；B. 适用的全部排放限值与标准；C. 关于监测、记录与申报的相关要求；D. 合规执行计划；E. 关于年度合规认证的要求；F. 关于申报许可证条目执行偏差的要求等。

2.2.1.2 污水/雨水排污许可证

（1）污水/雨水排污许可证类别

美国水排污许可证制度源于《清洁水法》及其修正案。所有向水体或者水体附近排放污染物（包括雨水）的行为和活动都需要向当地环保部门申请水排污许可证。水排污许可证分为污水排污许可证和雨水排污许可证。污水排污许可证应当在工厂排放污水之前取得，最长有效期是 5 年。当企业的废水产生量或所含污染物等发生变化时，需要变更污水排污许可证。

水排污许可证提供了两个层面的管控：一个是以技术为基础的限制；如果基于技术的限制不能充分保护水体，则使用另一个层面的管控，即以质量为基础的限制。

污水排污许可证还可分为个体许可证和通用许可证。其中个体许可证是废水排放主体（如工业企业）根据自身的废水排放情况，针对一家单独企业申请的许可证。而对于某一类或某一区域的企业污水排放，通过分析水排污许可证是否可以覆盖很多企业的排放申请、工艺生产流程是否具有相似性、排放的废水是否具有相似性等因素，可以考虑申请通用许可证。

雨水排污许可证一般需要对建设期和运营期分别进行申请。雨水排污许可证分为 3 种，即建设期的雨水排污许可证、运营期的雨水排污许可证及市政管网的雨水排污许可证。国家污染排放清除系统（NPDES）控制计划要求对 3 类源的雨水排污排放进行管控，分别是市政的雨水管网、建设活动和工业活动。上述 3 种活动的经营者，都必须在排放雨水之前，取得相应 NPDES 雨水排污许可证，主要目的是防止雨水把有毒有害污染物带入地表水中。如果能够确保所有的雨水都会被收集好，并且允许可以直接蒸发、渗入地下或者用于灌溉，则可以不申请雨水排污许可证。

（2）污水/雨水排污许可证申请与核发

污水/雨水排污许可证的申请与发放流程如下：A. 企业提交许可申请文件。B. 环保部门审核申请文件的完整性和准确性。C. 环保部门依照企业提供的资料，核算基于处理技术的排放限值。D. 环保部门核算采取基于技术的污水排放标准，企业排放的污水是否会造成地表水水质超标，如果会，则需重新核算基于水质的排放限值，并以此为依据制订监测及其他要求；如果不会，则直接依据基于技术的限值制订监测及相关要求。E. 环保部门发布水排污许可证的草案文件。F. 正式颁发许可文件。

污水排污许可证申请应填报的污染物指标包括如下3类：A. 所有废水都必须记录的指标——BOD、COD、TOC、TSS、流量、氨氮、夏季水温、冬季水温、pH；B. 企业认为会在其废水中出现的指标——溴化物、颜色、总余氯、总磷、大肠杆菌、油脂、放射性物质、挥发性有机物、酸性化合物、农药组分、中性物质组分等；C. 除上述外，企业可能或者确定会产生的有毒有害物质清单。

在申请过程中，通常会在实地采样、物料衡算等基础上，进行模型模拟以确定各类废水是否会对水体造成影响以及影响程度。

与大气排污许可证类似的是，污水排污许可证在达标区和非达标区同样存在不同的要求。在受纳水体达标的地区，必须保证污染源新增之后环境质量不超标。环保部门会根据企业的水污染物排放情况计算基于技术的排放限值和基于水质的排放限值，然后根据计算结果要求企业执行其中相对严格的限值标准。但如果受纳水体水质已超标，环保部门会先测算受纳水体的日最大总负荷（TMDL）和纳污总量分配，然后根据上述两个测算值制定排放限值。若该水体每日最大负荷量大于该排污总量，尚有负荷量承载新增排放源，在企业确保能满足许可证所要求的各项标准规范的前提下，可发放排污许可证。

（3）排放标准与控制技术

污水排污许可证中的排放标准一般有基于技术的排放标准和基于水质的排放标准两种类型。雨水排放必须要满足基于受纳水体水质标准的排放限值，工业厂址内收集的雨水还应当满足基于技术的排放限值。

污水排放限值针对不同的工业污染源类别分为现有点源和新建点源。美国环保局针对两种类型的点源，提出了对应的污染物控制技术的排放标准，包括最佳可行控制技术（BPT）排放标准、最佳常规污染物控制技术（BCT）排放标准、最佳经济可用技术（BAT）排放标准和新源排放标准（NSPS）。

污水排污许可证申请时，针对不同情况需要考虑采用不同的控制技术。针对现有源直接排入水体的常规污染物需要采用最佳常规污染物控制技术（BCT）；针对现有源直接排入水体的非常规污染物和有毒有害污染物需要采用最佳经济可用技术（BAT）；针对现有源直接排入水体的所有污染物需要采用最佳可行控制技术（BPT）；针对新增源直接排入水体的所有污染物需要采用新源排放标准（NSPS）。

其中，新源排放标准的主要表达形式包括浓度和质量形式的定量限值、最低水平定量限值、其他的定量限值、非定量化的排放限值如最佳管理实践、最小化要求等。针对石化工业废水，涉及的标准有 40 CFR Part 419 炼油点源排放标准（petroleum refining point source category），适用于催化重整、催化裂化、润滑油制造等工艺过程的水污染物排放控制。

此外，美国环保局还制定了最佳管理实践（BMP），目的是防止污染物或有毒有害化学品排入水体。任何跟工业生产或者处理过程相关的活动都要执行最佳管理实践。该技术规范是一种定性的描述，但在污水许可中，大多数情况下会与排放限值的量化指标相结合来明确对企业的要求。许可证中包含的最佳管理实践通常有两种方式：一种是与特定的污染物、工艺设施和工厂相关；另一种是针对复杂的工厂或者许可证特定的最佳管理实践计划。

（4）污水/雨水排污许可证载明内容

污水/雨水排污许可证主要载明了各排放口的排放限值、监测、报表及其他特定要求，通常也包含定义、测试程序、记录保存、告知要求、违约处罚及其他一些持证企业必须遵守的事项。

2.2.2 美国排污许可证管控要求

对于企业而言，排污许可证不仅是一个证，更是一家企业污染物排放的合规化操作手册。因此，无论是企业自身的污染物排放合规化行为还是环保部门对企业的核查管理，均应按照排污许可证中的条款进行操作。排污许可是批准企业进行合法排污的一种授权。

企业在获取许可证后，应按照许可证载明的各项条款进行操作，包括提交守法报告、背离报告、排污申报等，并对所有内容的准确性和真实性负责。同时，企业还需要负责提供采样和监测仪器、执行采样和监测操作，或者委托独立的采样机构进行采样和监测。如果出现不合规的情况，企业应作为主体承担法律责任及其他后果。

2.2.2.1 测试与监测

为确保污染治理设施在安装后能够得到适当的操作和维护，以持续达到符合适用要求的控制水平，企业需要严格按照许可证文件中关于合规证明的要求进行测试和监测。除此之外，企业还需要对开展的监测、报告、数据记录建立起一整套标准，从而能够提供合理的保证合规以及满足排放限值要求的证据。在 40 CFR Part 60.8、40 CFR Part 60.13 和 40 CFR Part 60 附录 F 中，分别给出了大气的测试要求、监测要求和质量保证要求。这些关于测试与监测的要求都将体现在大气排污许可证文件中。

以某炼油厂大气建设许可证中的相关测试与监测内容为例：

（1）在线连续监测系统（CEMS）管理（部分）：持证人必须安装、校准和维护 CEMS 来测量和记录烟囱内来自以下污染源的污染物浓度——各设备需要监测的污染物列表，以及监测系统需要完成安装并投入运行的时间。每个 CEMS 都需要遵循的规定，包括：CEMS 的设计和性能规范、零点和量程校准规定、监测频率要求、质量控制要求、数据保存要求、CEMS 的相对准确度测试审计（RATA）、可靠性要求；各设备的烟囱测试所需监测污染物列表，采样点和采样平台的设置、采样程序、监测预备会议的要求、采样对应的产能/活动水平、采样完成的时间、采样报告的要求等。

（2）逸散排放的监测（部分）：损坏或发生泄漏的阀门或连接器，如果泄漏出的 VOCs 浓度超过500×10^{-6}（体积分数），或者可以目测到泄漏（如滴漏），则需要贴上标签，然后进行更换或者维修。损坏或发生泄漏的泵、压缩机和搅拌器的密封处如果发现泄漏的 VOCs 浓度超过$2\,000\times10^{-6}$（体积分数），或者能够目测到泄漏，则需要贴上标签，然后进行更换或者维修。第一次泄漏修复必须在发现泄漏后的5天内进行。

针对污水的测试与监测，美国环保局发布了一系列工业企业及市政单位可用来分析废水的化学、物理和生物成分的实验室分析方法及测试步骤。这些方法均包含在 40 CFR Part 136、40 CFR Part 122.44（i）和 122.48 章节。其中，40 CFR Part 122.44（i）中就如何使用 40 CFR Part 136 章节中的标准测试方法对污染物浓度、流量监测以及监测频率等提出了具体的要求。40 CFR Part 122.48 要求许可证中还需要明确对于正确使用、维护、安装监测设备及监测方法的要求。这些官方认可的分析方法和测试步骤保证了所有排污单位在分析排放的污染物是否合规时能够采用统一、有效的方法。

2.2.2.2 实际排放量核定

排污许可证中的年排放量合规是指 365 天滚动排放合规，同时也应证明短期和长期排放的合规。企业在日常运行范围内污染物排放量或浓度不超出所有相关要求，才为达标排放。实际的排放量一般是采用监测获得的污染物浓度值和流量计记录的流量数据的乘积计算得到。在许可证中，对污染物浓度和流量监测方法、监测频率、仪器的精确度、仪器的校准都有详细的要求。

2.2.2.3 信息记录与报告要求

在 NSPS、NESHAP、MACT 文件中，不同行业和设备均明确了相应的信息记录和报告要求。信息记录一般包括开停车及非正常运行情况记录、超标情况记录、监测数据、其他合规证明记录等。需要提交的报告包括排放测试报告、超标排放报告、监测设备运转情况报告、年度排污申报等。企业需要严格按照许可证文件中关于合规证明的要求开展信息记录和提交报告。

在上述开展的记录和报告情形中，有一类针对故障情形的报告，主要分为两种：一种是可以预见的故障，虽然不确定发生的时间，但必然发生，通常可以把它纳入许可证的申请中并核算排放量；另一种属于不可预见的排放。在发生非正常排放后，需要根据事件本身发生意外排放的程度进行记录，并汇报给环保部门。

背离报告（deviation report）是列举与许可证要求不相符情况的报告。主要目的在于：如果发生意外，企业按时提交了背离报告和可信证据，政府部门审查后根据实际情况认为是可以免于处罚的，则有可能对企业不进行处罚（比如是正常的工艺波动等因素造成的），但如果企业没有提交背离报告或者提交虚假的背离报告，则将会受到处罚。背离报告必须提交到环保局，民众有权利获取。

年度合规报告一般由三部分构成。第一部分由身份信息区、第一节、第二节组成。身份信息区包含拥有人、污染区域名、许可证号、企业代号、认证起止时间、报告提交时间等识别信息；第一节是责任人做出持续符合许可证条款和规定的声明；第二节为是否提交过背离报告（勾选），由两段组成，段落 A 是关于上次报告的背离信息，段落 B 是此次守法报告相关的背离信息。第二部分由两节组成，第一节是身份信息区，第二节是背离报告列表。当许可证中有监测选项时，才要求第三部分。第三部分提供的信息用于识别合规期间所用的具体的监测方法。

2.2.2.4 证后监管

严格的证后监管和环境执法是保障排污许可证有效实施的基础。美国环保局通过大气建设许可证、大气运营许可证、污水排污许可证和雨水排污许可证的审核和发放，确保企业明确知晓实现合规需要遵守的所有要求。在发放排污许可证后，州环保局借助一定的执法手段进行监督和检查，以确保持证企业满足合规要求。

在日常监督管理中，州环保局人员可参与企业的初始合规证明的过程，如参加烟囱测试的监测预备会议、观摩 CEMS 的相对准确度测试审计过程等，监督企业的合规过程。此外，通过对企业各项监测、采样记录、生产数据、设备运营时间等能够证明企业合规的信息和数据的抽查，监督企业的合规操作。此外，州环保局还会通过审查企业提交的合规报告、背离报告和排污申报材料，核查企业的合规情况。

为保障合规监管，美国环保局制定了《固定源合规监测策略》（*Clean Air Act Stationary Source Compliance Monitoring Strategy*）、《清洁空气法国家烟囱排放测试指南》（*CAA National Stack Testing Guidance*）等文件，为美国环保局及其授权的州环保局提供有关环境管理和合规监测计划制订的指导。

2.2.2.5 公众参与

排污许可证的申请材料和许可证文本内容均属于公开信息，但涉及企业要求保密的工艺流程、知识产权等作为保密信息不予公开。

此外，重大排放源的许可申请一般需要经过公示环节，可能受影响的公众可以向环保部门提交书面的赞成或反对意见，也可以要求举办听证会。如有必要，环保部门需要对公众提出的意见进行书面响应，做出相应决定，所有信息需要记录在案。环保部门也会和企业沟通公众提出的意见或要求。

2.2.3 美国某炼油厂大气建设许可证内容简介

以美国得克萨斯州某炼油厂为例，其大气建设许可证的内容主要分为四部分，第一部分是一般条款，第二部分是特别条款，第三部分是排放源的最大允许排放速率，第四部分为相关附件。

第一部分的一般条款规定了本许可授权的工厂必须按照许可申请中指定的方式建设和运营，同时还对许可失效、建设进度、开始生产的通知、采样要求、等效方法、记录保存、最大允许排放速率、排放控制设施的维护与合规性等通用要求进行了规定。

例如，“许可失效”提出“如果持证人在获得本许可后的18个月内没有开始建设，在施工后停工超过18个月不继续建设，或者在一个合理的时间内没能完成建设，则大气许可或修订的大气许可将自动失效。根据持证人的请求，执行官可以同意做18个月的延期。但是在延期批准之前，大气许可必须根据当时的最佳可用控制技术（BACT）、可达最低排放速率，对大气许可进行修改”。此外，一般条款的末尾还提出工厂应符合州的相关法规要求，明确“工厂的排放不能导致或部分导致得克萨斯州健康和安全法（THSC）382.003（3）条中定义的‘大气污染’，或者违反 THSC382.085条款。如果执行官确定出现了这种情况，则持证人需要采取必要的减缓或消除措施来控制或者防止这种情况的出现”。

第二部分特别条款主要规定了该炼油厂的重点污染源的污染物排放与合规要求，并明确日常管控中的合规证明、记录要求，以及设备维护、启动和停机（MSS）活动等。这也是排污许可证中最为核心的部分。

特别条款首先对排放标准、联邦法规适用性内容进行了概括性的规定，提出工厂必须遵守美国环保局关于新源排放标准（NSPS）的所有适用的规定（40 CFR Part 60）、关于危险气态污染物国家排放标准中所有适用的规定（40 CFR Part 61 和 40 CFR Part 63 中的源类别）。

接着对不同的设备（污染源）、燃料使用等方面规定了不同的许可要求。包括对该炼油厂的逸散排放的监测、冷却塔、活性炭吸附塔、pH 中和、火炬源、火炬气体回收、燃烧器、热焚烧炉、燃料、储存和装卸控制、催化裂化装置（FCCU）的排放控制、NO_x 排放源等都进行了规定。以“储存和装卸控制”相关内容为例：

储罐需要遵守下列要求。本条款的（1）至（4）明确的控制要求不适用于以下两种情况：①在最高进料温度或 95℉（35℃）（取两者中的最高值）下，VOCs 的总分压小于 0.5 psia（3.45 kPa）时；②储量小于 25 000 gal（94.64 m^3）的储罐。

（1）所有储罐都需要安装内浮顶或类似的控制措施。浮顶和以下的几种封堵器一起安装在储罐壁和内浮顶的边缘之间：①液态镶嵌式密封；②双封式密封；③机械式鞋形密封。安装类似的控制装置则需要提前审批，并获得环保部门的批准。

（2）如果主密封是机械式鞋形密封或者液态镶嵌式密封，且二级密封是边装式密封，则采用双层密封或者二级密封技术的外浮顶罐也可以作为内浮顶罐的替代品。防雨防风棚不能被当作二级密封，除非经过特别的审查确定其气密性能够达到要求。

（3）对于任何装有浮顶的储罐，持证人必须按照 40 CFR Part 60.113b 的测试规程来确保其密封的完整性。此外，持证人需要遵循 40 CFR Part 60.115b 中的报告和记录要求，提供密封性检查的日期、密封完整性和采用纠错行动的记录。

（4）浮顶需要具备足够的浮力或者同等级的浮力来符合 APICode650 的要求。除非内浮顶盖在设计时不需要考虑承受降雨的重量，且建筑的材料是钢材或者其他材料。

（5）对于所有用于储存 VOCs 的非绝缘、非加热储罐，暴露在太阳下的外表面必须是白色或者铝制的。下列储罐必须安装永久半浸入式的充装管道：EPNsD-4145、T-135、WAXCLD、D-3106、T-8402、T-4275 和 T-525。

（6）为了确保满足 VOCs 排放限值的要求，持证人必须保存计算所有储罐 VOCs 排放的月排放记录。月排放记录的内容包括：储罐的识别码、采用的排放控制方法、储罐的容量（gal）、储罐存储物质的名称、VOCs 的分子量、VOCs 的月平均温度（℉）、VOCs 在储存物质月平均温度下的蒸汽压（psia）、上一个月 VOCs 的产生量和年初至今的 VOCs 产生量。在常温或低于常温下储存液体的非加热储罐不需要记录 VOCs 的月平均温度。

（7）储罐的排放可以采用以下方法计算：

①AP-42“大气污染物排放因子集”当前版本的“有机液体储罐”章节中推荐的算法，或者根据此算法开发的美国环保局 TANKS 程序的最新版本［已获得 TCEQ（美国得克萨斯州环境质量）的认可］；

②TCEQ 出版的书名为 *Technical Guidance Package for Chemical Sources-Storage Tanks* 的参考书；

③依据 AP-42 中 TANK 的计算方法或 TCEQ 的上述出版物开发的其他工具或者电子系统。

同时，特别条款还规定了废水系统中涉及大气污染物排放的要求。第二部分的最后是对初始和连续的合规证明、记录保存、列入计划的设备维护、启动和停机（MSS）活动进行规定。以列入计划的设备维护、启动和停机（MSS）活动为例：

（1）本许可批准 Rheniformer 火炬（EPNR-2911）或 North Main 火炬（EPND-2914）与制氢装置 No.1 相关的 MSS 活动：

①加氢处理装置和脱硫装置、变换炉和制氢装置中的变压吸附塔内催化剂的更换；

②制氢装置 No.1 中工艺容器的减压过程；

③需要关停设备进行的（计划中的）设备维护；

④炼油厂停车大修。

列入计划的 MSS 排放在 12 个滚动月内不允许超过 72 h。这些排放都要遵守最大允许排放速率表中的最高允许排放速率要求。MSS 活动及其排放都必须记录在案，该记录至少需要保存两年，且随时供 TCEQ 的执行官查看。

（2）本许可批准 EPNsF-90 的下列 MSS 活动的排放：

①工艺容器的排污和清洁；

②重整器单元和苯饱和单元的列入计划的日常维护。

第三部分是规定排放源的最大允许排放速率，明确了本许可证覆盖的所有大气污染物的污染源及其最大允许排放速率。以某原油加热炉为例，许可证规定了该加热炉 8 项污染物排放应当执行的排放速率（见表 2-1）。

表 2-1　某石化企业原油加热炉污染物排放速率限值

排放点	排放源名称	大气污染物名称	排放速率	
			lb/h	t/a
××	某原油加热炉	NO_x	5.93	25.97
		CO	5.93	25.97
		PM	1.26	5.53
		PM_{10}	1.26	5.53
		$PM_{2.5}$	1.26	5.53
		VOCs	0.91	4.00
		SO_2	4.98	8.08
		H_2S	0.05	0.09

第四部分是许可证的相关附件，对企业本身低排放活动、常规的维护活动、本许可批准的 MSS 活动排放行为进行了描述。

2.3　欧盟石化工业排污许可管理现状

与美国不同，欧盟作为一个超国家的组织，各成员国都有义务实施欧盟颁布的条例、指令、决定等法律法规。欧盟环境法体系中，关于环境标准和污染控制方面的政策法规都是以“指令”的形式颁布的。“指令”属于二级立法，环境指令只规定所要达到的环境目标，而各成员国可以自主选择达到规定目标所采用的方法，在特定的期限内参照指令或将其转化为本国立法执行。

欧盟的排污许可制度主要是基于《工业排放指令》（Directive 2010/75/EC）这一指令，大多数成员国还是基本按照欧盟的要求执行，同时也有各国各自指定的本国法律法规，如德国《联邦污染物排放控制法》（*Federal Immission Control Act*）中规定了颁发设施建设和运行许可证的要求和程序；《空气质量控制技术说明（TA Luft）》对不同的生产设施排放大气污染物的限值和措施的要求进行了规定，并重申了许可证颁发的要求，但整体的排污许可系统框架和许可证核发流程与欧盟整体要求类似。

欧盟层面排污许可的要求和管理，主要是基于 2010 年批准通过的《工业排放指令》，是为了防止、减少以及最大限度地消除工业活动所产生的污染，遵照"谁污染谁埋单"和污染防控的原则，用来控制主要的工业活动、重点关注控制污染源头所建立的一个整体性框架。与美国不同，欧盟的排污许可证对大气、水、固体废物多介质进行综合管控。通过这种一体化的方法预防和控制对水、大气以及土壤的污染排放，进行废物管理，提高能效，防止环境事故的发生，并且在整个欧盟建立一个公平的制度，用统一的环境效益来要求和规范所有的工业活动。

与美国一样，所有的工业企业执行的排污许可证要求和管理准则是一致的，石化工业作为一类工业企业，同样执行欧盟对应的排污许可制度管理要求。

2.3.1 欧盟排污许可证的申请与核发

2.3.1.1 申请与发放流程

《工业排放指令》中规定，操作方在申请许可证时需要提供关于生产设备的相关信息、产排污情况、污染物监测措施、应急措施等信息。同时需要提供《有关某些公共和私人项目环境效应评估的 85/337/EEC 号指令》中要求的设备造成的环境效应的相关信息，以及《有关重大危险物质事故灾害防控的 96/82/EEC 号委员会指令》中要求准备的安全报告。

在不违反国家法律或欧盟法律中其他条款的前提下，由各成员国合格的权威机构给符合《工业排放指令》要求的设备授予许可证。

当企业获得许可证后，需要履行相应的义务来对环境进行统一性的高度保护，比如落实 BAT，使各污染物排放符合限值；使用适当的措施预防大尺度污染的发生；以污染最小化的原则预防、再循环和处置废物；高效使用能源；污染物排放实时监控；确保防止突发性污染事故的发生和灾害控制；设施运行结束后，修复厂址原状等，覆盖项目建设、运行、监管和后期评估的全生命周期。

2.3.1.2 可行技术

《工业排放指令》中强调，BAT 是核发许可证的重要参考，原则上工业设施必须采用 BAT，或达到比 BAT 的排放水平更低的技术，才能发放综合许可证。但是各成员国可以根据自己的实际状况对实施的时限有所调整。

BAT 代表了各项生产活动、工艺过程和相关操作方法发展的最新阶段，它表明了某种特定技术在满足排放限值基础上的适用性，或者当无法满足排放限值、又无其他指定技术的情况下，采用此项技术可以使向整个环境中的排放量最小。

而各类工业设施的 BAT 主要由《最佳可行技术参考文件》（BREFs）来确定，如废物焚烧最佳可行技术参考文件、水泥和石灰最佳可行技术参考文件等。

在《最佳可行技术参考文件》中还重点说明了与相应技术相关的污染物排放和能源消耗水平，核发过程中需要将其转换为针对特定设施的具体污染物排放的许可条件。在实践中，各成员国对如何应用这些 BAT 有很大程度的弹性，根据每家企业的具体情况，一些成员国的企业可能获得额外的时间来实施 BAT，但最终必须和其他成员国一样满足相同的要求。

2.3.1.3 排放限值

《工业排放指令》中规定的一般工业污染预防与控制要求适用于六大类 76 小类行业，但仅对 50 MW 以上的大型燃烧设施、废弃物焚烧设施、有机溶剂使用、钛白粉行业等少数具有显著跨国环境影响的行业、领域规定了排放限值。欧盟各成员国在制定废水、固废和大气污染物排放限额时，需要根据相应的政策框架与环境介质相应的指令和规范[如《水框架指令》（*Water Framework Directive*，2000/60/EC）、《废物框架指令》（*Waste Framework Directive*，2008/98/EC）、《环境空气质量与清洁空气指令》（*Directive on Ambient Air Quality and Cleaner Air for Europe*，2008/50/EC）等]，以最佳经济可用技术（BAT）所得到的排放水平为参考，结合各国家、地区具体的环境质量标准，设定污染物排放限值。其中，根据 BAT 得到排放限值的方法是以技术先进性和可行性为前提的，参考在 BREFs 中特定技术实际应用中的排放量数据来制定排放限值，比较适用于大型的工业企业。而根据相应环境标准反演计算排放限值的方法是以达到环境质量或污染控制标准为前提的，也适用于对在环境质量标准中有严格要求的特定污染物或危险物质，以及污染排放量小的工业企业排放限值的确定。而对于工业活动中重金属、呋喃、二噁英等有害污染物的排放，欧盟委员会需要评估采用 BAT 可能对某些工业活动产生哪些影响，或这些工业活动对环境整体造成哪些影响，进而提出整个欧盟的排放限额最低要求以及监督和合规规则。

在欧盟 2008/50/EC 指令中，对各项空气污染物设定了硬性的极限值，对 SO_2、NO_2、PM_{10}、O_3 设定了 1 年或 3 年内允许超标的天数或小时数，或规定的年均值，不允许出现任何超标的天数。除此之外，还针对部分污染物设定了其他限制值。如对 $PM_{2.5}$ 设定“目标值”，即年均值在 2020 年以前达到 20 $\mu g/m^3$ 作为软性要求。而对于大型的燃烧设备，为了控制其产生的大量空气污染物，需要满足《有关特定大气污染物的国家排放上限的 2001/81/EC 号指令》中的要求，并且实现《空气污染主题战略》中的目标，考虑相关 BAT 参考文件的状况，针对某些特别种类的燃烧场合污染物设立更为严格的欧盟层面的排放限额。

而在 2000/60/EC 指令中，提出了一种“结合方法”，将环境质量管理和排放管理相结合，对水污染进行预防和控制，并建立一套完整的水环境质量标准，同时提出排放控制可以 BAT 为依据，为某类污染物制定排放限制时，对于不是向水体直接排放的污水，要考虑污水处理厂对废水的处理效果，保证有一个均衡的水平对环境进行总体性保护，并保证环境污染程度不再继续恶化，各成员国需要根据《工业排放指令》《水框架指令》等规定的目标和要求，制定在本国使用的水污染物排放限值。

2.3.2 欧盟排污许可证管控要求

欧盟的排污许可证制度是基于最佳经济可用技术（BAT）的许可制度。为配合《工业排放指令》（IED）以及许可证制度的实施，根据各成员国和工业部门信息交流的成果，欧盟委员会正式公布了 17 份行业最佳可行技术参考文献（BREFs），另外有 11 个行业的 BREFs 已被正式采用但尚未正式公布，6 个行业的 BREFs 还在审核当中。正式出版的 BREFs，还配套有一份“BAT 结论”（BAT Conclusion，BATC）。BATC 是一份包含 BAT 参考文档中结论部分的文档，根据 IED 第 14（3）条，BATC 应作为为该指令所涵盖的设施设定许可条件的主要参考。BATC 中不仅包括废水、废气、固废和噪声排放控制的各种可行技术方法，还包括许可设施排放的各种污染物的排放标准、监测要求和设备的能耗水平要求等。

在 IED 附录 I 中列出了所有需要申请排污许可证的行业，其中有 3 个行业与我国的石化工业所涉及的内容有关，分别为石油炼制工业、大型有机化工生产行业（包括石油化学品生产）和聚合物生产行业（包括合成树脂生产）。其中石油炼制工业和大型有机化工生产行业都有已出版的行业最佳可行技术参考文献（BREFs）和 BAT 结论（BATC），分别发布于 2014 年和 2017 年。聚合物生产行业的 BREFs 是 2007 年编制的，已被欧盟委员会采纳，但尚未正式公布，因此该行业没有 BATC。本节将以石油炼制工业为例介绍欧盟在这一行业的排污许可技术方法。

欧盟石油炼制工业的 BATC 包括对炼油厂整体运营的整体 BAT 结论（general BAT conclusion）和分别针对炼油厂 18 类主要工艺过程和活动的具体 BAT 结论。炼油厂 BATC 所涉及的主要工艺和公用工程见表 2-2。

表 2-2 欧盟石油炼制企业 BATC 所涉及的工艺和公用工程

工艺过程和活动	子工艺过程和活动
烷基化	所有烷基化过程，包括氢氟酸（HF）、硫酸（H_2SO_4）和固体酸
基础油生产	脱沥青、芳烃萃取、石蜡加工、润滑油加氢整理
沥青生产	从储存到最终产品添加剂的所有技术
催化裂化	各种类型的催化裂化装置，如流化床催化裂化装置
催化重整	连续、循环、半再生催化重整
焦化	延迟焦化和流化焦化，石油焦煅烧
冷却	用于炼油厂的冷却技术
脱盐	原油脱盐

工艺过程和活动	子工艺过程和活动
用于能源生产的燃烧装置	燃烧炼油厂燃料的燃烧设备，不包括仅使用常规或商用燃料的设备
醚化	生产用作汽车燃料添加剂的化学品［酒精和醚类，如甲基叔丁基醚（MTBE）、乙基叔丁基醚（ETBE）和甲基叔戊基醚（TAME）］
气体分离	原油轻馏分的分离，如炼厂燃料气（RFG）和液化石油气（LPG）
氢消耗工艺	加氢裂化、加氢精制、加氢处理、加氢转化
制氢工艺	部分氧化、蒸汽重整、气体加热重整、氢气净化
异构化	碳氢化合物 C4、C5 和 C6 的异构化
天然气厂	天然气（NG）加工，包括天然气的液化
聚合	聚合，二次聚合和缩聚
原油初馏	常压和真空蒸馏
产品处理	脱硫和最终产品处理
炼油厂物料的储存和处置	炼油原料的储存、调配、装卸
减黏裂化和其他热转化工艺	热处理如减黏裂化或热油气分离工艺
废气处理	减少向空气中排放污染物的技术
废水处理	在排放前处理废水的技术
固废处理	防止或减少废物产生的技术

2.3.2.1 石油炼制工业整体 BAT 结论

石油炼制工业的整体 BAT 结论包括建立环境管理体系、提高能效、固体原料的储存和处置、大气污染物排放监测和关键生产工艺参数的监测、废气处理系统的运行、废水排放监测、废水排放减量、固体废物的产生和管理、降低噪声和减少无组织 VOCs 排放 10 个方面。下面将对环境管理体系要求、能效要求、大气污染物排放监测、关键生产工艺参数的监测和废水排放监测等几个方面进行介绍。

（1）环境管理体系要求

石油炼制企业需要建立一套环境管理体系（EMS），该体系需包括以下内容：

①管理层（包括高级管理层）需要做出提高炼油厂整体环保绩效的管理承诺。

②制定企业环境政策，包括管理层需要对设施进行持续改进。

③结合财务规划和投资，规划和制定必要的程序、目标和指标。

④在执行环境管理规程的过程中需要特别关注：

A. 组织结构和职责；

B. 培训、意识和能力；

C. 交流；

D. 员工参与；

E. 文件记录；

F. 有效的过程控制；

G. 设备维修/维护计划；

H. 应急准备和响应；

I. 确保符合环境法规。

⑤开展环境绩效考核并采取纠正措施，需要特别关注：

A. 监测和量测；

B. 纠正和预防措施；

C. 记录保存；

D. 在可行的情况下开展独立的内部及外部审核，以确定环境管理体系（EMS）是否符合计划，以及是否得到正确的实施和维护。

⑥由高级管理人员对环境管理体系及其持续的适用性、充分性和有效性进行审查。

⑦持续追踪清洁技术的发展。

⑧在新工厂设计阶段以及整个运营阶段都要考虑工厂最终关闭时可能造成的环境影响。

⑨定期实施标杆管理。

（2）能效要求

石油炼制企业需要从设计、过程控制和维护以及节能生产三个方面采用下列技术的适当组合来提高能源利用率，具体见表 2-3。

表 2-3 欧盟石油炼制企业能效要求

技术	描述
①设计技术	
A. 夹点分析	为使工艺过程能量消耗最小化而进行的热力学系统计算的方法。用于评估整个系统设计的工具
B. 热集成	工艺过程系统的热集成确保了各过程中所需热量的相当大一部分是通过需要加热和需要冷却的流体之间的热量交换来提供的
C. 热量和其他能量的回收	使用能量回收设备，如： ➢ 废热锅炉； ➢ 催化裂化装置（FCCU）的膨胀机和功率回收装置； ➢ 集中供热过程中的废热利用
②过程控制和维护技术	
A. 过程优化	自动控制燃烧，以降低处理每吨原料所需的燃料消耗，往往与热集成相结合，以提高炉子的效率
B. 管理和减少蒸汽消耗	对排放阀系统进行系统制图，以减少蒸汽损耗并优化其使用
C. 使用能耗基准	参与排名和标杆管理活动，通过学习最佳实践来实现持续改进能源消耗
③节能生产技术	
A. 使用热电联产	为从同一种燃料中同时产生热量（如蒸汽）和电能而设计的系统
B. 整体煤气化联合循环（IGCC）	以多种燃料（如重油或焦炭）产生蒸汽、氢（可选）和电能为目的，具有高转换效率的技术

（3）大气污染物排放监测要求

石油炼制企业需要使用表 2-4 中给出的监测技术和不低于表 2-4 中的监测频率，按照欧洲标准（EN）中规定的分析方法对排放到大气中的污染物进行监测。

表 2-4 大气污染物排放的监测要求

描述	设备单元	最低监测频率	监测技术
SO_x、NO_x和粉尘排放	催化裂化	连续监测	直接测量
	≥100 MW 的燃烧设备和煅烧单元	连续监测	直接测量
	50～100 MW 的燃烧设备	连续监测	直接测量或间接监测
	＜50 MW 的燃烧设备	一年一次，或者当出现重大的燃料变动后	直接测量或间接监测
	硫回收装置（SRU）	仅需连续监测 SO_2	直接测量或间接监测
NH_3 排放	所有安装 SCR 或 SNCR 的装置	连续监测	直接测量
CO 排放	≥100 MW 的燃烧设备和煅烧单元	连续监测	直接测量
	其他燃烧设备	每 6 个月测量一次	直接测量
金属排放：镍、锑、钒	催化裂化	每 6 个月测量一次，或者当设备出现重大变动后	直接测量或者基于催化剂粉末或燃料中的金属含量进行分析
	燃烧设备		
多氯二苯并二噁英/多氯二苯并呋喃（PCDD/F）	催化重整装置	一年一次或一个批次一次，取较长的时间段	直接测量

（4）关键生产工艺参数监测要求

石油炼制企业需要遵循关键生产工艺技术要求并满足对应的参数监测要求，如催化裂化和燃烧装置中，将使用表 2-5 中所列监测要求。

表 2-5 石油炼制企业生产工艺参数监测要求（示例）

描述	最低频率
监测与污染物排放有关的参数，如废气中的 O_2 含量、燃料或进料中的氮和硫含量	O_2 含量需要连续监测； 氮和硫含量可根据燃料或进料的明显变化频率进行定期监测

注：在对烟囱口的 SO_2 和 NO_x 连续监测的情况下，无须对燃料或进料中的硫和氮的含量进行监测。

（5）废水排放监测要求

石油炼制企业需要使用表 2-6 中给出的监测技术和不低于表 2-6 中的监测频率，按照欧洲标准（EN）中规定的分析方法对排放到水中的污染物进行监测。

表 2-6 石油炼制企业废水的排放水平（BAT-AEL）和相应的监测频率

参数	单位	BAT-AEL（年均值）	监测频率和分析方法
碳氢油指数（HOI）	mg/L	0.1～2.5	每日，EN 9377-2
总悬浮颗粒物（TSS）	mg/L	5～25	每日
化学需氧量（COD）	mg/L	30～125	每日
BOD_5	mg/L	无 BAT 排放标准	每周
总氮（TN）	mg/L	1～25	每季度
铅（Pb）	mg/L	0.005～0.030	每季度
镉（Cd）	mg/L	0.002～0.008	每季度
镍（Ni）	mg/L	0.005～0.100	每季度
汞（Hg）	mg/L	0.000 1～0.001	每季度
钒	mg/L	无 BAT 排放标准	每季度
酚指数	mg/L	无 BAT 排放标准	每月，EN 14402
苯、甲苯、乙苯、二甲苯（BTEX）	mg/L	苯：0.01～0.050；甲基、乙苯、二甲苯无 BAT 排放标准	每月

2.3.2.2 石油炼制工业针对工艺过程的具体 BAT 结论

针对每一个具体的工艺过程（活动），BATC 会分别给出该过程（活动）排放的每种污染物的对应最佳控制技术（包括与工艺相关的技术和末端处理技术）、排放水平和监测要求。本节将以催化裂化装置、脱盐工艺、产品的储存和处置为例，分别介绍 BATC 在废气、废水处理，以及防止土壤和地下水污染方面许可条件设定的技术方法。

（1）催化裂化装置（以 NO_x 为例）

为了防止或减少催化裂化装置排放到空气中的 NO_x，BAT 将采用表 2-7 和表 2-8 中的一种或多种技术的组合。催化裂化装置的 NO_x 的 BAT 排放水平见表 2-9。

表 2-7 主要技术或与工艺相关的技术

技术	描述	适用性
工艺优化	以减少氮氧化物生成为目的的操作条件或操作方法的组合，如在完全燃烧模式下降低烟气中的过量氧气，在局部燃烧模式下降低 CO 锅炉的空气分级，但 CO 锅炉必须经过适当的设计	通用

技术	描述	适用性
低 NO_x、CO 氧化促进剂	使用一种只选择性地促进 CO 燃烧，并阻止被氧化为 NO_x 的物质，如非铂类促进剂	仅适用于以完全燃烧方式取代铂基助剂。为了获得最大的效益，可能需要在再生器中适当地分配空气
减少 NO_x 产生的特定添加剂	使用特定的催化添加剂来促进 CO 对 NO 的还原	仅适用于完全燃烧模式下、设计合理、可实现氧气过剩的情况。铜基 NO_x 减排添加剂的适用性可能受到气体压缩机容量的限制

表 2-8　次要或末端处理技术

技术	适用性
选择性催化还原（SCR）	为了避免潜在的下游污染，可能需要在 SCR 上游进行额外的过滤。对于现有设备，其适用性可能受到可用空间的限制
选择性非催化还原（SNCR）	对于配有 CO 锅炉的部分燃烧的流化床催化裂化装置（FCCs），需要在适当的温度下保证有足够的停留时间。对于没有辅助锅炉的完全燃烧的 FCCs，可能需要额外的燃料喷射（如氢）来匹配较低的温度需求
低温氧化	臭氧生成和相关的风险管理需要得到妥善处理。其适用性可能受到额外的废水处理和相关的跨介质的影响（如硝酸盐排放）以及液氧供应（用于生成臭氧）不足的限制。这项技术的适用性可能受到空间可用性的限制

表 2-9　催化裂化装置的 NO_x BAT 排放水平

参数	设施类型/燃烧模式	BAT-AEL（月平均，标态）/（mg/m^3）
NO_x（以 NO_2 计）	新建设施/各种燃烧模式	＜30～100
	已建设施/完全燃烧模式	＜100～300
	已建设施/局部燃烧模式	100～400

（2）原油脱盐工艺

BAT 要求企业采用表 2-10 中一种或多种技术的组合来减少原油脱盐工艺中对水的消耗和废水的排放。

表 2-10　脱盐工艺的主要 BAT 技术要求

技术	描述	适用性
循环用水和优化脱盐过程	一套良好的脱盐措施，旨在提高除盐效率和减少洗涤用水的使用。例如，使用低剪切混合装置、低水压，还包括对洗涤和分离过程中关键参数的管理；在洗涤过程中进行良好的混合，在分离过程中要控制 pH、密度、黏度、聚结的电场势等	通用
采用多级脱盐设备	多级脱盐器通过加水和脱水操作，经过两个或两个以上的阶段重复操作，以达到更好的分离效率，从而减少后续过程中的腐蚀	适用于新建设施
额外的分离步骤	一种额外的强化油/水和固体/水分离的步骤，旨在减少污水处理厂的油污处理费用，并将分离出的油进行循环利用。例如，沉降筒和接口液位控制器的使用等	通用

（3）产品的储存和处置

企业需通过采用表 2-11 中的一种或多种技术的组合来防止或减少储存的液态碳氢化合物对土壤和地下水的污染。

表 2-11 防止土壤和地下水污染的主要技术

技术	描述	适用性
维护计划包括腐蚀监测、预防和控制	建立一套管理系统，包括泄漏检测和防止过量灌装的操作控制、储罐的库存控制和基于风险的定期检查程序，以证明储罐的完整性，并通过维护来改善储罐的密封状况。还包括泄漏事故发生后，泄漏物质进入地下水前需采取的系统响应措施。这一系列计划和措施在储罐维护期间需要特别加强	通用
双底储罐	在储罐底部再增加一层不透水的材料，作为防止碳氢化合物从第一层材料中泄漏的保护措施	普遍适用于新的储罐以及现有储罐彻底检修后
不透水膜内衬	在储罐底部的整个表面以下增加的一个连续的泄漏屏障	普遍适用于新的储罐以及现有储罐彻底检修后
充足的油罐区围堰空间	一个罐区的围堰可用来容纳可能由储罐外壳破裂或过度填充（出于环境和安全的原因）引起的大量泄漏。大小和相关的建筑规则通常由当地法规定义	通用

3 石化工业排污许可技术规范主要内容

3.1 技术规范总体框架

《排污许可申请与核发技术规范 石化工业》（HJ 853—2017）（以下简称《技术规范》）作为石化工业排污许可管理的配套文件，主要包括前言、十部分技术内容和六个附录。第一、第二、第三部分为总体要求，包括适用范围、规范性引用文件、术语和定义。第四部分为载明内容，明确填报企业基本信息要求。第五部分为许可内容，规定了许可事项的填报方法与要求。第六部分为可行技术，为生态环境主管部门判断企业是否具有相应治污能力提供参考。第七、第八部分为环境管理要求，明确自行监测、管理台账和执行报告编制的相关要求。第九部分为排污单位运营期实际排放量核算方法。第十部分为合规判定，为生态环境主管部门判定排污单位是否按证排污提供判定方法。附录包括：附录 A（资料性附录）石化工业排污单位生产装置，附录 B（资料性附录）部分生产设施填报表，附录 C（资料性附录）废气治理、废水处理设施参数附表，附录 D（资料性附录）储罐无组织挥发性有机物许可排放量默认计算参数，附录 E（资料性附录）环境管理台账记录参考表，附录 F（资料性附录）排污许可证执行报告编制内容。

3.2 适用范围

《技术规范》规定了石化工业排污许可证申请与核发的基本情况填报要求、许可排放限值确定、实际排放量核算、合规判定技术方法以及自行监测、环境管理台账与排污许可证执行报告等环境管理要求，提出了石化工业污染防治可行技术要求。

《技术规范》适用于石化工业排污单位排放的大气污染物和水污染物的排污许可管理，包括《石油炼制工业污染物排放标准》（GB 31570）、《石油化学工业污染物排放标准》（GB 31571）和《合成树脂工业污染物排放标准》（GB 31572）中规定的石油炼制、石油化学、合成树脂工业排污单位。

另外，石化工业排污单位中，执行 GB 13223 的生产设施和排放口适用于环水体〔2016〕189 号中附件 1《火电行业排污许可证申请与核发技术规范》；执行 GB 13271 的生产设施和排放口按照《排污许可证申请与核发技术规范 锅炉》（HJ 953）填报。

《技术规范》未做出规定，但排放工业废水、废气或国家规定的有毒有害大气污染物的石化工业排污单位的其他产污设施和排放口，排污单位应参照《排污许可证申请与核发技术规范 总则》（HJ 942）执行。

3.3 排污单位基本情况填报要求

3.3.1 基本信息

排污单位基本信息包括排污单位的基本情况、所在区域环境、准入文件、总量控制要求四个方面。

排污单位的基本情况包括单位名称、注册地址、行业类别等一些排污单位的基本信息。

所在区域环境指排污单位所在地是否属于大气重点控制区、总磷总氮控制区、重金属污染物特别排放限值实施区域及工业园区。大气重点控制区应按照《关于执行大气污染物特别排放限值的公告》（环境保护部公告 2013 年 第 14 号）、《关于执行大气污染物特别排放限值有关问题的复函》（环办大气函〔2016〕1087 号）及《关于京津冀大气污染传输通道城市执行大气污染物特别排放限值的公告》（环境保护部公告 2018 年 第 9 号）要求填写。总磷总氮控制区应按照《国务院关于印发“十三五”生态环境保护规划的通知》（国发〔2016〕65 号）以及生态环境部相关文件中确定的需要对总磷总氮进行总量控制的区域要求填写。重金属污染物特别排放限值实施区域应根据《关于加强涉重金属行业污染防控的意见》（环土壤〔2018〕22 号）及各地方关于重点行业执行重金属污染物特别排放限值的公告要求填写。工业园区指各级人民政府设立的工业园区、工业集聚区等。

准入文件是指排污单位已获得的环评批复文件或者地方政府对违规项目的认定或备案文件。地方政府对违规项目的认定或备案文件指按照《国务院办公厅关于印发加强环境监管执法的通知》（国办发〔2014〕56 号）的要求，地方政府对违规项目出具的证明文件。

污染物总量控制要求是指企业已获得的总量控制指标要求，包括地方政府或生态环境主管部门发文确定的总量控制指标、环境影响评价文件及其批复中确定的总量控制指标、现有排污许可证中载明的总量控制指标、通过排污权有偿使用和交易确定的总量控制指标等地方政府或环保部门与排污许可证申领单位以一定形式确认的总量控制指标。地方政府对违规项目的认定或备案文件中对总量的核定也是项目的总量指标，在排污许可中给予认定。

排污单位应如实、完整填报，不可错填、漏填，并且对提交申请材料的真实性、准确性和完整性负法律责任。

3.3.2 主要产品及产能

主要产品及产能信息包括排污单位实际生产运行中主要装置与设施信息。

3.3.2.1 生产装置信息

生产装置按照工业小类分为原油加工及石油制品制造、有机化学原料制造、初级形态塑料及合成树脂制造、合成橡胶制造、合成纤维制造，各小类工业涉及的主要生产装置以及公用设施见表 3-1 至表 3-6。

表 3-1 原油加工及石油制品制造行业主要装置

序号	装置名称	序号	装置名称	序号	装置名称
1	常减压蒸馏（含电脱盐）装置	12	加氢精制装置（焦化汽油加氢、催化汽油后加氢、航煤加氢、柴油加氢、蜡油加氢、渣油加氢）	23	糠醛精制装置
2	轻烃回收装置	13	催化汽油吸附脱硫（S-zorb）装置	24	溶剂脱蜡装置
3	减粘裂化装置	14	氧化脱硫醇装置	25	石蜡加氢装置
4	催化裂化装置	15	硫黄回收装置	26	石蜡白土精制装置
5	催化重整装置	16	制氢装置	27	润滑油加氢装置
6	延迟焦化装置	17	气体分馏装置	28	聚丙烯装置
7	叠合装置	18	干气脱硫装置	29	变压吸附分离（PSA）装置
8	加氢裂化装置	19	液化气脱硫装置	30	膜分离装置
9	异构化装置	20	溶剂脱沥青装置	31	氧化沥青装置
10	烷基化装置	21	酚精制装置	32	石蜡成型装置
11	电化学精制装置	22	分子筛脱蜡装置	33	油浆拔头装置

表 3-2 有机化学原料制造装置

脂肪族有机化学品装置							
乙醛	乙酸	乙酸酐	丙酮	烷基链烯醇	1,4-丁二醇	纤维素醚	戊烷
丙烯腈	环氧乙烯	环氧丙烷	己二酸	烷基化物	乙酸异丁酯	环己醇	戊烯
丁烯	环己烷	乙醇	乙烯	α-烯1烃丁烷（所有形式）	2-丁烯（顺式和反式）	氢过氧化枯烯	石油磺酸油
乙二醇	环氧乙烷	甲醛	异丙醇	C4烃类（不饱和）	2-乙基己酮	环己酮（混合体）	松油
甲醇	聚氧丙烯醇	丁辛醇	丙烯	硬脂酸钙	2-乙基丁醛	环己酮	聚氧化亚丁基乙二醇
氧化丙烯	醋酸乙烯	醋酸乙烯酯	1,2-二氯乙烷	己内酰胺	2,2,4-三甲基色氨酸	环己烯	甲酸钠
1,3-丁二烯	乙酸树脂	乙酸盐	丙酮	羧甲基纤维素	山梨醇	C12—C18伯醇	聚氧乙二醇
丙酮氰醇	乙炔	丙烯酸	丙烯酸酯	醋酸纤维素丁酸酯	脂蜡酸	C9浓缩液	正丙醇
C5浓缩液	正癸醇	双丙酮醇	二羧酸盐	乙醚	钙盐（蜡）	二甘醇	次氮基三乙酸
二乙二醇二乙醚	二乙二醇二甲醚	二乙二醇单乙醚	二乙二醇甲醚	二聚酸	叔丁醇	二氧杂环乙烷	锦纶盐
乙烷	乙烯甘油单苯基醚	乙氧基化物	乙烯甘油二甲醚	乙二醇单丁醚	1-丁烯	乙二醇单乙醚	羰基醛醇
乙二醇乙基醚	丙三醇（合成的）	乙二醛	己烷	己烷和6个碳的碳氢化合物	1-戊烯	橡胶基质	草酸
异丁醇	异丁烯	异丁醛	异氟尔酮	异肽酸	丙烷	甲烷	仲丁醇
醋酸异丙酯	木素磺酸钙盐	顺式丁烯二酸酐	甲基丙烯酸	甲基丙烯酸酯	丙醛	正丁醇	季戊四醇
甲基乙基酮	α-甲基丙烯酸甲酯	甲基叔丁基醚	甲基异丁基酮	正烷烃	丙酸	1,3-戊二醇	正乙酸丙酯
正石蜡	正丁酸酐	正丁酸	正醋酸丁酯	甲基乙二醇	正丁醛		

芳香族有机化合物装置							
烷基苯系物	2,6-二硝基甲苯	苯二磺酸	萘	邻苯二甲酸丁基酯	邻苯二甲酸	邻甲酚	对苯二甲酸
烷基酚	二硝基甲苯（混合物）	苯甲酸	石脑油（溶剂）	煤焦油	邻苯二甲酸酐	对甲酚	叔丁基苯酚
烷基苯磺酸（盐类）	邻苯二甲酸双十三烷酯	*β*-萘磺酸	硝基苯	煤焦油产品（混合物）	沥青焦油残渣	异丙基苯	四氢萘醇
α-甲苯基乙烯	乙苯	双（2-乙基己基）邻苯二甲酸酯	硝基甲苯	杂芬油	裂解汽油	氰尿酸	1-四氢萘酮（混合物）
氨基苯甲酸	间氨酸	双酚 A	壬基酚	甲酚（混合物）	焦油沥青	环芳香族磺酸盐	对酞酸二甲酯
苯	亚甲基二苯基二异氰酸盐	苯、甲苯、二甲苯（混合物）	苯酚	间甲酚	邻苯二甲酸二异丁酯	酞酸二丁酯	甲苯二异氰酸盐混合物）
二甲苯	间二甲苯	邻二甲苯	对二甲苯	偏苯三酸	苯乙烯	酞酸二异癸酯	2,4-二硝基甲苯
甲苯	邻苯二甲酸二异辛酯	邻苯二甲酸二甲酯					
卤化有机化学品装置							
氯乙烯	1,4-苯二胺盐酸盐	丙烯基氯	苄基氯	四氯化碳	氯化石蜡	氯苯	氯苯（混合物）
氯二氟乙烷	氯仿	氯甲烷	氯-5-甲酚（6-氯间甲酚）	氯酚	氯丁二烯	氯化氰	三聚氯氰
二氯丙烷	表氯醇	氯乙烷	氟碳化合物（氟利昂）	二氯甲烷	五氯苯酚	光气	四氯乙烯
三氯乙烯	三氯氟甲烷	偏二氯乙烯	1,1-二氯乙烷	1,2-二氯乙烷	1,1,1-三氯乙烷	2,4-二氯苯酚	
胺及氨基有机化学品装置							
2,4-二氨基甲苯烷基胺	苯胺	己内酰胺	二乙醇胺	二苯胺杀虫剂	乙醇胺	乙胺	乙二胺
乙二胺四乙酸	脂肪胺	己二胺	异丙胺	间-甲苯胺	三聚氰胺	三聚氰胺晶体	甲胺
亚甲基双苯胺	正-丁胺	*N,N*-二乙苯胺	*N,N*-二甲基甲酰胺	硝基苯胺	聚合亚甲基双苯胺	仲丁胺	叔丁胺
甲苯二胺（混合物）	甲苯胺	2,6-二甲基苯胺	邻苯二胺	4-（*N*-羟基乙基乙胺基）-2-羟基-乙基苯胺	4,4-亚甲基（*N,N*-二甲基）-双苯胺	4,4-亚甲基双苯胺	
其他有机化学品装置							
己二氰	二硫化碳	脂肪氰类	有机锡化合物	磷酸酯	四乙基铅	四甲基铅	尿烷预聚物

表 3-3 初级形态塑料及合成树脂制造行业装置

序号	装置名称	序号	装置名称	序号	装置名称
1	丙烯腈-丁二烯-苯乙烯共聚物（ABS）树脂装置	26	尼龙 11 树脂装置	51	聚丁烯对苯二酸酯装置
2	丙烯腈-丁二烯-苯乙烯-苯乙烯丙烯腈共聚物（ABS-SAN）树脂装置	27	尼龙 6-66 共聚物装置	52	聚苯酸盐装置
3	丙烯酸-甲基丙烯酸酯乳液装置	28	尼龙 6 树脂装置	53	聚乙烯装置
4	丙烯酸乳液装置	29	尼龙 612 树脂装置	54	聚乙烯-乙基丙烯酸盐装置
5	丙烯酸树脂装置	30	尼龙 66 树脂装置	55	聚乙烯-聚醋酸乙烯酯共聚物装置
6	醋酸纤维丁酸酯装置	31	尼龙装置	56	聚乙烯树脂装置
7	醋酸纤维树脂装置	32	石油烃树脂装置	57	聚乙烯氯化物装置
8	醋酸纤维素装置	33	聚乙烯吡咯烷酮共聚物装置	58	聚酰亚胺装置
9	醋酸纤维丙酸酯装置	34	聚烯烃（Alpha）装置	59	聚丙烯树脂装置
10	乙烯-甲基丙烯酸聚合物装置	35	聚丙烯酸装置	60	聚苯乙烯（晶体）装置
11	乙烯-醋酸乙烯酯聚合物装置	36	聚酰胺装置	61	改性聚苯乙烯（晶体）装置
12	脂肪酸树脂装置	37	聚芳酰胺装置	62	聚苯乙烯-共聚物装置
13	碳氟化合物共聚物装置	38	聚丁二烯装置	63	聚苯乙烯-丙烯酸乳胶装置
14	聚丁烯琥珀酸酐装置	39	聚丁烯装置	64	聚苯乙烯改性树脂装置
15	聚酯树脂装置	40	聚碳酸酯装置	65	聚苯乙烯乳胶装置
16	丁二烯树脂装置	41	丁二烯树脂（<50%丁二烯）装置	66	聚苯乙烯装置
17	聚醋酸乙酸酯-聚氯乙烯（PVC）共聚物装置	42	聚醋酸乙酸酯共聚物装置	67	聚砜树脂装置
18	聚醋酸乙酸酯树脂装置	43	聚乙烯醇树脂装置腈树脂装置	68	聚氯乙烯装置
19	氯化的聚乙烯乙醚-聚丁烯二酸酐装置	44	聚乙烯醇缩甲醛树脂装置	69	聚醋酸乙烯酯-甲基丙酸烯共聚物装置
20	聚醋酸乙烯酯丙酸烯共聚物装置	45	聚醋酸乙烯酯-2-乙基正己基丙烯酸酯共聚物装置	70	聚偏二氯乙烯装置
21	聚偏二氯乙烯共聚物装置	46	聚偏二氯乙烯-氯乙烯树脂装置	71	PVC 共聚物装置
22	丙烯酸酯（乳胶）装置	47	乙烯-氯乙烯装置	72	松香衍生树脂装置
23	松香改性树脂装置	48	松香树脂装置	73	丙烯腈树脂装置
24	硅橡胶装置	49	苯乙烯顺丁烯二酸酐树脂装置	74	苯乙烯聚合物装置
25	硅树脂装置	50	苯乙烯-丙烯酸共聚物树脂装置	75	苯乙烯丙烯腈-丙烯酸酯共聚物装置

表 3-4 合成纤维制造行业装置

序号	装置名称	序号	装置名称	序号	装置名称
1	锦纶纤维生产装置（聚酰胺纤维）	7	丙烯酸纤维（85%聚丙烯腈）装置	13	尼龙 66 单丝纤维装置
2	涤纶纤维生产装置（聚酯纤维）	8	醋酸纤维素装置	14	芳香聚酰胺装置
3	腈纶纤维生产装置（聚丙烯腈纤维）	9	碳氟化合物（铁氟龙）纤维装置	15	树脂纤维装置
4	维纶纤维生产装置（聚乙烯醇纤维）	10	尼龙 6 纤维装置	16	芳香聚酰胺树脂纤维装置
5	丙纶纤维生产装置（聚丙烯纤维）	11	尼龙 6 单丝纤维装置	17	聚酯纤维装置
6	氨纶纤维生产装置（聚氨酯纤维）	12	尼龙 66 纤维装置	18	聚乙烯纤维装置等

表 3-5 合成橡胶制造行业装置

序号	装置名称	序号	装置名称
1	顺丁橡胶装置	5	丁基橡胶装置
2	异戊橡胶装置	6	异丙橡胶装置
3	丁腈橡胶装置	7	丁苯橡胶装置
4	氯丁橡胶装置		

表 3-6 公用单元及设施

公用单元	设施名称
储运系统	原油罐
	中间品罐
	产品罐
装载系统	汽车装载站
	铁路装载站
	装载码头
	其他储运单元
供排水系统	新鲜水净化场
	软化水处理站
	循环水场
	废水集输系统
	污水处理厂
动力系统	锅炉
火炬系统	火炬气回收系统
	火炬排放系统
其他公用单元	除储运系统、供排水系统、动力系统、火炬系统外的其他涉及排污的公用设施

若为联合生产装置，排污单位应分别填写每一套装置，如常减压催化联合装置应分别填写常减压蒸馏装置、催化裂化装置，对二甲苯联合生产装置应分别填写吸附分离装置、歧化装置、芳烃抽提装置等。

若吸收、精馏、萃取、过滤、结晶、干燥、汽（气）提设施用于前序反应物料的分离精制，则不需要单独填写，如丙烯腈生产装置的反应气吸收塔、吸收液精馏塔等。

生产装置的加工能力是指排污单位获得的合法产能，不包括国家或地方政府明确规定予以淘汰或取缔的产能，运行时间应根据环境影响评价文件及其批复、地方政府对违规项目的认定或备案文件确定。运行时间是指排污单位合法产能下的运行时间，不是排污单位实际运行时间。生产装置的产品和原料信息企业如实填报即可。

3.3.2.2 生产工艺信息

排污单位需填写生产装置所采用的工艺信息，包括蒸馏（精馏）、裂化（减黏裂化、催化裂化、乙烯裂解、焦化）、加氢处理（加氢裂化、加氢精制）、氧化（氧氯化、氨氧化、共氧化）、分子重排（重整、烷基化、异构化、歧化、叠合）、制氢、羰基合成、水解、酯化、聚合、萃取、吸附、吸收、结晶、固液分离、干燥、纺丝、汽（气）提、瓦斯回收及火炬、酸性气回收、有机液体储存、有机固体储存、有机液体装载和分装、工业水制水、蒸发、化学水制水、循环冷却水、制氮、制氧、废水处理、废气处理等。

3.3.2.3 生产设施信息

生产设施信息分为必填内容和选填内容。《技术规范》仅将与排污密切相关的有组织废气、无组织废气和管控车间废水排放的生产设施作为必填内容。必填内容与选填内容规定如下：

（1）必填内容

①《石油炼制工业污染物排放标准》（GB 31570）、《石油化学工业污染物排放标准》（GB 31571）和《合成树脂工业污染物排放标准》（GB 31572）管控产生废水污染物的车间或生产设施。如酸性水汽提塔、常减压蒸馏装置电脱盐罐等。

②排出废气的生产或环保设施。如催化裂化装置催化剂再生器、连续催化重整装置催化剂再生器、丙烯腈生产装置反应气吸收塔、工艺加热炉（含乙烯裂解炉）、锅炉、焚烧炉、火炬、橡胶生产装置干燥器、有机固体物料料仓、污水处理设施等。

③常压挥发性有机液体储罐、挥发性有机液体装载设施。

④生产装置中挥发性有机物流经的设备与管线组件。

若吸收、吸附、过滤设备主要用于回收物料，则应归于生产设施。

（2）选填内容

除（1）中要求外，其他生产设施为选填内容。如原油常减压蒸馏装置的常压塔、减压塔，催化裂化装置的反应产物分馏塔、干气水洗塔，加氢精制低压分离器，丙烯腈生产装置分馏塔等。

《中华人民共和国环境保护法》第四十二条规定："排放污染物的企业事业单位和其他生产经营者，应当采取措施，防治在生产建设或者其他活动中产生的废气、废水、废渣、医疗废物、粉尘、恶臭气体、放射性物质以及噪声、振动、光辐射、电磁辐射等对环境的污染和危害。"由于石化工业较为复杂，《技术规范》中尚未作出规定的排放工业废气或有毒有害大气污染物的生产设施，有明确的国家和地方排放标准的，也视为必填项。

考虑企业填报时的工作量，生产设施参数也分为必填项和选填项。必填项包括设计年操作时数、设计排气量、最大处理量、最大热负荷、热效率、动静密封点总数等与生产设施运行和污染物排放相关的参数。在不增加企业必要负担的基础上，兼顾各地区差异化环境管理需要，在《技术规范》附录中补充了 7 个生产设施和 42 个污染治理设施基础信息表格，作为企业选填内容。

储罐的填报，主要根据《石油炼制工业污染物排放标准》（GB 31570）、《石油化学工业污染物排放标准》（GB 31571）、《合成树脂工业污染物排放标准》（GB 31572）的要求，企业选择储存温度下有机液体真实蒸汽压不小于 5.2 kPa、储罐公称容积不小于 75 m^3、储存压力为常压的储罐进行填报。考虑企业的工作量，排污单位仅需填写与挥发性有机物无组织排放有关或与许可量计算方法相关的主要参数。储罐参数必填项包括罐体的类型、容积、直径及储存物质的名称、密度、气相分子质量等。储罐参数选填项参照《技术规范》附录 B 中的表 B.3、表 B.4、表 B.5 的内容。为鼓励排污单位加强环境管理，企业填报的储罐参数越多，排污许可证管理信息平台中在线自动计算得到的挥发性有机物许可排放量越符合实际情况。

3.3.3 主要原辅材料及燃料

排污单位须填报全厂年使用量大于 10 t 或属于《危险化学品目录》的原料、辅料、燃料的使用情况，包括其名称、使用量及其成分。辅料填写生产过程中的主要辅料以及废水处理、废气治理过程中添加的辅料。

原料包括原油、重油、石油馏分、有机化学品基本原料、石油焦、焦炭、煤、页岩、天然气等，其中原油可按原油种类或混合原油填写。有机化学品基本原料填写具体原料名称。煤、石油焦、焦炭用于制氢装置时填写为原料。辅料填写生产过程中的主要辅料以及废水处理、废气治理过程中添加的辅料。燃料包括燃料煤、重油、柴油、燃料油、燃料气、石油焦、页岩油、天然气、液化石油气等。填写燃料信息时须在备注中标明燃料属于自产燃料还是外购燃料。

原料、辅料、燃料设计年使用量应填写与生产（加工）能力相匹配的设计年使用量。

原料油中硫、镍、钒、汞含量为必填内容，其他原料和辅料中含有的铅、镉、砷、镍、汞、铬、氯、溴等有毒有害成分为必填内容，其余为选填内容。燃料煤中硫分、灰分、挥发分、汞含量和低位热值为必填内容；其他燃料中硫分为必填内容，其余为选填内容。成分占比情况可参考设计值或上一年的实际使用情况填报。

3.3.4 产排污环节、污染物及污染治理设施

对于属于废水或者废气污染源的生产设施，排污单位需继续填报产污、治污、排污信息。废气包括生产装置或生产设施对应的产污环节及排放形式、污染物种类、污染治理设施及参数、是否为可行技术、排放口编号及排放口设置是否规范等。废水包括废水类别、污染物种类、废水去向、排放规律、污染治理设施及参数、是否为可行技术、排放去向、排放口编号、排放口设置是否规范及排放口类型等。

3.3.4.1 产污环节

废气的有组织产污环节包括工艺加热炉烟气、催化裂化催化剂再生尾气、重整催化剂再生烟气、酸性气回收装置尾气、氧化沥青装置尾气、烷基化装置催化剂再生烟气、催化汽油吸附脱硫再生烟气、锅炉烟气、焚烧炉烟气、真空泵排气等。特别注意的是，随着油品质量升级及技术进步，烷基化装置和催化汽油脱硫装置逐渐增多，但未纳入行业排放标准。《技术规范》增加了离子液法烷基化装置催化剂再生烟气、催化裂化汽油吸附脱硫再生烟气两个产污环节。废气无组织产污环节包括有机液体装载及分装废气、设备与管线组件密封点泄漏、挥发性有机液体常压储罐呼吸、酸性水罐呼吸、冷却塔/循环水冷却过程逸散。

《技术规范》仅对含有一类污染物的车间或生产设施排放口以及企业的外排口进行管控。填报时按照废水类别进行填报。废水类别包括工艺废水（含油废水、含碱废水、含盐废水、含硫含氨酸性水、含苯系物废水等）、生活污水、循环冷却水排污水、化学制水排污水、蒸汽发生器排污水、余热锅炉排污水、污染雨水等。废水总排口为主要排放口。

废气的有组织排放源、废水排放源须填写污染治理设施名称及其工艺类型、相关参数、是否是可行技术，以及排放口类型、编号、设置是否规范化等基本信息。排污单位需提供排污口规范化设置的证明材料，并承诺其合法合规。

3.3.4.2 污染物

《技术规范》实施许可管理的废气污染物项目为《石油炼制工业污染物排放标准》（GB 31570）、《石油化学工业污染物排放标准》（GB 31571）、《合成树脂工业污染物排放标准》（GB 31572）、《危险废物焚烧污染控制标准》（GB 18484）和《恶臭污染物排放标准》（GB 14554）等中规定的污染物项目。石油化学工业、合成树脂工业排污单位含有废气有机特征污染物排放源的，应根据使用原料、生产工艺、产品及副产品，从《石油化学工业污染物排放标准》（GB 31571）表 6 中选取废气有机特征污染物项目或者根据合成树脂类

型，从《合成树脂工业污染物排放标准》（GB 31572）表 4 中选取废气污染物项目。《技术规范》增加的离子液法烷基化装置催化剂再生烟气、催化裂化汽油吸附脱硫再生烟气两个排放源，排污单位需要根据排放现状确定污染物项目。有地方排放标准要求的，按照地方排放标准确定。未发布国家污染物监测方法标准的污染物，待国家污染物监测方法标准发布后排污单位进行及时补充。

3.3.4.3 污染物治理设施

企业根据实际情况填报采用的污染治理设施。对于排放多种污染物的废气排放口，针对不同的污染物分别填报所对应的治理工艺。同时，自查现有的治理工艺是否属于《技术规范》所规定的可行技术。不属于可行技术的，应提供可证明其拥有与达标技术相同的处理水平的材料（例如，设计文件或有资质单位出具的污染物排放检测报告）。

废气污染治理设施包括脱硫设施、脱硝设施、除尘设施、挥发性有机物回收或治理设施、恶臭治理设施等。污染治理设施工艺主要包括：

（1）废气脱硫：干法脱硫、半干法脱硫、湿法脱硫（石灰石法、氧化镁法、氨法、氢氧化钠法）等；

（2）废气脱硝：低氮燃烧、选择性催化还原法（SCR）、选择性非催化还原法（SNCR）等；

（3）除尘：旋风除尘、电除尘、袋式除尘、湿式电除尘等；

（4）挥发性有机物治理：热力焚烧法、催化燃烧法、蓄热燃烧法、吸附法、吸收法、冷凝法等；

（5）恶臭治理：吸附、生物除臭等。

废气污染治理设施参数包括参数名称、设计值和计量单位，其中参数名称包括废气处理量、年运行时间、污染物出口排放浓度等。排污单位如需要填写废气治理设施详细参数时，《技术规范》在附录中设置了选填内容。

由于炼油企业污染物的多样性，包括油、硫化物、溶解固体、有毒化合物等，废水污染处理设施设计复杂。废水污染处理设施包括装置区预处理设施和污水处理厂预处理设施、生化处理设施、深度处理设施及回用设施等。污染处理工艺主要包括：

（1）装置预处理：破乳、除油、汽（气）提、生物法、湿式氧化、中和、氧化、萃取、溶剂回收等；

（2）污水处理厂预处理：隔油、气浮、混凝、调节等；

（3）生化处理：活性污泥法、序批式活性污泥法（SBR）、缺氧好氧法（A/O）、厌氧缺氧好氧法（A^2/O）、氧化沟法、膜生物法（MBR）、曝气生物滤池（BAF）、生物接触氧化法、一体化微氧高浓缺氧好氧法等；

（4）污水深度处理与回用：混凝、过滤、臭氧氧化、超滤（UF）、反渗透（RO）等。

废水污染处理设施参数填报内容包括参数名称、设计值和计量单位，其中参数名称包括污水处理量、年运行时间、污染物出口排放浓度等。废水总排放口污染物包括 pH 值、COD、氨氮、石油类、五日生化需氧量、总磷、总氮、总有机碳、苯、甲苯、邻二甲苯、间二甲苯、对二甲苯、乙苯、悬浮物等；车间或生产设施废水排放口污染物为排放标准中控制的一类污染物。与废气污染治理设施一样，《技术规范》同样设计了污水处理设施详细参数，供排污单位选填。

3.3.5 排放口类型及排放口基本信息

排污单位应填报废气排放口高度、排气筒出口内径和出口排气温度。废气排放口类型分为一般排放口、主要排放口、特殊排放口。《技术规范》中表 1 已详细列出需要管控的排放口及其类型。氧化沥青装置排气筒为一般排放口，火炬废气排放口为特殊排放口，其他废气排放口为主要排放口。废气排放形式分为有组织排放与无组织排放（见表 3-7）。

表 3-7 废气排放口分类管理

许可限值	主要排放口	一般排放口	特殊排放口
许可排放浓度	工艺加热炉、各生产装置工艺排放口、酸性气回收、锅炉、焚烧炉等	氧化沥青装置	—
许可排放量	工艺加热炉、各生产装置工艺排放口、酸性气回收、锅炉、焚烧炉等	—	—
核算实际排放量	工艺加热炉、各生产装置工艺排放口、酸性气回收、锅炉、焚烧炉等	氧化沥青装置	火炬

废水直接排入环境的排放口以及雨水排放口，填写排放口地理位置坐标、受纳自然水体名称、水体功能目标、汇入受纳自然水体处地理坐标。废水间接排入环境的排放口，填写排放口地理位置坐标、受纳污水处理厂名称、废水污染物及其排放限值。废水排放口类型分为废水总排放口、车间或生产设施废水排放口、雨水排放口。废水总排放口为主要排放口。废水排放形式分为直接排放、间接排放（见表 3-8）。

表 3-8 废水排放口分类管理

许可限值	废水总排放口	车间或生产设施废水排放口	雨水排放口
许可排放浓度	主要排放口	车间或生产设施废水排放口	在排水期间开展监测，不许可排放浓度和排放量
许可排放量	主要排放口	—	

3.4 许可排放限值确定方法

3.4.1 总体思路及确定原则

许可排放限值包括污染物许可排放浓度或速率限值和许可排放量限值。

对于大气污染物，有组织排放源主要排放口应明确各污染物许可排放浓度和颗粒物、二氧化硫、氮氧化物、挥发性有机物年许可排放量，一般排放口应明确各污染物许可排放浓度，特殊排放口不许可排放浓度和排放量；无组织排放源应明确企业边界许可排放浓度和设备与管线组件、有机液体储存、有机液体装载挥发性有机物年许可排放量。特殊时段许可排放量应明确有组织排放源颗粒物、二氧化硫、氮氧化物重污染天气应对期间日许可排放量。地方制定的相关法规中，对特殊时段有明确规定的从其规定，国家和地方生态环境主管部门依法规定的其他特殊时段短期许可排放量应当在排污许可证当中明确。对于水污染物，车间或生产设施废水排放口应明确各污染物许可排放浓度，废水总排放口应明确各污染物许可排放浓度和年许可排放量。

按照国家或地方污染物排放标准等法律法规和管理制度要求从严确定许可排放浓度，按照总量控制指标及《技术规范》规定的方法从严确定许可排放量。2015 年 1 月 1 日（含）后取得环境影响评价批复的排污单位，许可排放限值还应同时满足环境影响评价文件和批复要求。

总量控制指标包括地方政府或生态环境主管部门发文确定的排污单位总量控制指标、环境影响评价批复时的总量控制指标、现有排污许可证中载明的总量控制指标、通过排污权有偿使用和交易确定的总量控制指标等地方政府或生态环境主管部门与排污许可证申领排污单位以一定形式确定的总量控制指标。

3.4.2 许可排放浓度

现有行业排放标准对各类污染因子的排放浓度限值（包括有组织和无组织）均做了具体规定。因此，石化工业的许可排放浓度依据相应的排放标准所规定的浓度限值为主，地方标准严于国家标准要求的执行地方标准。具体要求如下：

3.4.2.1 废气

以产排污节点对应的生产设施或排放口为单位，明确各排放口各污染物许可排放浓度或速率限值。排放限值为小时浓度排放限值。

工艺加热炉、催化裂化催化剂再生烟气、重整催化剂再生烟气、酸性气回收装置尾气、氧化沥青装置废气、离子液法烷基化催化剂再生烟气、含卤代烃有机废气、废水处理有机废气收集处理装置废气、其他有机废气等废气污染物许可排放浓度限值按照《石油炼制工业污染物排放标准》（GB 31570）、《石油化学工业污染物排放标准》（GB 31571）、《合成树脂工业污染物排放标准》（GB 31572）确定。硫酸法烷基化废酸再生烟气废气污染物许可排放浓度限值按照 GB 26132 确定。

大气污染防治重点控制区执行特别排放限值的地区按照《关于执行大气污染物特别排放限值的公告》（环境保护部公告 2013 年 第 14 号）和《关于执行大气污染物特别排放限值有关问题的复函》（环办大气函〔2016〕1087 号）的要求确定。

对于焚烧危险废物的，焚烧炉废气中烟尘、二氧化硫、氮氧化物、汞及其化合物、CO 和废气中明确排放的氯化氢、氟化氢、“镉、铊及其化合物”“锑、砷、铅、铬、钴、铜、锰镍及其化合物”、二噁英污染物许可排放浓度限值，按照《危险废物焚烧污染控制标准》（GB 18484）确定。

若执行不同许可排放浓度的多台生产设施或排放口采用混合方式排放废气，且选择的监控位置只能监测混合废气中的大气污染物浓度，则应执行各限值要求中最严格的许可排放浓度。

企业边界无组织排放废气污染物许可排放浓度按照 GB 31570、GB 31571、GB 31572 和 GB 14554 确定。

3.4.2.2 废水

排污单位水污染物许可排放浓度按照 《石油炼制工业污染物排放标准》（GB 31570）、《石油化学工业污染物排放标准》（GB 31571）、《合成树脂工业污染物排放标准》（GB 31572）确定。雨水排放口不许可排放限值。排放浓度限值为日均排放浓度限值。

若排污单位的生产设施同时适用不同排放控制要求或不同行业国家污染物排放标准，且生产设施产生的废水混合处理排放的情况下，应执行排放标准中规定的最严格的浓度限值。

3.4.3 许可排放量

许可排放量限值包括年许可排放量限值和特殊时段许可排放量限值。年许可排放量是指允许排污单位连续 12 个月污染物排放的最大量。地方生态环境主管部门可根据需要将年许可排放量按月进行细化。特殊时段许可排放量限值是指重污染天气预警期间日许可排放量。

根据石化工业工艺及污染物排放特征，结合国内排放标准，通过对各类污染源进行识别筛选，确定需给出年许可排放量的污染物项目为颗粒物、二氧化硫、氮氧化物、挥发性有机物、生化需氧量及氨氮。有其他规定的，排污单位自行添加年许可排放量的污染物因子。对于特殊时段短期许可排放量，排污单位应根据国家和地方生态环境主管部门的规定进行确定。年许可排放量的无组织源项仅包括动静密封点（如机泵、阀门、法兰等）泄漏、挥发性有机液体储罐（常压固定顶罐、常压内浮顶罐、常压外浮顶罐等）、挥发性有机液体装卸这三个源项。三个源项分别有许可排放量限值，相互之间不叠加，不可交叉使用。

年许可排放量应根据总量控制指标及《技术规范》年许可排放量核算方法从严取值。排污单位填报许可排放量时，应写明申请的许可排放量计算过程。

3.4.3.1 废气

（1）有组织排放源

《技术规范》将二氧化硫、氮氧化物、颗粒物和挥发性有机物作为有组织排放源主要核算因子。各时段许可排放因子见表 3-9。

表 3-9 有组织废气污染物许可排放量

污染因子	年许可排放量	特殊时段许可排放量
颗粒物	√	√
二氧化硫	√	√
氮氧化物	√	√
挥发性有机物	√	×

主要有组织排放源包括加热炉排放口、工艺废气排放口（如催化裂化工艺废气排放口、油气回收排放口等）。加热炉废气排放取决于燃料等级、燃料组成、加热炉类型和规模、使用的火嘴和负荷以及设备的维护水平等。例如，馏分油和渣油的燃烧特性不同，可以产生显著不同的排放效果。

基于以上原因，有组织排放口的各项参数设计应根据项目特征（如规模、加工负荷、燃烧效率等）进行保守设计及设备选型，因此各有组织排放口设计排放量相对准确，也较为合理，基本满足所有的工况下的污染物排放。

《技术规范》有组织排放源主要排放口颗粒物、二氧化硫、氮氧化物和挥发性有机物年许可排放量按式（3-1）计算。

$$E_i = h_i \times Q_i \times C_i \times 10^{-9} \tag{3-1}$$

式中：E_i —— 第 i 个主要排放口废气污染物年许可排放量，t/a；

h_i —— 第 i 个主要排放口对应生产设施设计年运行小时数，h/a；

Q_i —— 第 i 个主要排放口有组织排放源的设计排气量（标态），m^3/h；

C_i —— 第 i 个主要排放口废气污染物许可排放浓度限值，mg/m^3；挥发性有机物无许可排放浓度限值时，采用出口实际监测值（近 1 年的最大值），但同时挥发性有机物去除效率应满足 GB 31570、GB 31571 要求。

排污单位有组织排放源主要排放口颗粒物、二氧化硫、氮氧化物和挥发性有机物年许可排放量为各主要排放口年许可排放量之和，采用式（3-2）计算。

$$E_{主要排放口年许可排放量}=\sum_{i=1}^{n}E_i \tag{3-2}$$

式中：n —— 排污单位主要排放口数量，个。

由于行业排放标准没有规定有机废气排放口非甲烷总烃浓度限值，因此排放浓度限值采用出口实际监测值（近 1 年的最大值），但同时非甲烷总烃去除效率应满足标准要求。

根据《石油炼制工业污染物排放标准》（GB 31570）规定，催化裂化余热锅炉吹灰时再生烟气污染物浓度最大值不应超过《石油炼制工业污染物排放标准》（GB 31570—2015）表 3 和表 4 中限值的 2 倍，且每次持续时间不应大于 1 h。因此，对于催化裂化催化剂再生烟气中颗粒物排放，需考虑余热锅炉吹灰工况和非吹灰工况的时间分别核算。

（2）关于特殊时段许可排放量

重污染天气特殊时段排污单位有组织排放源日许可排放量采用式（3-3）计算。

$$E_{日许可}=E_{前一年环境统计日均排放量}\times(1-\alpha) \tag{3-3}$$

式中：$E_{日许可}$ —— 重污染天气应对期间日许可排放量，t；

$E_{前一年环境统计日均排放量}$ —— 前一年环境统计中有组织排放源实际排放量折算的日均值，t；

α —— 重污染天气应对期间日产量或排放量削减比例，%。

3.4.3.2 废水

企业水污染物许可排放量依据水污染物许可排放浓度限值、单位产品基准排水量和产品产能核定，采用式（3-4）计算。

$$E=S\times Q\times C\times 10^{-6} \tag{3-4}$$

式中：E —— 某种水污染物最大年许可排放量，t/a；

S —— 原（料）油加工能力或产品产能，t/a；

Q —— 加工单位原（料）油或产品基准排水量，m^3/t 原（料）油（或产品）；

C —— 水污染物许可排放浓度限值，mg/L。

为体现行业公平，对于 Q 的取值：

（1）执行《石油炼制工业污染物排放标准》（GB 31570）、《合成树脂工业污染物排放标准》（GB 31572）的排污单位，根据《石油炼制工业污染物排放标准》（GB 31570）、《合成树脂工业污染物排放标准》（GB 31572）中规定取值，地方排放标准中有更严格要求的从其规定。

（2）无行业基准排水量的企业采用近 5 年实际排水量的平均值进行核算，但需剔除浓度限值超标或者监测数据缺失时段，运行不满 5 年的则从投产之日开始计算。

此外，企业同时排放两种或两种以上工业废水的，分别计算许可排放量。

3.4.4 无组织排放控制要求

石化工业挥发性有机物排放量相对较大，挥发性有机物又与环境质量改善密切相关，因此石化工业选取挥发性有机物进行重点管控。

考虑排污单位挥发性有机物无组织排放源较多，选取排放量相对较大且核算方法较为成熟的设备与管线组件密封点、挥发性有机液体装卸和挥发性有机液体储存许可挥发性有机物年排放量进行管控。核算方法参照《石化行业 VOCs 污染源排查工作指南》确定，以排放标准要求作为核定许可量的基准。许可排放量与实际排放量核算结合，以促进企业强化管控措施、提高管理水平为主要目标。

3.4.4.1 设备与管线组件密封点泄漏挥发性有机物年许可排放量

设备动静密封点泄漏主要为挥发性有机液体流经的设备或管线泄漏，包括泵、压缩机、搅拌器、阀门、泄压设备、取样连接系统、开口阀或开口管线、法兰、连接件等 9 大类。挥发性有机液体是挥发性有机物重量百分比等于或大于 10%的物料。

设备与管线组件密封点挥发性有机物年许可排放量计算公式如下：

$$E_{设备}=0.003\times\sum_{i=1}^{n}\left(e_{\mathrm{TOC},i}\times\frac{\mathrm{WF}_{\mathrm{VOCs},i}}{\mathrm{WF}_{\mathrm{TOC},i}}\times t_i\right) \tag{3-5}$$

式中：$E_{设备}$ —— 设备与管线组件密封点泄漏的挥发性有机物年许可排放量，kg/a；

t_i —— 密封点 i 的年运行时间，h/a；

$e_{\mathrm{TOC},i}$ —— 密封点 i 的总有机碳（TOC）排放速率，kg/h，见表 3-10，该表根据《石化行业 VOCs 污染源排查工作指南》确定；

$\mathrm{WF}_{\mathrm{VOCs},i}$ —— 流经密封点 i 的物料中挥发性有机物平均质量分数，根据设计文件取值；

$\mathrm{WF}_{\mathrm{TOC},i}$ —— 流经密封点 i 的物料中总有机碳（TOC）平均质量分数，根据设计文件取值；

n —— 挥发性有机物流经的设备与管线组件密封点数，见《技术规范》附录 B 中的表 B.1。

关于流经密封点的物料中挥发性有机物平均质量分数、流经密封点的物料中总有机碳（TOC）平均质量分数、密封点运行时间（h/a），排污单位应根据设计文件填报。如未提供物料中 VOCs 的平均质量分数，则 $\frac{\mathrm{WF}_{\mathrm{VOCs}}}{\mathrm{WF}_{\mathrm{TOC}}}$ 按 1 计。

表 3-10 设备与管线组件 $e_{TOC,i}$ 取值参数

类型	设备类型（所有物质类型）	排放源限定（10 000 μmol/mol）排放速率/（kg/h）
石油炼制	泵	0.074
	压缩机	0.073
	搅拌器	0.073
	阀门	0.064
	泄压设备	0.073
	连接件	0.028
	法兰	0.085
	开口阀或开口管线	0.03
	其他	0.073
石油化学	轻液体泵	0.14
	重液体泵	0.14
	压缩机	0.14
	搅拌器	0.14
	泄压设备	0.14
	气体阀门	0.024
	液体阀门	0.036
	法兰或连接件	0.044
	开口阀或开口管线	0.03
	其他	0.073

3.4.4.2 挥发性有机液体储罐排放的挥发性有机物年许可排放量

挥发性有机液体储罐排放的挥发性有机物年许可排放量可在国家排污许可证管理信息平台上自动计算。对于储罐参数信息填报要求如下：

（1）排污单位填报的储存介质与罐型应符合《石油炼制工业污染物排放标准》（GB 31570）、《石油化学工业污染物排放标准》（GB 31571）和《合成树脂工业污染物排放标准》（GB 31572）的要求。

（2）若不符合相关要求，国家排污许可证管理信息平台在计算年许可排放量时，按照符合排放标准要求的参数进行核定。

（3）所需计算输入参数，排污单位按照国际单位制填报，由国家排污许可证管理信息平台自动转化成美制单位体系参与计算，计算输出结果为国际单位制（t）。计算参数包括：

①储罐参数：包括罐体、浮盘、密封、浮盘附件等。

②介质参数：有机液体雷德蒸汽压（取近 1 年实际储存物料雷德蒸汽压的最大值）。

③气象参数：包括大气压、日平均最高环境温度、日平均最低环境温度、水平面太阳能总辐射和年平均风速。

④设计运行参数：物料储存温度（近 1 年平均值）、固定顶罐年平均液面高度、设计

周转量。

以上参数信息，除气象参数由平台自动选取距离最近的气象数据外，其余信息由排污单位参照《技术规范》附录 B 中表 B.3 至表 B.5 填报。

许可量计算过程涉及参数见图 3-1。

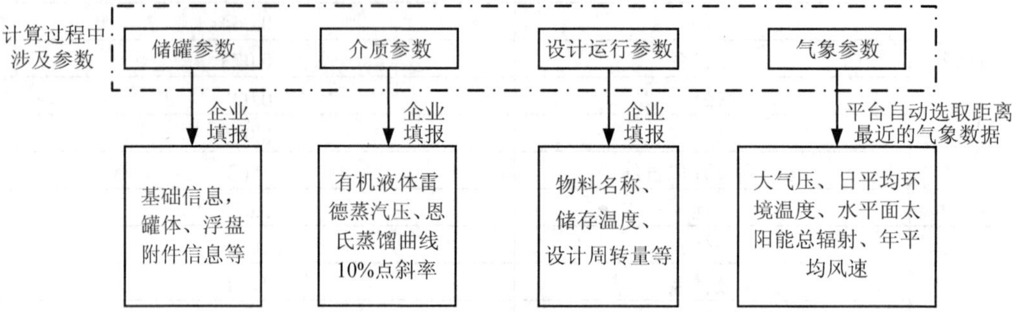

图 3-1　有机液体常压储罐废气污染物许可排放量计算参数

如排污单位未填报相关参数信息，平台选取默认值计算许可排放量，默认值具体见《技术规范》附录 D。由于填报信息过多，为避免由于企业缺失信息导致平台无法自动计算许可排放量，如果企业对储罐相关参数填报不完善，平台将选择默认计算参数进行计算。由于默认值属于较好管控情形，如果企业实际情况没有达到默认值的要求，通过默认值算出的许可排放量往往会小于填报完善的企业。平台自动计算流程见图 3-2。国家排污许可证信息管理平台采用式（3-6）至式（3-35）自动计算。

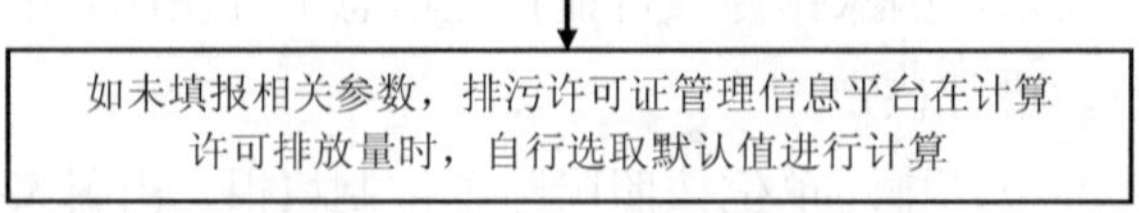

图 3-2　有机液体常压储罐许可排放量平台自动计算工作流程

（4）计算公式

未设置有机废气回收或处理设施的挥发性有机液体常压储罐，其排放的挥发性有机物年许可排放量，在国家排污许可证管理信息平台采用式（3-6）至式（3-35）自动计算。

①固定顶罐

固定顶罐的VOCs无组织排放主要来自静置储存过程中蒸发损失和收发物料过程中产生的工作损失。

$$E_{固定顶罐}=E_S+E_W \tag{3-6}$$

$$E_S = 365\left(\frac{\pi}{4}\times D^2\right)H_{VO}W_V K_E K_S \tag{3-7}$$

$$E_W = \frac{5.614}{RT_{LA}}M_V P_{VA} Q K_N K_P K_B \tag{3-8}$$

式中：E_S—— 静置储藏损耗，是指由于罐体气相空间呼吸导致的储存气相损耗；

E_W—— 工作储藏损耗；

H_{VO}—— 气相空间高度，ft；

W_V—— 气相密度，lb/ft^3；

K_E—— 气相空间膨胀因子，气相空间膨胀因子的计算依赖于罐中液体的特性和呼吸阀的设置；

K_S—— 排放蒸汽空间饱和因子，量纲一；

M_V—— 气相分子量，lb/（lb·mol）；

P_{VA}—— 真实蒸汽压，psia；

Q—— 年周转量，bbl/a；

K—— 工作损耗产品因子，量纲一；

K_N—— 工作排放周转（饱和）因子，量纲一，当周转数>36，K_N=（180+N）/6N；当周转数≤36，K_N=1；

K_P—— 对于原油，K_P=0.75；对于其他有机液体，K_P=1；

K_B—— 呼吸阀工作校正因子，见式（3-29）和式（3-30）。

A. 油品（如汽油、柴油）

$$K_E = \frac{\Delta T_V}{T_{LA}} + \frac{\Delta P_V - \Delta P_B}{P_A - P_{VA}} > 0 \tag{3-9}$$

式中：ΔT_V—— 日蒸汽温度范围，°R；

ΔP_V—— 日蒸汽压范围，psi；

ΔP_B—— 呼吸阀压力设定范围，psi；

P_A—— 大气压力，psia；

P_{VA}—— 日平均液体表面温度下的蒸汽压，psia；

T_{LA}—— 日平均液体表面温度，°R。

a. 日蒸汽温度范围 ΔT_V

$$\Delta T_V = 0.72\Delta T_A + 0.028\alpha I \tag{3-10}$$

式中：ΔT_V—— 日蒸汽温度范围，°R；

ΔT_A—— 日环境温度范围，°R；

α—— 罐漆太阳能吸收率，量纲一，见表 3-11；

I—— 太阳辐射强度，Btu/（ft²·d）。

表 3-11　罐漆太阳能吸收率（α）

序号	罐漆颜色	太阳能吸收因子	序号	罐漆颜色	太阳能吸收因子
1	白色	0.34	4	浅灰色	0.63
2	黑色	0.97	5	中灰色	0.74
3	铝色	0.68	6	绿色	0.91

b. 日蒸汽压范围 ΔP_V

式（3-11）可以用来代替石油液 ΔP_V 的计算：

$$\Delta P_V = \frac{0.50 B P_{\mathrm{VA}} \Delta T_V}{T_{\mathrm{LA}}^2} \tag{3-11}$$

式中：ΔP_V—— 日蒸汽压范围，psia；

B—— 蒸汽压公式中的常数，°R；

P_{VA}—— 日最高液体表面温度下的平均蒸汽压，psia；

T_{LA}—— 日平均液体表面温度，°R；

ΔT_V—— 日蒸汽温度范围，°R。

c. 呼吸阀压力范围 ΔP_B

$$\Delta P_B = P_{\mathrm{BP}} - P_{\mathrm{BV}} \tag{3-12}$$

式中：ΔP_B—— 呼吸阀压力设定范围，psig；

P_{BP}—— 呼吸阀压力设定，psig；

P_{BV}—— 呼吸阀真空设定，psig。如果呼吸阀压力设定和负压设定指定信息未知，则假定 P_{BP} 为 0.03 psig、P_{BV} 为−0.03 psig 为参考值。如果固定顶罐是螺栓固定或铆接的，其中罐顶和罐体是非密封的，则不管是否有呼吸阀，都设定 ΔP_B=0。

d. 日环境温度范围 ΔT_A

$$\Delta T_A = T_{\mathrm{AX}} - T_{\mathrm{AN}} \tag{3-13}$$

式中：ΔT_A —— 日环境温度范围，°R；

T_{AX} —— 日最高环境温度，°R；

T_{AN} —— 日最低环境温度，°R。

B. 纯化学品及其混合物（如苯、对二甲苯）

$$K_E = 0.0018\Delta T_V = 0.0018\left[0.72\left(T_{\mathrm{AX}} - T_{\mathrm{AN}}\right) + 0.028\alpha I\right] \quad (3\text{-}14)$$

式中：K_E —— 气相空间膨胀因子，量纲一；

ΔT_V —— 日蒸汽温度范围，°R；

T_{AX} —— 日最高环境温度，°R；

T_{AN} —— 日最低环境温度，°R；

α —— 罐漆太阳能吸收率，量纲一；

I —— 太阳辐射强度，Btu/（ft^2·d）；

0.001 8 —— 常数，（°R）$^{-1}$；

0.72 —— 常数，量纲一；

0.028 —— 常数，°R·ft^2·d/Btu。

C. 气相空间高度

气相空间高度 H_{VO}，是罐径气相空间的高度，这一空间等于固定顶罐的气相空间，包括穹顶和锥顶的空间。

$$H_{\mathrm{VO}} = H_S - H_L + H_{\mathrm{RO}} \quad (3\text{-}15)$$

式中：H_{VO} —— 气相空间高度，ft；

H_S —— 罐体高度，ft；

H_L —— 液体高度，ft；

H_{RO} —— 罐顶计量高度，ft。

对于式（3-15）：

a. 对于锥顶罐，顶高度 H_{RO} 计算方法如下：

$$H_{\mathrm{RO}} = 1/3H_R \quad (3\text{-}16)$$

式中：H_{RO} —— 罐顶计量高度，ft；

H_R —— 罐顶高度，ft。

$$H_R = S_R R_S \quad (3\text{-}17)$$

式中：S_R —— 罐锥顶斜率，ft/ft，如果未知，则使用标准值 0.062 5；

R_S —— 罐壳半径，ft。

b. 对于穹顶罐，罐顶计量高度 H_{RO} 计算方法如下：

$$H_{\mathrm{RO}} = H_R\left[\frac{1}{2}+\frac{1}{6}\left(\frac{H_R}{R_S}\right)^2\right] \tag{3-18}$$

式中：H_{RO} —— 罐顶计量高度，ft；

R_S —— 罐壳半径，ft；

H_R —— 罐顶高度，ft。

D. 气相空间饱和因子

排放蒸汽空间饱和因子 K_S，计算公式如下：

$$K_S = \frac{1}{1+0.053P_{\mathrm{VA}}H_{\mathrm{VO}}} \tag{3-19}$$

式中：K_S —— 排放蒸汽空间饱和因子，量纲一；

P_{VA} —— 日平均液面温度下的饱和蒸汽压，psia；

H_{VO} —— 气相空间高度，ft，见式（3-15）；

0.053 —— 常数，（psia·ft）$^{-1}$。

E. 气相密度

储藏气相密度 W_V，计算公式如下：

$$W_V = \frac{M_V P_{\mathrm{VA}}}{RT_{\mathrm{LA}}} \tag{3-20}$$

式中：W_V —— 气相密度，lb/ft^3；

M_V —— 气相分子质量，lb/（lb·mol）；

R —— 理想气体状态常数，10.741 lb/（lb·mol·ft·°R）；

P_{VA} —— 日平均液面温度下的饱和蒸汽压，psia；

T_{LA} —— 日平均液体表面温度，°R，取年平均实际储存温度，如无该数据，用式（3-21）计算 T_{LA}。

a. 日平均液体表面温度 T_{LA}

如果年平均实际储存温度未知，可通过以下公式计算：

$$T_{\mathrm{LA}} = 0.44T_{\mathrm{AA}} + 0.56T_B + 0.007\,9\alpha I \tag{3-21}$$

式中：T_{LA} —— 日平均液体表面温度，°R；

T_{AA} —— 日平均环境温度，°R；

T_B —— 储液主体温度，°R；

α —— 罐漆太阳能吸收率，量纲一；

I —— 太阳辐射强度，Btu/（ft^2·d）。

b. 日平均环境温度 T_{AA}

$$T_{AA}=\left(\frac{T_{AX}+T_{AN}}{2}\right) \tag{3-22}$$

式中：T_{AA} —— 日平均环境温度，°R；

T_{AX} —— 日最高环境温度，°R；

T_{AN} —— 日最低环境温度，°R。

c. 储液主体温度 T_B

$$T_B=T_{AA}+6\alpha-1 \tag{3-23}$$

式中：T_B —— 储液主体温度，°R；

T_{AA} —— 日平均环境温度，°R；

α —— 罐漆太阳能吸收率，量纲一。

d. 真实蒸汽压

对于特定的石油液体储料的日平均液体表面蒸汽压，计算方法如下：

$$P_{VA}=\exp\left[A-\left(\frac{B}{T_{LA}}\right)\right] \tag{3-24}$$

式中：A —— 蒸汽压公式中的常数，量纲一；

B —— 蒸汽压公式中的常数，°R；

T_{LA} —— 日平均液体表面温度，°R；

P_{VA} —— 日平均液体表面蒸汽压，psia。

对于油品：

$$\begin{aligned}A&=15.64-1.854S^{0.5}-\left(0.8742-0.3280\,S^{0.5}\right)\ln\left(\text{RVP}\right)\\B&=8\,742-1\,042S^{0.5}-\left(1\,049-179.4\,S^{0.5}\right)\ln\left(\text{RVP}\right)\end{aligned} \tag{3-25}$$

对于原油：

$$\begin{aligned}A&=12.82-0.967\,2\ln\left(\text{RVP}\right)\\B&=7\,261-1\,216\ln\left(\text{RVP}\right)\end{aligned} \tag{3-26}$$

式中：RVP —— 雷德蒸汽压，psi；

S —— 10%蒸发量下 ASTM 蒸馏曲线斜率，℉/%（体积分数）。

$$S=\frac{15\%\text{馏出温度}-5\%\text{馏出温度}}{15-5} \tag{3-27}$$

对于纯化学品（如苯、对二甲苯）的日平均液体表面蒸汽压，采用安托因方程计算。

$$\log P_{\mathrm{VA}}=\frac{10^{A-\left(\frac{B}{T_{\mathrm{LA}}+C}\right)}}{51.7125} \tag{3-28}$$

式中：A、B、C—— 安托因常数；

T_{LA}—— 日平均液体表面温度，℃；

P_{VA}—— 日平均液面温度下的饱和蒸汽压，psia。

呼吸阀工作时的校正因子可用式（3-29）和式（3-30）计算：

$$当 K_N\left(\frac{P_{\mathrm{BP}}+P_A}{P_I+P_A}\right)>1.0,\quad K_B=\left(\frac{\frac{P_I+P_A}{K_N}-P_{\mathrm{VA}}}{P_{\mathrm{BP}}+P_A-P_{\mathrm{VA}}}\right) \tag{3-29}$$

$$当 K_N\left[\frac{P_{\mathrm{BP}}+P_A}{P_I+P_A}\right]\leqslant 1.0,\quad K_B=1 \tag{3-30}$$

式中：K_B—— 呼吸阀校正因子，量纲一；

P_I—— 一个实际压力（表压），如果处在大气压下（不是真空或处在稳定压力下），P_I为 0；

P_A—— 大气压，psia；

K_N—— 工作排放周转（饱和）因子，量纲一；当周转数＞36，K_N=（180+N）/6N；当周转数≤36，K_N=1；

P_{VA}—— 日平均液面温度下的蒸汽压，psia，见式（3-24）；

P_{BP}—— 呼吸阀压力设定，psig。

②浮顶罐

浮顶罐的 VOCs 无组织排放主要包括边缘密封损失、浮盘附件损失、浮盘盘缝损失和挂壁损失。其中边缘密封损失、浮盘附件损失、浮盘盘缝损失属于静置损失，挂壁损失属于工作损失。浮盘经焊接的内浮顶罐和外浮顶罐都没有盘缝损失。由螺栓固定的内浮顶罐可能存在盘缝损失。

$$E_{浮顶罐}=E_R+E_{\mathrm{WD}}+E_F+E_D \tag{3-31}$$

$$E_R=\left(K_{Ra}+K_{Rb}v^n\right)DP^*M_VK_C \tag{3-32}$$

$$E_{\mathrm{WD}}=\frac{(0.943)QC_SW_L}{D}\left(1+\frac{N_CF_C}{D}\right) \tag{3-33}$$

$$E_F=F_FP^*M_VK_C \tag{3-34}$$

$$E_D = K_D S_D D^2 P^* M_V K_C \tag{3-35}$$

式中：$E_{浮顶罐}$ —— 浮顶罐损耗，lb/a；

E_R —— 边缘密封损耗，lb/a；

E_{WD} —— 排放损耗，lb/a；

E_F —— 浮盘附件损耗，lb/a；

E_D —— 浮盘缝隙损耗（只限螺栓连接式的浮盘或浮顶），lb/a。

上述所列公式中符号解释见环办〔2015〕104 号文发布的《石化行业 VOCs 污染源排查工作指南》。

（5）固定顶罐、内浮顶罐和外浮顶罐需填报内容中相关参数介绍

①固定顶罐

固定顶罐又称为拱顶罐。图 3-3 是典型立式固定顶罐，其基本结构由罐壁、罐顶、罐底及油罐附件组成。该类储罐包括一个圆柱体外壳和一个永久性的固定顶，罐顶的形状分为圆锥形和拱形。

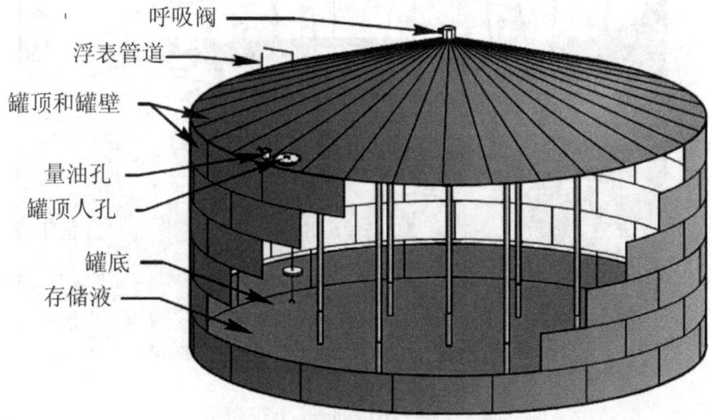

图 3-3 典型立式固定顶罐

固定顶罐可以是敞口排放或通过压力/真空阀排放。后者允许罐体在低内压或真空条件下操作，以防止因温度、压力或液位发生微小变化而引发的蒸汽排放。对于现阶段的储罐设计，固定顶罐的建设费用最低，被认为是储存有机液体设备中可被接纳的最低限。

拱顶罐的通用附件包括呼吸阀、液压安全阀、罐顶人孔、罐底人孔、透光孔、量油孔、进出油短管、胀油管或泄压短管、梯子和栏杆等。

②外浮顶罐

外浮顶罐通常是由一个敞口的圆柱体罐壳和浮在液体表面的浮顶构成。浮顶浮于储存液表面，并可随液面的升降移动，浮顶包括浮盘及其附件和边缘密封系统。外浮顶储罐根据其浮盘的构造分为浮筒式和双盘式两种。典型的外浮顶罐由一个顶部敞开的圆柱壳体和

浮顶组成，浮顶浮于储液表面，并可随液面的升降移动，浮顶包括浮盘、浮盘附件和边缘密封系统。浮盘由焊接钢板组成，主要分为两类：浮筒式和双盘式（见图 3-4）。所有外浮顶罐的浮顶都会随着罐中的液位发生升降。外浮顶的边缘密封系统依附于浮盘的外周并接触罐体。浮顶和边缘密封系统的作用在于减少储液的蒸发损失。边缘密封系统和罐体仍会留有一定环形空间，在浮顶升降时会抵着罐壁移动。浮盘装配了需要穿过盘体并服务于操作的浮盘附件。在外浮顶罐的设计中，所存液体的蒸发损失仅限于从边缘密封系统和浮盘附件的损失（静置储存损失）以及滞留在罐壁的液体损失（挂壁损失）。

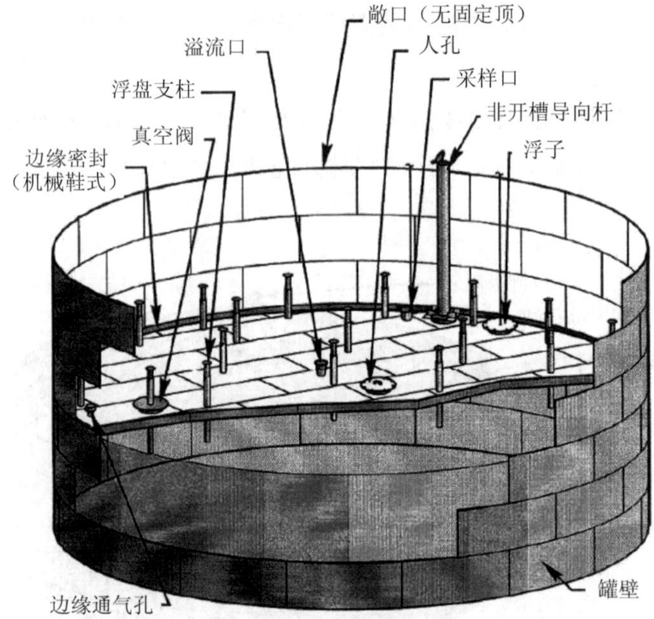

图 3-4　典型外浮顶罐（双盘式）

所有形式的外浮顶罐的浮顶都随着罐中的液位发生升降。外浮盘需装配边缘密封系统，依附于浮顶的外周并接触罐体。浮顶和边缘密封系统的作用在于减少储液的蒸发损失。边缘密封系统和罐体仍会留有一定环形空间，在浮顶升降时会轻微抵制罐壁移动。浮盘也装配需要穿过板体并服务于操作的浮盘附件。在外浮顶罐的设计中，所存液体的蒸发损失仅限于从边缘密封系统和浮盘附件的损失以及滞留在罐壁的挂壁损失（工作损失）。

外浮顶罐的通用附件包括边缘密封和浮盘附件。在外浮顶罐使用的一级密封主要有 3 种基本类型：机械密封、弹性材料密封和管式充液密封。二级密封有两种基本类型：弹性刷形密封和弹性填充密封。AP-42 对二级密封的称谓为靴形密封和边缘密封。边缘密封随浮盘位置的变化而升降，其作用即是填充浮盘边缘与罐体之间的环形空间，从而将这一区域的蒸发损失降到最小。边缘密封可以仅为一个一级密封或一个一级和一个二次密封（二次密封安装在一级密封之上）。常需开口的浮盘附件包括人孔、计量浮标、采样口、边缘通气孔、浮盘排管、浮盘支柱、非开槽导向杆、开槽导向杆和真空器。

③内浮顶罐

内浮顶罐既有一个固定顶，又有一个内部的浮顶（见图 3-5）。内浮顶罐有两种基本类型：一种是由罐内的支柱支持的固定顶；另一种是自承重顶。第一种类型主要是由原来固定顶罐重新改装的浮顶罐，后一种类型是由外浮顶罐转换的内浮顶罐。两种罐型在新建的内浮顶罐中都有出现。现阶段大多数铝制内浮顶罐都是非接触型的。

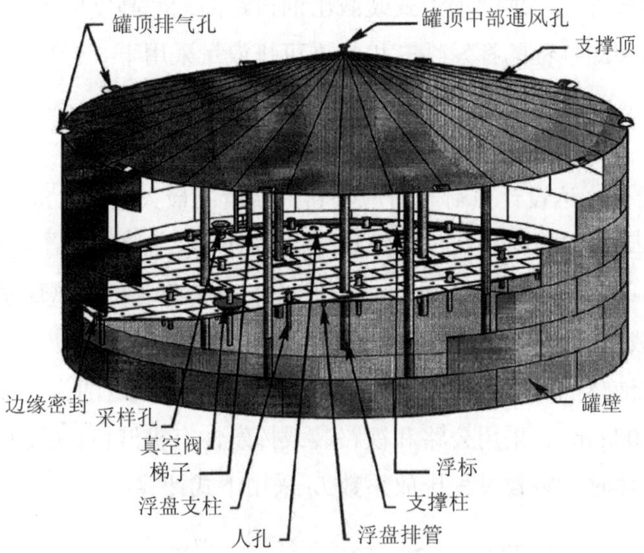

图 3-5　典型内浮顶罐

内浮顶罐的浮盘会随着液面升降发生位移，其与液面直接接触（接触型浮盘）或者与液面之间隔着浮筒（非接触型浮盘）。接触型浮盘通常是焊接成型，非接触型浮盘利用螺栓连接缝隙。两种浮盘都含有外浮顶罐所提到的边缘密封系统和浮盘附件。内浮顶罐的浮盘夹缝若未进行焊接，则会引起气相泄漏成为一个排放源。总体来说，相同的排放机理可应用于浮盘缝隙。主要的机理取决于浮盘是否与储液直接相连。

内浮顶罐的通用附件包括边缘密封和浮盘附件。内浮顶罐使用的密封件与外浮顶罐相同。内浮顶罐的浮盘附件除包括上述外浮顶罐附件外，还包括柱井、楼梯井和反排管。

3.4.4.3　挥发性有机液体装载过程排放的挥发性有机物年许可排放量

石化工业装卸系统主要包括汽车装卸系统、火车装卸系统、船舶装卸系统以及桶装作业系统。各装卸系统又包含输送系统、真空系统、放空系统、加热系统、洗车系统、油气回收系统等子系统。输送系统的作用在于输送罐车和储罐内的物料；真空系统的作用在于填充鹤管的虹吸和收净罐车车底油；放空系统的作用在于装卸完成后，将管线内的物料放空，以免下次输送物料时造成混油损失或者易凝结物料在管道内凝结；洗车系统的主要作用在于装载物料前，对罐车进行清洗，以避免混油，从而保证装载物料清洁；油气回收系统用于回收及处理物料装载过程中挥发的物料。

《石油炼制工业污染物排放标准》（GB 31570）、《石油化学工业污染物排放标准》（GB 31571）中规定“油品装卸栈桥对铁路罐车进行装油，发油台对汽车罐车进行装油，油品装卸码头对油船（驳）进行装油的原油及成品油（汽油、煤油、喷气燃料、化工轻油、有机化学品）设施，应密闭装油并设置油气收集、回收或处理装置”“装车、船应采用顶部浸没式或底部装载方式，顶部浸没式装载出油口距离罐底高度应小于 200 mm”。

（1）有机液体装卸过程的挥发性有机物许可排放量采用下式计算：

$$E_{装卸}=\frac{L_L\times Q}{1\,000}(1-\eta_{去除}) \tag{3-36}$$

式中：Q —— 企业生产达设计负荷时对应物料周转量的最大值，m^3/a；

$\eta_{去除}$ —— 去除效率，%，为$\eta_{收集}\times\eta_{处理}$，其中$\eta_{收集}$为收集效率，%；$\eta_{处理}$为处理设施处理效率，%；在一般控制区$\eta_{去除}$取 95%，重点控制区$\eta_{去除}$取 97%；

L_L —— 装载有机液体的装载排放系数，kg/m^3 装载量。

对于装载有机液体的装载排放系数，油轮/远洋驳船装载汽油为 0.215 kg/m^3，其他驳船装载汽油为 0.410 kg/m^3；采用公路和铁路装载挥发性有机液体、船舶装载除汽油和原油外的挥发性有机液体时，装载过程排放系数 L_L 采用下式计算：

$$L_L=1.20\times10^{-4}\times\frac{S\times P_T\times M_{vap}}{273.15+T} \tag{3-37}$$

式中：S —— 饱和系数，量纲一，一般取值 0.6，船舶装载汽油和原油以外的油品时取值 0.5；

P_T —— 温度 T 时装载物料的真实蒸汽压，Pa；

M_{vap} —— 油气分子量，g/mol；

T —— 装载物料温度，℃，取近 1 年平均值。

采用船舶运输原油时，装载过程排放系数 L_L 采用下式计算：

$$L_L=L_A+L_G \tag{3-38}$$

式中：L_A —— 已有排放系数，指装载前空舱中已有的蒸气在装载损耗中的贡献，取 0.040 kg/m^3；

L_G —— 生成排放系数，指在装载过程中气化部分，采用式（3-39）计算。

$$L_G=0.102\times(0.064P-0.42)\times\frac{1.02\times M}{273.15+T} \tag{3-39}$$

式中：P—— 温度 T 时装载原油的饱和蒸汽压，kPa；

M—— 油气分子量，g/mol；

T—— 装载原油温度，℃，取近 1 年平均值。

（2）汽车装卸

汽车装卸为石化企业主要的装卸方式之一，常见的汽车装卸系统包含的设备为装卸过程所涉及的所有罐车、管道、泵、塔、罐等，包括汽车罐车、装卸鹤管、输送管、输送泵、真空泵、放空罐、加热器及油气回收装置等设备，所有设备设施应符合我国现行的《石油库设计规范》要求。汽车装卸主要设备清单见表 3-12。

表 3-12 汽车装卸系统主要设备清单

系统	设备	备注
汽车罐车	各种类型的汽车罐车	
输送系统	装卸鹤管	用于将油品由储罐输送至罐车
	收集管	
	输送管	
	输送泵	
真空系统	真空泵	
	真空罐	
	真空管线	
放空系统	放空罐	
	放空管线	
加热系统	加热盘管	
	蒸汽甩头	
清洗系统	洗槽站台加热器	介质为蒸汽、空气及蒸发物料
	洗槽站台风机	
	洗槽站台污染物料储罐	介质为被污染的物料
油气回收系统	油气回收装置吸收塔	
	油气回收装置吸附塔	
	油气回收循环罐	
	油气回收活性炭罐	
	油气回收反油罐	
	油气回收装置循环泵	
	油气回收装置返输泵	
	油气回收装置真空泵	

典型企业汽车装卸站台如图 3-6 所示。

图 3-6 典型汽车装卸站台

储罐内油品经输送泵、输送管等输送系统送至装卸站台，经站台装卸鹤管输送至罐车，装卸结束时，放空系统将管线内的油品经放空管送至放空罐内储存。对于设有油气回收系统的轻质油品装卸过程，挥发的油气经油气回收系统收集处理，装卸过程的工艺流程见图 3-7。

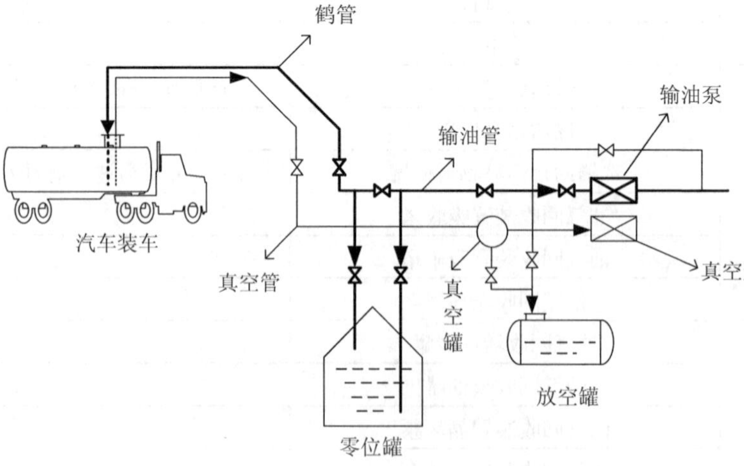

图 3-7 汽车装卸系统工艺流程

从装卸工艺过程的全过程出发，主要 VOCs 排放节点包括管线、设备的动静密封点排放，各物料储罐的排放，油品装载过程的排放，罐车清洗过程的排放以及设置油气回收设施时油气回收设施的排放等。

其中加热系统为伴热输送的，加热系统可不考虑 VOCs 排放；输送系统、放空系统的动静密封点损失纳入设备动静密封点污染源泄漏章节；装卸系统内所有储罐 VOCs 排放纳入有机液体储存与调和挥发损失；罐车清洗过程排放中随清洗废水排放的 VOCs 纳入废水集输、储存、处理处置过程逸散；物料装卸过程所置换出的 VOCs、油气回收系统排放的 VOCs 为汽车装卸过程主要的 VOCs 排放节点。

（3）火车装卸

火车装卸系统包含的子系统同汽车装卸系统，同时还包含小爬车牵引系统。主要的装卸设备与汽车装卸系统类似，除各种管线、泵、塔、罐等，还包括铁路罐车、小爬车、牵引臂等。火车装卸站台见图 3-8。

图 3-8 某企业火车装卸站台

铁路装卸系统中，VOCs 排放节点与汽车装卸系统基本相同，所特有的小爬车牵引系统不与物料接触，可不考虑 VOCs 排放。

（4）船舶装卸

船舶装卸系统设置与汽车装卸系统类似，同时部分船舶装卸系统还包含气相平衡系统。船舶装卸系统涉及的船舶示意见图 3-9。船舶装卸系统工艺流程见图 3-10。

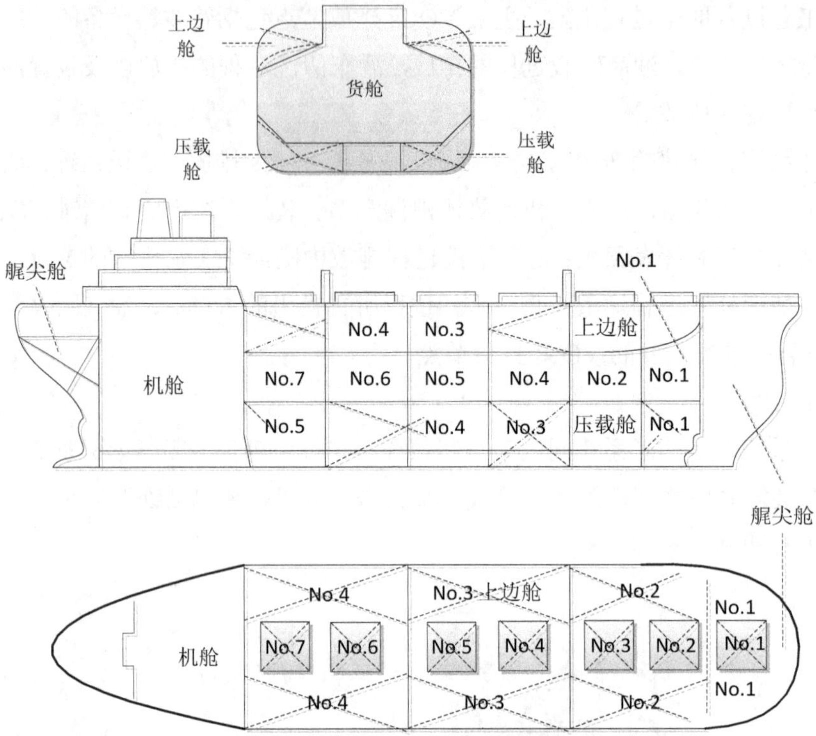

图 3-9 装载物料的船舶示意

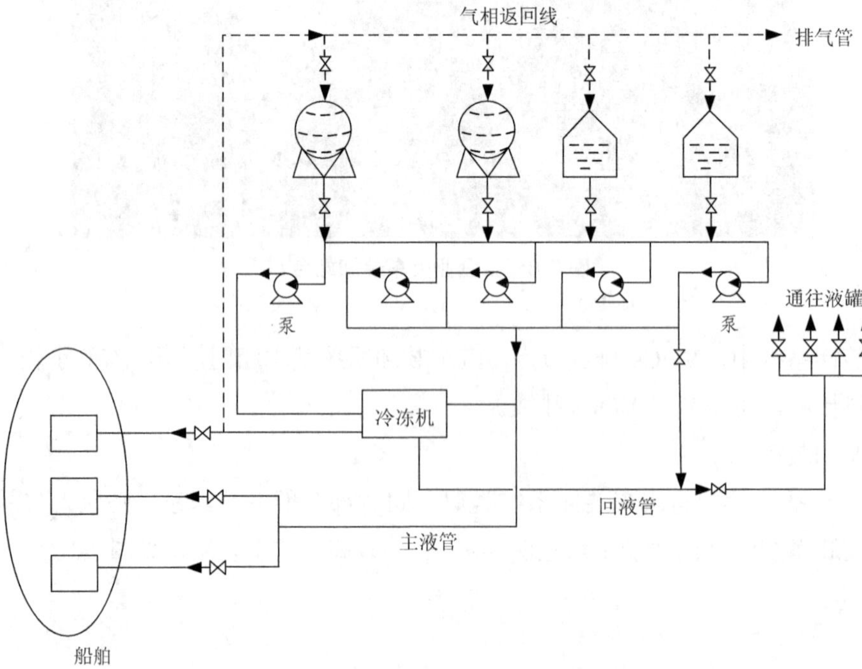

图 3-10 船舶装卸系统工艺流程

船舶装卸系统中，VOCs 排放节点与汽车装卸系统基本相同，其气相平衡系统中动静密封点的 VOCs 排放纳入设备动静密封点泄漏章节。

（5）油气回收设施

油气回收是在装卸油品和给车辆加油的过程中，将挥发的油气收集起来，通过吸收、吸附或冷凝等工艺中的一种或两种方法对油气进行吸收、处理，从而减少油气的损失，减轻对大气环境的污染。在实际运用中，将几种工艺组合起来，处理收集挥发性有机物，可达到提高回收效率的目的。

3.5 排污许可环境管理要求

3.5.1 排污单位自行监测

自行监测方案中应明确排污单位的基本情况、监测点位及示意图、监测污染物项目、执行标准及其限值、监测频次、采样和样品保存方法、监测分析方法和仪器、质量保证与质量控制、自行监测信息公开等，其中监测频次为监测周期内至少获取 1 次有效监测数据。对于采用自动监测的排污单位应当如实填报采用自动监测的污染物指标、自动监测系统联网情况、自动监测系统的运行维护情况等；对于未采用自动监测的污染物指标，排污单位应当填报开展手工监测的污染物排放口和监测点位、监测方法、监测频率。

自行监测的监测源包括废气排放口、无组织废气、厂界、废水排放口和雨水排放口。监测因子根据许可排放因子确定。2015 年 1 月 1 日（含）后取得环境影响评价批复的排污单位，应根据环境影响评价文件和批复要求同步完善自行监测方案。方案中的监测方式包括自动监测和手动监测，手动监测时生产负荷不低于本次监测与上一次监测周期内的平均生产负荷。

3.5.1.1 监测方式与监测频次

对于有组织废气，排放量大的污染源，如大于14 MW的加热炉、催化裂化、硫黄回收等排放量占到全厂排放量的绝大部分，需要开展自动监测，其余开展手工监测。非甲烷总烃和硫化氢监测频次为月，其余为季度、半年或年。对于无组织废气，企业边界监测频次为季度或年。挥发性有机物监测频次为季度或年。对于废水，区分了直接排放和间接排放，间接排放放宽监测频次。直接排放中化学需氧量和氨氮为自动监测，其余为手动监测。雨水排放口排水期间按日监测。

为鼓励先进和提高可操作性，若同一密封点连续三个周期检测无泄漏情况，则检测周期可延长 1 倍，但在后续监测中该检测点位一旦检测出现情况，则检测频次按原规定执行。

具体监测要求参见《技术规范》第 7 章节自行监测管理要求相关内容。

3.5.1.2 采样和测定方法

（1）采样方法

有组织废气手工采样方法的选择参照《固定污染源排气中颗粒物测定与气态污染物采样方法》（GB/T 16157）、《固定源废气监测技术规范》（HJ/T 397）执行。无组织排放采样方法参照《泄漏和敞开液面排放的挥发性有机物检测技术导则》（HJ 733）、《大气污染物无组织排放监测技术导则》（HJ/T 55）执行。废水手工采样方法的选择参照《水质　样品的保存和管理技术规定》（HJ 493）、《水质　采样技术指导》（HJ 494）、《水质　采样方案设计技术规定》（HJ 495）和《地表水和污水监测技术规范》（HJ/T 91）执行。

（2）测定方法

废气自动监测参照《固定污染源烟气（SO_2、NO_x、颗粒物）排放连续监测技术规范》（HJ 75）、《固定污染源烟气（SO_2、NO_x、颗粒物）排放连续监测系统技术要求及检测方法》（HJ 76）执行。废水自动监测参照《水污染源在线监测系统安装技术规范（试行）》（HJ/T 353）、《水污染源在线监测系统验收技术规范（试行）》（HJ/T 354）、《水污染源在线监测系统运行与考核技术规范（试行）》（HJ/T 355）和《水污染源在线监测系统数据有效性判别技术规范（试行）》（HJ/T 356）执行。监测数据与地方生态环境主管部门联网时，按照《污染源在线自动监控（监测）系统数据传输标准》（HJ/T 212）要求实时上传监测数据。

自动连续监测设备发生故障时，应开展手工监测，监测数据应及时报告生态环境主管部门。

3.5.1.3 数据记录

监测期间手工监测的记录和自动监测运行维护记录按照《排污单位自行监测技术指南　总则》（HJ 819）执行，应同步记录监测期间的生产工况。监测记录包括手工监测记录和自动监测运维记录等。

手工监测的记录包括如下内容。采样记录：采样日期、采样时间、采样点位、混合取样的样品数量、采样器名称、采样人姓名等；样品保存和交接：样品保存方式、样品传输交接记录；样品分析记录：分析日期、样品处理方式、分析方法、质控措施、分析结果、分析人姓名等；质控记录：质控结果报告单。

自动监测运维记录包括自动监测系统运行状况、系统辅助设备运行状况、系统校准、校验工作等；仪器说明书及相关标准规范中规定的其他检查项目；校准、维护保养、维修记录等；生产和污染治理设施运行状况，记录监测期间企业及各主要生产设施（至少涵盖废气主要污染源相关生产设施）运行状况（包括停机、启动情况）、产品产量、主要原辅料使用量、取水量、主要燃料消耗量、燃料主要成分、污染治理设施主要运行状态参数、污染治理主要药剂消耗情况等。

3.5.1.4 监测质量控制

排污单位需编制监测工作质量控制计划，选择与监测活动类型和工作量相适应的质控方法，包括使用标准物质、采用空白试验、平行样测定、加标回收率测定等，定期进行质控数据分析。若存在相关标准规定不明确但又影响监测数据质量的活动，可编写《作业指导书》予以明确。编制工作流程等相关技术规定，规定任务下达和实施，分析仪器设备购买、验收、维护和维修，监测结果的审核签发、监测结果录入发布等工作的责任人和完成时限，确保监测各环节无缝衔接。设计记录表格，对监测过程的关键信息予以记录并存档。定期对自行监测工作开展的时效性、自行监测数据的代表性和准确性、管理部门检查结论和公众对自行监测数据的反馈等情况进行评估，识别自行监测存在的问题，及时采取纠正措施。管理部门执法监测与排污单位自行监测数据不一致的，以管理部门执法监测结果为准，作为判断污染物排放是否达标、自动监测设施是否正常运行的依据。

3.5.1.5 信息公开

排污单位自行监测信息公开内容及方式按照《企业事业单位环境信息公开办法》（环境保护部令 第31号）及《国家重点监控企业自行监测及信息公开办法（试行）》（环发〔2013〕81号）执行。非重点排污单位的信息公开要求由地方生态环境主管部门确定。

3.5.2 环境管理台账记录

3.5.2.1 台账记录原则

一是依法依规。要认真贯彻国家和地方环境保护法律法规，按照法律法规及相关规章制度要求进行排污单位环境管理台账的记录工作。设置专职人员进行台账记录、整理、维护和管理，并对台账记录结果的真实性、准确性、完整性负责。

二是规范全面。环境管理台账记录形式规范，内容全面，保存完好。

三是重点突出。要根据排污单位生产特点及环境要素进行记录，突出重点。

四是真实有效。记录过程符合规范要求，内容真实有效，不得篡改或伪造。

同时，为便于携带、储存、导出及证明排污许可证执行情况，台账应当按照电子化储存和纸质储存两种形式同步管理，保存期限不得少于3年。

3.5.2.2 台账记录内容

（1）基本信息

基本信息主要包括排污单位基本信息、生产设施基本信息、治理设施基本信息。基本信息记录内容一般在排污单位台账记录过程中不发生变化，排污单位工艺、设施调整等情形致使基本信息内容发生变化的，需在基本信息台账记录表中进行相应修改，并将变化内容进行说明，纳入执行报告中。

①排污单位基本信息：排污单位名称、法人代表、统一社会信用代码、行业类别、地

址、生产内容、生产工艺、生产规模、环保投资情况、环境影响评价及批复情况、排污许可证编号等。

②生产设施基本信息：生产设施名称、编码、设施规格型号、相关参数（包括参数名称、设计值、单位）、设计生产能力等。

③治理设施基本信息：治理设施名称、编码、设施规格型号、相关参数（包括参数名称、设计值、单位）、污染物设计处理能力等。

（2）生产设施运行管理信息

①正常工况：分装置记录生产设施运行参数，包括运行状态、生产负荷、产品（含副产品）产量、原辅料及燃料使用情况等。

A. 运行状态：开始运行时间、运行结束时间、是否按照生产要求正常运行。

B. 生产负荷：各生产环节产品产量与设计生产能力之比，设计生产能力取最大设计值。

C. 产品产量：各环节中间产品产量及最终产品（含副产品）产量。

D. 原辅料：记录名称、来源地、种类、进厂方式、用量、成分（涉及有毒有害成分）、是否为危险化学品。

E. 燃料：记录种类、用量、成分、热值等。涉及二次能源的需建立能源平衡报表。应填报一次购入能源（指从市场购买的能源，包括燃料煤、焦炭、煤气、天然气、燃油等）和二次转化能源（指在生产过程中产生的可利用能源）的消耗量及成分。

F. 加热炉需记录热效率、含氧量、炉膛平均温度、运行时间；催化裂化再生器需记录烧焦温度、运行时间；硫黄回收装置需记录运行时间。

G. 储罐需记录信息包括储罐储存介质的名称、密度；汽油、柴油及石脑油的雷德蒸汽压，各挥发性有机液体 5%和 15%馏出温度（原油除外）；储罐编号、储罐容积、直径、罐顶/壁颜色、液面高度、罐漆/壁状况、呼吸阀压力及真空设定、浮顶罐浮盘附件信息；固定顶罐还需记录罐体高度；卧罐还需记录罐体长度；外浮顶还需记录密封件形式。

H. 装载需记录信息包括装载介质名称、密度；汽油、柴油及石脑油的雷德蒸汽压，各挥发性有机液体 5%和 15%馏出温度（原油除外）；装载形式（汽车/火车）、装载方式（喷溅式/液下/底部）、罐车情况［新罐车或清洗后的罐车/正常工况（普通）的罐车］；装载温度和装载量。

I. 密封点台账：记录各受控密封点组件类型、个数、位置、介质状态、管径、是否保温、是否可达等信息。

J. 火炬运行信息需记录火炬的工作状态（火炬气流量、火炬头温度、火炬出口流速、火炬气热值、火炬气组成成分）。

②非正常工况（包括停运）：生产设施应记录设施名称、编号、非正常（停运）时刻、

恢复（启动）时刻、产品产量、原辅料消耗量、燃料用量，事件原因、情形描述、应对措施等是否报告等。

（3）污染治理设施运行管理信息

①正常工况：明确各治理设施作用的生产环节、治理工艺，分装置记录所有环保设施的运行情况、污染物排放情况、主要药剂添加情况等。

A. 运行情况：开始运行时间、运行结束时间，记录内容反映排污单位环保设施运行状况，计算运行负荷。

B. 污染物排放情况：污染防治设施名称、工艺、改造相关验收资料、运行规程和技术资料等需记录并保存。

废气治理设施应记录风量、排口温度、压力、污染因子、初始量、初始浓度、排放量、排放浓度、治理效率、排气筒高度、排放时间、副产物产生量等。无组织废气排放控制应记录措施执行情况，包括储罐、动静密封点、装卸的维护、保养、检查等运行管理情况。

废水处理设施包括装置区预处理设施和污水处理厂预处理设施、生化处理设施、深度处理设施及回用设施三部分，应分别记录每日进水水量、出水水量、药剂名称及使用量、投放频次、电耗、污泥产生量等。

C. 主要药剂添加情况：记录需添加药剂辅助的治理工艺，还应记录添加药剂名称、添加时间、添加量。

D. 涉及 DCS 运行系统，要求保留彩色曲线图，注明生产线编号及各条曲线含义，相同参数使用同一颜色。根据参数的变化区间合理设定参数量程，每台设备或生产线核算期同一参数量程保持不变。对曲线图中的不同参数进行合理布局，避免重叠。曲线应至少包括以下内容：

脱硫 DCS 曲线：负荷、烟气量、原烟气二氧化硫浓度、净烟气二氧化硫浓度、烟气出口温度等。

脱硝 DCS 曲线：负荷、烟气量、总排口 NO_x 浓度、脱硝设施入口氨流量、脱硝设施入口烟气温度。

除尘 DCS 曲线：负荷、烟气量、原烟气颗粒物浓度、净烟气颗粒物浓度、烟气出口温度。

E. 通过物料衡算或产排污系数核算污染物实际排放量时，详细记录核算选取参数、计算公式、计算过程、计算结果等。

Γ. 维护保养情况，制订年度巡检和维护保养计划（包括巡检和保养维护的项目、频次等），记录维护保养工作开展的主要内容、时间频次、实施部门及实施人等。记录异常或事故发生时间和处理至修复持续时间及采取的处理措施。

②非正常工况（包括停运）：环保设施应记录设施名称、编号、设施非正常（停运）

时刻、恢复（启动）时刻、污染物排放量、排放浓度、事件原因、是否报告等。

（4）监测记录信息

按照《排污单位自行监测指南　总则》及行业自行监测指南中对手工监测记录、自动监测运维记录、信息报告、应急报告内容的要求，建立监测数据报表，作为排污单位污染物达标判定和排污单位管理依据备查。

监测质量控制根据《固定污染源监测质量保证与质量控制技术规范》（HJ/T 373）和《排污单位自行监测指南　总则》监测质量保证与质量控制要求执行。排污单位应在监测方案中就仪器检定和校准、运行维护、工况核查、参数设定、实验室分析质量控制等方面做出规定。具体内容如下：

①手工监测的应记录监测仪器维护管理：记录检定时间、检定人、检定机构；记录仪器设备校准时间、校准人、校准液等信息；记录仪器设备使用信息（包括使用人、使用时间、仪器正常与否等）。记录监测仪器设备的检修、零配件的更换、易耗品的定期更换、试剂或药品的名称及其消耗量等信息。记录手工监测的结果及信息：采样与测试的日期、时间、地点；分析鉴定的日期；完成抽样（或测量）、完成数据分析人员的姓名；使用的分析方法；分析结果。

②自动监测的应制订在线监测设备的校准和维护计划，主要包括记录仪器校准时间、校准人、使用的校正液名称、项目名称、标准值、实测值、误差比例等信息；比对：记录比对时间、实际水样比对试验和质控样试验数据等信息；自动监测结果记录：连续记录自动监测的各因子数据；检查和维护：记录检查时间和检查项目、项目运行情况等信息。若存在异常或故障，要记录异常或故障发生时间和处理至修复持续时间及采取的处理措施。

③各装置进行泄漏检测与修复（LDAR）的时间、检测仪器信息、校准气体、校准记录、环境背景值检测记录、常规检测记录、泄漏牌记录、复测记录、检测周期。

（5）其他环境管理信息

排污单位应记录无组织废气污染治理措施相应的运行、维护、管理相关的信息，包括措施名称、运行时间、检查维护次数、管理人员情况等。例如，厂区降尘洒水、清扫频次，原料或产品场地封闭、遮盖方式，日常检查维护频次及情况等。

排污单位还应根据环境管理要求和排污单位自行监测记录内容需求，进行增补记录。例如，环保设施运行费用、重污染天气应急预警期间和错峰生产等特殊时段排污单位运行信息等。

（6）台账记录频次要求

①生产设施

A. 生产运行状况：按照排污单位生产班制记录，每班次记录 1 次，每班次最高不超过 12 h。非正常工况记录频次为每小时记录 1 次。

B. 产品（含副产品）产量：连续性生产的排污单位产品产量按照班制记录，每班记录 1 次，每班次最高不超过 12 h。周期性生产的设施按照一个周期进行记录，周期小于 1 天的按照 1 天记录。

C. 原辅料、燃料用量：按照批次记录，每批次记录 1 次。

②环保设施

A. 环保设施运行状况：按照排污单位生产班制记录，每班次记录 1 次，每班次最高不超过 12 h。非正常工况记录频次为每小时记录 1 次。

B. 污染物产排情况：连续排放情况下按班制记录，每班次记录 1 次，每班次最高不超过 12 h。非连续排放污染物按照产排污阶段记录，每个产排污阶段记录 1 次。安装自动监测设施的污染治理设施按照自动监测频率记录，DCS 原则上以 7 天为周期进行截屏。

③药剂添加情况：按投放批次记录，每个投放批次记录 1 次。

3.5.3 执行报告要求

执行报告是根据监测、台账记录内容配套编制的，定期提交执行报告是排污单位在排污许可管理过程中自证守法的重要方式，也是政府实施证后监管的重要基础。排污单位应根据排污许可证中规定的频次、内容编制排污许可证执行报告。企业可以根据自身工艺、设备、污染情况补充完善有关内容。

月报/季报/年度报告内容主要为不同时间尺度下的排放统计情况以及超标情况汇总，是整合总量控制、环境保护税、环境统计等各项环境管理制度的数据上传要求，是排污许可"一证式"环境管理的重要体现形式。

3.5.3.1 年度执行报告

排污单位应每年上报一次排污许可证年度执行报告，于次年 1 月底前提交至排污许可证核发机关。对于持证时间不足 3 个月的，当年可不上报年度执行报告，许可证执行情况纳入下一年年度执行报告。年度执行报告内容应包括：基本生产情况；遵守法律法规情况；污染治理设施运行情况；自行监测情况；台账管理情况；实际排放情况及合规判定分析；排污费（环境保护税）缴纳情况；信息公开情况；排污单位内部环境管理体系建设与运行情况；排污许可证规定的其他内容执行情况；其他需要说明的问题；结论；附件、附图要求。

3.5.3.2 半年执行报告

排污单位每半年上报一次排污许可证半年执行报告，上半年执行报告周期为当年的 1 月至 6 月，并于每年的 7 月底前提交至排污许可证核发机关，提交年度执行报告时可免报下半年执行报告。对于持证时间不足 3 个月的，可不上报上半年执行报告，排污许可证执行情况纳入下一年度执行报告。包含内容至少包括基本生产情况、污染治理设施运行情况、实际排放情况及合规判定分析。

3.5.3.3 月度/季度执行报告

排污单位每月度/季度上报一次排污许可证月度/季度执行报告。自当年 1 月起，每月上报一次月度执行报告，每 3 个月上报一次季度执行报告，月度/季度执行报告于下月 15 日前提交至排污许可证核发机关。提交半年执行报告或年度执行报告的，可免报当月月度执行报告或当季季度执行报告。对于持证时间不足 10 天的，该报告周期内可不上报月度执行报告，排污许可证执行情况纳入下一月度执行报告。对于持证时间不足 1 个月的，该报告周期内可不上报季度执行报告，排污许可证执行情况纳入下一季度执行报告。上报内容至少包括：主要污染物的实际排放量核算信息、合规判定分析说明及不合规排放或污染防治设施故障情况说明等。

执行报告相关内容包括以下 14 个小部分。

（1）编制流程

包括资料收集与分析、编制、质量控制、提交四个阶段。

第一阶段（资料收集与分析阶段）：收集排污许可证及申请材料、历史排污许可证执行报告、环境管理台账等相关资料，全面梳理排污单位在报告周期内的执行情况。

第二阶段（编制阶段）：针对排污许可证执行情况，汇总梳理依证排污的依据，分析违证排污的情形及原因，提出整改计划，在全国排污许可证管理信息平台填报相关内容。

第三阶段（质量控制阶段）：开展报告质量审核，确保执行报告内容真实、有效，并经排污单位技术负责人签字确认。

第四阶段（提交阶段）：排污单位在全国排污许可证管理信息平台提交电子版执行报告，同时向有排污许可证核发权的生态环境主管部门提交通过平台印制的经排污单位法定代表人或实际负责人签字并加盖公章的书面执行报告。电子版执行报告与书面执行报告应保持一致。

（2）排污单位基本情况

①以装置为单元，说明排污单位在报告周期内规模、产品、产量等基本信息，分析与排污许可证中内容的差异，并说明原因；分析报告周期内排污单位的生产状况，说明报告周期内的平均生产负荷；说明报告周期内原辅料及燃料等的使用情况；说明污染治理设施治理类型、开工时间、投资等情况。

②结合报告周期内的生产实际，说明排污单位的生产工艺、流程、排污节点、污染物、污染治理措施、排放形式及排放去向是否发生变化，如有变化，说明原因。

③用水、排水情况，包括排水去向信息。

④根据排污口规范化的相关要求，明确是否合理设置污染物排放口，说明建立排污口基础资料档案和监督检查档案情况。

⑤对于报告周期内有污染治理投资的，还应包括治理类型、开工年月、建成投产年月、

计划总投资、报告周期内累计完成投资等信息。

⑥报告周期内涉及新（改、扩）建项目的排污单位，执行报告应说明环境保护设施查验、监测、运行等情况。

（3）遵守法律法规情况

说明排污单位在排污许可证执行过程中遵守法律法规情况；配合生态环境主管部门和其他有环境监督管理权的工作人员职务行为情况；自觉遵守环境行政命令和环境行政决定情况；公众举报、投诉情况及具体环境行政处罚等行政决定执行情况。如发生公众举报、投诉及受到环境行政处罚等情况。

（4）污染防治设施运行情况

①说明报告周期内排污单位污染防治设施与排污许可证中规定内容的一致性，如不一致，应说明原因。

②对除尘、脱硫、脱硝、污水处理等污染治理设施的运行参数、处理效率、原辅材料消耗、副产物及固废产生、运行费用、投运率等情况进行汇总，分析报告周期内其运行是否正常。

③整理汇总报告周期内排污单位的除尘设施、脱硫设施、脱硝设施、污水处理等治理设施的维护情况。

④污染防治设施异常情况说明。排污单位拆除、闲置停运污染防治设施，需说明原因、递交书面报告、收到回复及实施拆除、闲置停运的起止日期和相关情况；因故障等紧急情况停运污染防治设施，或污染防治设施运行异常的，排污单位应说明故障原因、废水和废气等污染物排放情况、报告递交情况及采取的应急措施。

⑤说明废气无组织排放控制及水污染控制的管理情况，如洒水抑尘的频次等。

（5）自行监测执行情况

①按照排污许可证中自行监测要求，逐项说明排污单位报告周期内自行监测执行情况，包括有效监测数据数量、监测结果、超标数据数量、超标率、监测方法和仪器等内容，说明与排污许可证要求的一致性，并附监测点位示意图。

②以自动监控系统为单元，分别说明其是否满足《固定污染源烟气（SO_2、NO_x、颗粒物）排放连续监测技术规范》（HJ 75）、《固定污染源烟气（SO_2、NO_x、颗粒物）排放连续监测系统技术要求及检测方法》（HJ 76）、《水污染源在线监测系统验收技术规范（试行）》（HJ/T 354）、《水污染源在线监测系统运行与考核技术规范（试行）》（HJ/T 355）和《水污染源在线监测系统数据有效性判别技术规范（试行）》（HJ/T 356）、《固定污染源监测质量保证与质量控制技术规范（试行）》（HJ/T 373—2007）、《污染源在线自动监控（监测）数据采集传输仪技术要求》（HJ 477—2009）等的相关要求。说明自动监控系统发生故障时，向生态环境主管部门提交补充监测和事故分析报告情况。

③对于手工监测，应说明手工监测是否满足 GB/T 16157、HJ/T 373、HJ/T 397 等的相关要求。

④启停机等特殊时段，应说明该时段内有组织废气的有效监测数据数量、监测结果、超标数据数量、超标率等。

（6）环境管理台账执行情况

①说明排污单位在报告周期内环境管理台账的记录情况，主要包括基本信息、生产设施运行管理信息、污染治理措施运行管理信息、监测记录信息、其他环境管理信息等方面，并明确环境管理台账归档、保存情况。

②对比分析排污单位环境管理台账的执行情况，重点说明与排污许可证中要求不一致的情况，并说明原因。

③说明生产运行台账是否满足接受各级生态环境主管部门检查要求。

（7）实际排放情况及达标判定分析

①以排污单位自行监测数据为基础，根据实际排放量核算方法（包括非正常工况），计算排污单位各个排放口的实际排放量，给出核算方法所用的参数依据、来源和核算过程，并与许可排放量进行对比，分析是否满足许可排放量的要求，如不满足要求，需说明原因。实际排放量、达标判定方法应按照相关技术规范的要求执行。

②对于存在超标排放情形的，排污单位应逐个说明生产设施、污染源、超标污染物种类、超标浓度、超标原因等，并说明向生态环境主管部门报告及受到的处罚情况。

③应分别列明排污许可证中对特殊时段的要求，并说明各个污染物的排放浓度和排放量及达标情况。

④汇总报告周期内启停车、大修检修等特殊情况发生的原因、次数、起止时间及防治措施等，分别说明各污染物的排放浓度和排放量，并分析达标情况。

⑤说明报告周期内实际排放量与生产负荷之间的关系。

（8）排污费（环境保护税）缴纳情况

排污单位说明根据相关环境法律法规，按照排放污染物的种类、浓度、数量等缴纳排污费（环境保护税）的情况。

（9）信息公开情况

对比分析排污单位信息公开的执行情况，重点说明与排污许可证中要求不一致的情况，并说明原因。

①概述排污单位信息公开的情况，具体内容如下：

A. 说明排污单位信息公开的方式。信息公开方式包括报刊、广播、电视、生态环境主管部门网站、排污单位网站、新闻发布会等。

B. 说明排污单位公布环境信息的内容，主要包括排污单位公开污染物的名称、排放方式、排放浓度和数量、超标排放情况，以及污染防治设施的建设和运行等情况。

C. 排污单位需说明信息公开平台和数据公开的频率及时间节点。

②说明排污单位已开展的信息公开，分析与排污许可证中要求的符合性，对不符合的内容说明原因。

（10）排污单位环境管理体系建设与运行情况

①排污单位环境管理机构设置情况，专职人员配置情况，环境管理制度情况，排污单位环境保护规划、相关规章制度、整改计划以及其他环境管理情况。

②环境管理体系的实施、相关责任的落实情况。

（11）其他排污许可证规定的内容执行情况

说明排污许可证中规定的其他内容的执行情况。

（12）其他需要说明的问题

①总结汇总报告周期内启停车、大修检修等特殊情况发生的原因、次数、起止时间及防治措施等内容。

②针对报告周期内未执行排污许可证要求的部分，提出相应的整改计划。

（13）结论

总结汇总排污单位在报告周期内排污许可证执行情况，说明在排污许可证执行过程中存在的问题，以及下一步需进行整改的内容。

（14）附图、附件要求

年度排污许可证执行报告附图包括自行监测布点图、平面布置图（含污染治理设施分布情况）等。执行报告附图应图像清晰、显示要点明确，包括图例、比例尺、指北针等内容；各种附图中应为中文标注，必要时可用简称的需附注释说明。

执行报告的附件包括实际排放量计算过程、相关特殊情况的证明材料，以及支持排污许可证执行报告的其他相关材料。

3.5.4 污染防治可行技术及运行管理要求

3.5.4.1 废气

《技术规范》依据已发布的《挥发性有机物（VOCs）污染防治技术政策》（公告 2013 年 第 31 号）、《石油炼制工业污染物排放标准》（GB 31570）、《石油化学工业污染物排放标准》（GB 31571）、《合成树脂工业污染物排放标准》（GB 31572）、《工业锅炉及炉窑湿法烟气脱硫工程技术规范》（HJ 462）等要求，以及《2018 年国家先进污染防治技术目录（大气污染防治领域）》《2019 年国家先进污染防治技术目录（水污染防治领域）》《2017 年国家先进污染防治技术目录（固体废物处理处置领域）》等处理技术的参考，结合国内脱硫、脱硝、除尘及挥发性有机物治理技术现场调研，并参考美国加利福尼亚州地区的石油炼制工业 BACT 技术以及美国环保局的《污染控制技术指南》（CTGs）系列文件，明确了石化工业脱硫、脱硝、除尘、挥发性有机物脱除等废气治理可行技术以及运行管理要求（见表 3-13 和表 3-14）。

表 3-13 石化工业废气可行技术

生产装置或设施	污染物	可行技术
加热炉	二氧化硫	采用低硫燃料
	氮氧化物	低氮燃烧技术（低氮燃烧器、空气分级燃烧、燃料分级燃烧）
	颗粒物	采用清洁燃料
催化裂化装置	二氧化硫	湿法脱硫（氢氧化钠法、氧化镁法）
	氮氧化物	选择性催化还原法（SCR）
	颗粒物	袋式除尘技术
酸性气回收装置	二氧化硫	硫黄回收+焚烧+（碱洗技术）[a] 酸性气制硫酸+（碱洗技术）[a]
设备与管线组件	挥发性有机物	泄漏检测与修复（LDAR）
储罐	挥发性有机物	油气平衡、油气回收（冷凝、吸附、吸收、膜分离或组合技术等）、焚烧净化（热力焚烧、催化燃烧、蓄热燃烧）
装载	挥发性有机物、其他	顶部浸没式或底部装载方式+油气回收或焚烧净化
污水处理厂油水分离器	挥发性有机物	密闭集输与储存+油气回收或焚烧净化
	有机特征污染物	
污水处理厂生化单元	挥发性有机物、氨	生物滴滤
	有机特征污染物[b]	
	硫化氢	生物滴滤、碱洗技术

注 a：碱洗技术适用于执行特别排放限值的污染源；

注 b：对于石油炼制排污单位，有机特征污染物为苯、甲苯、二甲苯；对于石油化学排污单位，有机特征污染物为《石油化学工业污染物排放标准》（GB 31571）中表 6 所列有机特征污染物。

表 3-14 石化工业企业废气可行技术参照

污染物名称	处理技术		处理效率范围
SO_2	湿法	石灰石—石膏湿法脱硫	可至 98%以上
		氧化镁—硫酸镁湿法脱硫	可至 98%以上
		氨水—硫酸铵湿法脱硫	可至 98%以上
		氢氧化钠—硫酸钠湿法脱硫	可至 98%以上
	半干法		一般在 85%以下
	干法		一般在 75%以下
NO_x	低氮燃烧	低氮燃烧器	约为 50%
		空气分级	约为 30%
		燃料分级	约为 40%
	选择性催化还原法		一般在 60%以下
	选择性非催化还原法		可至 90%以上

污染物名称	处理技术		处理效率范围
颗粒物[a]	旋风除尘器		多管一般可至 90%左右；单管至 85%左右
	文丘里湿式除尘器		可至 99%以上
	布袋除尘器		可至 99%以上
	静电除尘器		可至 99%以上
VOCs[b]	油气回收	冷凝	可至 90%以上
		吸附	可至 99%以上
		吸收	可至 99%以上
	焚烧法	焚烧	可至 99%以上
		催化燃烧	可至 99%以上
		蓄热燃烧	可至 99%以上
	生物法	生物滴滤	可至 99%
含卤代烃有机废气	焚烧+碱洗		可至 99%

注 a：颗粒物处理技术及对应效率与颗粒物粒径分布密切相关；

注 b：VOCs 的处理技术及对应效率与 VOCs 物理化学性质密切相关。

3.5.4.2 废水

《技术规范》依据《石油炼制工业废水治理工程技术规范》（HJ 2045）、《石油化工污水处理设计规范》（GB 50747）、《石油炼制工业污染物排放标准》（GB 31570）、《石油化学工业污染物排放标准》（GB 31571）、《合成树脂工业污染物排放标准》（GB 31572）等技术要求，结合行业内几十家污水处理厂现场调研成果，明确石化工业废水处理可行技术以及运行管理要求（见表 3-15）。

表 3-15 石化工业废水可行技术

类别	废水类型	可行技术
工艺装置预处理污水	电脱盐工艺废水	破乳、除油
	含硫含氨酸性水	汽提
	碱渣废水	生化、湿式氧化
	酸碱废水	中和
	精对苯二甲酸（PTA）工艺废水	沉淀、厌氧
	含腈废水	次氯酸钠或过氧化氢氧化
	纺丝过程含油剂废水	破乳、混凝、固液分离
	甲醇制烯烃（MTO）急冷塔塔底工艺废水	过滤、中和、厌氧
	苯酚丙酮工艺废水	酸化、萃取
	丁二烯装置工艺废水	溶剂回收

<table>
<tr><th>类别</th><th colspan="2">废水类型</th><th>可行技术</th></tr>
<tr><td rowspan="13">外排或回用废水</td><td rowspan="6">工艺废水</td><td>含碱废水</td><td rowspan="9">预处理+生化处理+深度处理
预处理：隔油、气浮、混凝、调节等；
生化处理：活性污泥法、序批式活性污泥法（SBR）、厌氧缺氧好氧法（A^2/O）、缺氧好氧法（A/O）、氧化沟法、膜生物法（MBR）、曝气生物滤池（BAF）、生物接触氧化法、一体化微氧高浓缺氧好氧法等；
深度处理：混凝、过滤、臭氧氧化、超滤（UF）、反渗透（RO）</td></tr>
<tr><td>含硫含氨酸性水</td></tr>
<tr><td>含苯系物废水</td></tr>
<tr><td>含盐废水</td></tr>
<tr><td>含油废水</td></tr>
<tr><td>其他工艺废水</td></tr>
<tr><td colspan="2">污染雨水</td></tr>
<tr><td colspan="2">生活污水</td></tr>
<tr><td colspan="2">循环冷却水排污水</td></tr>
<tr><td colspan="2">蒸汽发生器排污水</td><td rowspan="2">回用</td></tr>
<tr><td colspan="2">余热锅炉排污水</td></tr>
<tr><td colspan="2">化学水制水排污水</td><td>中和</td></tr>
<tr><td colspan="2">脱硫废水</td><td>过滤（沉淀）+氧化</td></tr>
</table>

3.5.4.3 运行管理要求

排污单位应当按照相关法律法规、标准和技术规范等要求运行废气、废水污染防治设施，并根据工艺要求，定期对设备、电气、自控仪表及构筑物进行检查维护，确保污染治理设施正常、可靠运行，处理、排放符合国家或地方污染物排放标准的规定。

3.6 实际排放量核算方法

3.6.1 总体思路及确定原则

排污单位应核算废气和废水所有排放口污染物实际排放量，实际排放量为正常情况和非正常情况实际排放量之和。排污许可证要求应采用自动监测的污染物项目，根据符合监测规范的有效自动监测数据核算实际排放量。对于排污许可证中载明应采用自动监测的排放口或污染物而未采用的，按直排核算排放量。采用手工监测的污染物项目，按照执法监测或排污单位自行开展的手工监测数据核算实际排放量。对于排污许可证未要求采用自动监测的污染物项目，按照优先顺序依次选取自动监测数据、执法监测数据和手工监测数据核算实际排放量。监测数据均应符合国家环境监测相关标准要求。

3.6.2 废气

3.6.2.1 有组织排放

（1）采用自动监测数据核算

有组织废气主要排放口具有连续自动监测数据的污染物，采用下式计算实际排放量。

$$E_{j,有组织废气}=\sum_{i=1}^{n}(C_i \times Q_i)\times 10^{-9} \tag{3-40}$$

式中：$E_{j,有组织废气}$ —— 核算时段内废气有组织主要排放口第 j 项污染物的实际排放量，t；

C_i —— 第 j 项污染物在第 i 小时的实测平均排放浓度，mg/m^3；

Q_i —— 第 j 项污染物第 i 小时标准状态下干烟气量，m^3/h（标态）；

n —— 排放时间，h。

对于因自动监控设施发生故障以及其他情况导致数据缺失的按照 HJ 75 进行补遗。

缺失时段超过 25%的，自动监测数据不能作为核算实际排放量的依据，按《技术规范》9.1 第四款“要求采用自动监测的排放口或污染物而未采用”的相关规定进行核算。排污单位提供充分证据证明在线数据缺失、数据异常等不是排污单位责任的，可按照排污单位提供的手工监测数据等核算实际排放量，或者按照上一个半年申报期间的稳定运行期间自动监测数据的小时浓度均值和半年平均烟气量或流量，核算数据缺失时段的实际排放量。

（2）采用手工监测数据核算

有组织废气主要排放口具有手工监测数据的污染物，采用下式计算实际排放量。

$$E_{j,有组织废气}=C\times Q\times h\times 10^{-9} \tag{3-41}$$

式中：$E_{j,有组织废气}$ —— 核算时段内废气有组织排放口第 j 项污染物的实际排放量，t；

C —— 核算时段内第 j 项污染物实测平均排放浓度，mg/m^3；

Q —— 核算时段内第 j 项污染物标准状态下干烟气量，m^3/h（标态）；

h —— 核算时段小时数，h。

排污单位应将手工监测时段内生产负荷与核算时段内平均生产负荷进行对比，并给出对比结果。手工监测数据频次、监测期间生产工况、有效性等须符合相关规范、环境影响评价文件等要求。

（3）全厂主要排放口污染物排放量

全厂有组织废气主要排放口污染物，采用下式计算实际排放量。

$$E_{主要排放口}=\sum_{j=1}^{m}E_{j,有组织废气} \tag{3-42}$$

式中：$E_{主要排放口}$ —— 核算时段内所有有组织废气主要排放口污染物实际排放量，t；

m —— 主要排放口数量。

3.6.2.2 无组织排放挥发性有机物

根据环办〔2015〕104 号文中《石化行业 VOCs 污染源排查工作指南》，开展排污单位挥发性有机物污染源排查，并核算报告周期内所有源项的实际排放量。

3.6.2.3 火炬排放污染物量

火炬焚烧排放的挥发性有机物、二氧化硫和氮氧化物量，采用下式计算。

$$E_{火炬系统}=\begin{cases}2\times\sum_{i=1}^{n}(S_i\times Q_i\times t_i)\ （二氧化硫）\\ \sum_{i=1}^{n}(\alpha\times Q_i\times t_i)\ （氮氧化物、挥发性有机物）\end{cases} \tag{3-43}$$

式中：S_i —— 火炬气中的硫含量，kg/m³；

Q_i —— 火炬气流量，m³/h；

t_i —— 火炬系统 i 的年运行时间，h/a；

α —— 排放系数，kg/m³，见表 3-16；

n —— 火炬个数。

表 3-16 火炬运行的排放系数

组分	排放系数/（kg/m³ 进料）
总烃	0.002
氮氧化物	0.054
二氧化硫	物料衡算法

3.6.3 废水

3.6.3.1 采用自动监测数据核算

废水总排放口具有连续自动监测数据的污染物实际排放量采用下式计算。

$$E_{废水}=\sum_{i=1}^{n}(C_i\times Q_i)\times10^{-6} \tag{3-44}$$

式中：$E_{废水}$ —— 核算时段内废水总排放口污染物的实际排放量，t；

C_i —— 污染物在第 i 日的实测平均排放浓度，mg/L；

Q_i —— 第 i 日的流量，m³/d；

n —— 核算时段天数，d。

当自动监测数据由于某种原因出现中断或其他情况时，根据 HJ/T 356 等予以补遗。

3.6.3.2 采用手工监测数据核算

废水总排放口具有手工监测数据的污染物实际排放量采用下式计算。

$$E_{废水}=C\times Q\times10^{-6} \tag{3-45}$$

式中：$E_{废水}$ —— 核算时段内废水总排放口污染物的实际排放量，t；

C —— 核算时段内污染物实测平均排放浓度，mg/L；

Q —— 核算时段内废水流量，m^3。

排污单位应将手工监测时段内生产负荷与核算时段内平均生产负荷进行对比，并给出对比结果。手工监测数据包括核算时间内的所有执法监测数据和企业自行或委托第三方的有效手工监测数据，企业自行或委托的手工监测频次、监测期间生产工况、数据有效性等须符合相关规范、环境影响评价文件等要求。

3.7 合规性判定方法

3.7.1 总体思路及确定原则

合规判定包括许可事项合规和环境管理要求合规两个方面。许可事项合规是指排污单位排污口位置和数量、排放方式、排放去向、排放污染物种类、排放限值符合许可证规定。排放限值合规指排污单位污染物实际排放浓度和排放量满足许可排放限值要求。环境管理要求合规是指排污单位按许可证规定落实自行监测、台账记录、执行报告、信息公开等环境管理要求。

3.7.2 废气

3.7.2.1 排放浓度合规

（1）正常情况

石化工业企业各废气排放口及企业边界大气污染物浓度达标是指“任 1 h 浓度均值均满足许可排放浓度要求”。

①执法监测

按照监测规范要求获取的执法监测数据不超过许可排放限值的，即视为合规。

若同一时段的执法监测数据与自动监测数据不一致，执法监测数据符合法定的监测标准和监测方法的，以该执法监测数据作为优先使用数据。

②排污单位自行监测

A. 自动监测

按照监测规范要求获取的自动监测数据（剔除异常值）计算得到的有效小时浓度均值与许可排放浓度限值进行对比，超过许可排放浓度限值的，即视为超标。对于应当采用自动监测而未采用的排放口或污染物，即认为不合规。自动监测小时均值是指“整点 1 h 内不少于 45 min 的有效数据的算术平均值”。

B. 手工监测

对于未要求采用自动监测的排放口或污染物，应进行手工监测，按照自行监测方案、监测规范要求获取的监测数据计算得到的有效小时浓度均值超标的，即视为超标。排污单位手工监测应符合《固定污染源排气中颗粒物测定与气态污染物采样方法》（GB/T 16157）和《固定源废气监测技术规范》（HJ/T 397）中的相关规定。

（2）非正常工况

非正常工况包括计划内的工艺加热炉、催化裂化装置、焚烧炉、锅炉启停时段。

①工艺加热炉

计划内启动和停机时段 100 h 内（包括乙烯裂解炉热备、烧焦、清焦过程）的污染物排放数据不作为氮氧化物合规判定依据。

②催化裂化装置

计划内启动和停机时段 150 h 内的污染物排放数据不作为颗粒物、二氧化硫和氮氧化物合规判定依据。

③焚烧炉

计划内启动和停机阶段 4 h 内的污染物排放数据不作为氮氧化物合规判定依据。

④锅炉

HJ 853—2017 中对于锅炉废气排放浓度合规判定要求：规定采用干（半干）法脱硫、脱硝措施的燃煤蒸汽锅炉，冷启动 1 h、热启动 0.5 h 内二氧化硫和氮氧化物排放浓度数据不视为许可排放浓度限值判定依据。

《排污许可证申请与核发技术规范　锅炉》（HJ 953—2018）已于 2018 年 7 月 31 日起实施，执行 GB 13271 生产设施和排放口都应该执行此标准管理，在其中提出了锅炉废气排放浓度合规判定要求：在锅炉启动和停机时段内的氮氧化物排放数据不作为废气排放浓度合规判定依据（燃煤/燃生物质锅炉冷启动时长不超过 4 h、热启动时长不超过 2 h，停机时间为 1 h；燃油锅炉冷启动时长不超过 2 h、热启动时长不超过 1 h，停机时间为 0.5 h；燃气锅炉冷启动时长不超过 0.5 h、热启动时长不超过 0.5 h，停机时间为 0.5 h）。

3.7.2.2　排放量合规

（1）有组织排放源

大气污染物排放量符合许可证要求是指企业有组织排放源的各项大气污染物年实际排放量之和不超过相应污染物的年许可排放量。石化工业企业计划启动、停机等情况排放造成短时污染物排放量较大时，应通过加强正常运营时污染物排放管理、减少污染物排放量的方式，确保全厂污染物年排放量（非事故状态下的所有排放）满足许可排放量要求。

无组织排放源挥发性有机物分别按源项进行许可。设备与管线组件、有机液体储罐、有机液体装卸 3 个无组织源项的挥发性有机物年实际排放量均不超过其年许可排放量即可认为其排放量符合许可证要求。

（2）无组织排放控制要求合规

无组织排放源满足《技术规范》第 6.2.2.3 部分“无组织排放运行管理要求”，即视为合规。以现场检查为主，必要时，辅以现场监测判定石化企业无组织排放合规性。

（3）对于特殊时段有许可排放量要求的，实际排放量不得超过特殊时段许可排放量。

3.7.3 废水

3.7.3.1 排放浓度合规

排污单位排放口污染物的排放浓度达标是指任一有效日均值（除 pH 值外）均满足许可排放浓度限值要求。

（1）执法监测

按照 HJ/T 91 监测要求获取的执法监测数据不超过许可排放浓度的，即视为合规。

若同一时段的执法监测数据与排污单位自动监测数据不一致，执法监测数据符合法定的监测标准和监测方法的，以该执法监测数据作为优先证据使用。

（2）排污单位自行监测

①自动监测

按照监测规范要求获取的自动监测数据计算得到有效日均浓度值（除 pH 值外）与许可排放浓度限值进行对比，超过许可排放浓度限值的，即视为超标。对于应当采用自动监测而未采用的排放口或污染物，即认为不合规。

对于自动监测，有效日均浓度是对应于以每日为一个监测周期，在周期内获得的某个污染物的多个有效监测数据的平均值。在同时监测污水排放流量的情况下，有效日均值是以流量为权重的某个污染物的有效监测数据的加权平均值；在未监测污水排放流量的情况下，有效日均值是某个污染物的有效监测数据的算术平均值。

自动监测的有效日均浓度应根据《水污染源在线监测系统运行与考核技术规范（试行）》（HJ/T 355）和《水污染源在线监测系统数据有效性判别技术规范（试行）》（HJ/T 356）等相关文件确定。由于自动监测系统故障等原因导致自动监测数据缺失的，应当参照《地表水和污水监测技术规范》（HJ/T 91）要求和手工监测替代进行补遗。

②手工监测

对于未要求采用自动监测的排放口或污染物，应进行手工监测，按照自行监测方案、监测规范进行手工监测，当日各次监测数据有效平均值（或当日混合样监测数据）超标的，即视为超标。

3.7.3.2 排放量合规

废水排放口污染物排放量符合许可证要求是指企业所有废水排放口各项污染物年实

际排放量之和不超过相应污染物的年许可排放量。

3.7.4 管理要求

排污单位按照自行监测方案开展自行监测；按照排污许可证中环境管理台账记录要求记录相关内容，记录频次、形式等满足许可证要求；按照许可证中执行报告要求定期上报，上报内容符合要求等；按照许可证要求定期开展信息公开。特别注意的是，对于污染控制措施，既要满足《技术规范》第 6.2 部分“运行管理要求”及其他相关标准中的规定，又要满足特殊时段污染防治要求。

4 排污许可证申报

4.1 排污许可证申报流程

企业需要在“全国排污许可证管理信息平台-公开端”填报 14 张主要页面，分别为：（1）排污单位基本情况；（2）主要产品及产能；（3）主要原辅材料及燃料；（4）排污节点、污染物及污染治理设施；（5）大气污染物排放信息-排放口；（6）大气污染物排放信息-有组织排放信息；（7）大气污染物排放信息-无组织排放信息；（8）大气污染物排放信息-企业大气排放总许可量；（9）水污染物排放信息-排放口；（10）水污染物排放信息-申请排放信息；（11）环境管理要求-自行监测要求；（12）环境管理要求-环境管理台账记录要求；（13）有核发权的地方生态环境主管部门依法增加的管理内容；（14）相关附件。企业应按照（1）—（14）的顺序进行填报。

4.2 排污许可证申报所需准备的材料

由于填报时需要填报企业设计数据、企业现有情况以及总量计算过程等多项内容，因此在进行填报排污许可证各申请表实际填报之前，企业应准备需要参考的资料，该资料将作为排污许可证申报的主要依据，各申请表所需材料或数据名称见表 4-1。

表 4-1 排污许可证各申请表所需材料

序号	申报名称	需要资料/数据名称
1	排污单位基本情况	经营许可证；全部环境影响评价报告（或表）及其批复文件；地方政府对违规项目的认定或备案文件（根据企业实际情况）；主要污染物总量分配计划文件（根据企业实际情况）
2	主要产品及产能	各生产设施设计文件；包含各生产设施涉及参数情况的环境影响评价报告书（或表）
3	主要原辅材料及燃料	全厂设计原料及辅料信息、燃料信息；生产工艺流程图；厂区总平面布置图

序号	申报名称	需要资料/数据名称
4	排污节点、污染物及污染治理设施	各污染治理设施设计文件；包含各污染治理设施涉及参数情况的环境影响评价报告书（或表）；有组织排放口编号（在线监测排放口编号、执法监测使用编号、按照《固定污染源（水、大气）编码规则（试行）》编号）
5	大气污染物排放信息-排放口	排放口地理坐标、排气筒高度、出口内径及排气温度
6	大气污染物排放信息-有组织排放信息	GB 31570、GB 31571、GB 31572 等国家及地方排放标准；申请年排放量计算过程
7	大气污染物排放信息-无组织排放信息	GB 31570、GB 31571、GB 31572 等国家及地方排放标准；申请年排放量计算过程
8	大气污染物排放信息-企业大气排放总许可量	全厂总量控制指标
9	水污染物排放信息-排放口	排放口信息、受纳自然水体/污水处理厂信息；GB 31570、GB 31571、GB 31572 等国家或地方污染物排放标准
10	水污染物排放信息-申请排放信息	GB 31570、GB 31571、GB 31572 等国家或地方污染物排放标准；申请年排放量限值计算过程
11	环境管理要求-自行监测要求	自行监测方案
12	环境管理要求-环境管理台账记录要求	企业自行制定的台账记录内容
13	地方生态环境主管部门依法增加的管理内容	有核发权的地方生态环境主管部门增加的管理内容信息；需要改正的措施信息
14	相关附件	守法承诺书（需法人签字）；排污许可证申领信息公开情况说明表；符合建设项目环境影响评价程序的相关文件或证明材料；通过排污权交易获取排污权指标的证明材料；排污口和监测孔规范化设置情况说明材料

4.3 排污许可证平台注册

（1）注册流程

建议企业使用 IE9 及以上版本的浏览器登录“全国排污许可证管理信息平台-公开端”（http：//permit.mee.gov.cn/）进行平台注册（见图 4-1）。其他浏览器可能出现无法上传附件、无法点击“添加”按钮或无法保存等情况。

点击图 4-1 中“网上申报”按钮，即可进入“全国排污许可证管理信息平台-企业端”（见图 4-2）。

图 4-1 全国排污许可证管理信息平台-公开端

图 4-2 全国排污许可证管理信息平台-企业端

首次填报的企业，应点击图 4-2 中“注册”按钮，并根据系统中内容进行注册。

（2）注意事项

①“*”为必填内容。

②“注册地址”及“生产经营场所地址”应与企业营业执照上信息相同。

③“行业类别”一项应根据《国民经济行业分类》（GB/T 4754—2017），并结合企业实际情况在“精炼石油产品制造（C251）”“基础化学原料制造（C261）”“合成材料制造（C265）”三种类别中进行选择。

4.4 排污许可证平台填报及注意事项

（1）平台登录

注册完成后返回图 4-2 界面，输入账号和密码登录，即可进入“业务办理”界面。点击“许可证申请”按钮，即进入“许可证申请”界面，包括“首次申请”和“补充申请”两个选项。第一次申请排污许可证的单位应点击“首次申请”进行网上填报。

对于已完成其他行业（如火电行业）申报的石化工业排污单位，应使用同一账号点击“补充申请”，进行石化工业相关类别下装置和设施的补充申报。

以首次申请为例，点击“首次申请”按钮，将弹出图 4-3 所示的对话框，点击“我要申报”按钮，将进入企业填报信息界面，自动弹出“阅读填报指南”界面，该界面对填报内容进行了简要介绍，填报单位应结合《排污许可证申请与核发技术规范　石化工业》（HJ 853—2017）相关要求阅读相关内容，在充分理解规范要求的基础上，填报单位开始进行网上填报工作。

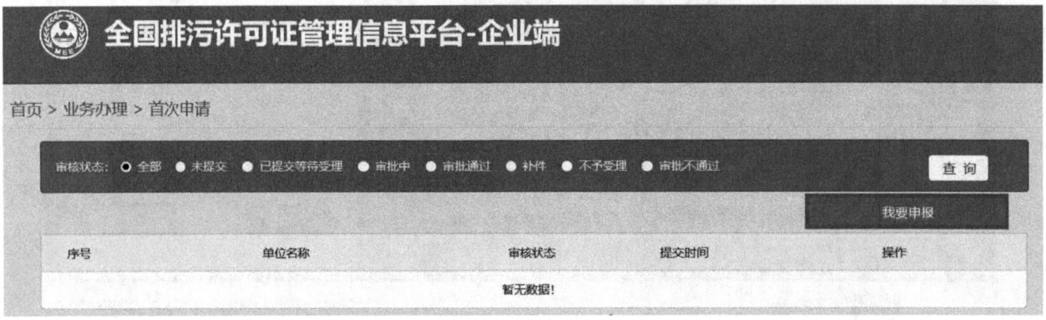

图 4-3　“我要申报”界面

（2）注意事项

后续所有填报界面表单中带“*”为必填项，没有相应内容的填“/”。

4.4.1 排污单位基本情况-排污单位基本信息

（1）填报流程

“排污单位基本信息”填报界面如图 4-4 所示。

主要包括排污许可证管理类别、单位名称、注册地址、生产经营场所地址、邮政编码、行业类别、是否投产、生产经营场所中心经纬度、统一社会信用代码、法定代表人、技术负责人、所在地是否属于大气重点控制区、所在地是否属于总磷控制区、所在地是否属于总氮控制区、所在地是否属于重金属污染物特别排放限值实施区域、是否位于工业园区、环境影响评价审批文件文号或备案编号、是否有主要污染物总量分配计划文件等信息。完成排污单位基本信息填报后点击“暂存”和“下一步”。

图 4-4　排污单位基本信息界面

（2）注意事项

①“生产经营场所中心经纬度”坐标可通过“选择”按钮进入排污许可管理信息平台中的 GIS 系统。可以手动填写，也可以通过点击“拾取”填写。手动输入经度和纬度，点击“定位”，核实无误后点击“确定”。或者在弹出的地图中通过“拾取”进行定位，点击“定位”后，经纬度会自动显示在文本框中，最后点击“确定”按钮，即可完成中心经纬度选择。

②应依据《国务院关于印发“十三五”生态环境保护规划的通知》、《重金属污染物特别排放限值实施区域清单》、《关于执行大气污染物特别排放限值的公告》和《关于京津冀大气污染传输通道城市执行大气污染物特别排放限值的公告》确定排污单位是否属于大气重点控制区、总磷控制区、总氮控制区、重金属污染物特别排放限值实施区域。

③排污单位所有建设项目的“环境影响评价审批文件文号或备案编号”应填报齐全，可通过点击“添加文号”进行填报；若企业有总量分配文件，应在“是否有主要污染物总量分配计划文件”选项中选择“是”，并填写“总量分配计划文件文号”，随后点击“添加污染物”填报污染物总量分配指标。

4.4.2 排污单位基本情况-主要产品及产能

“主要产品及产能”的填报界面如图 4-5 所示，该界面是平台申报的核心界面之一，主要包括行业类别、生产装置名称、生产装置编号、主要工艺名称、生产设施名称、生产设施编号、储罐统计表、设备与管线组件密封点数量统计等内容。

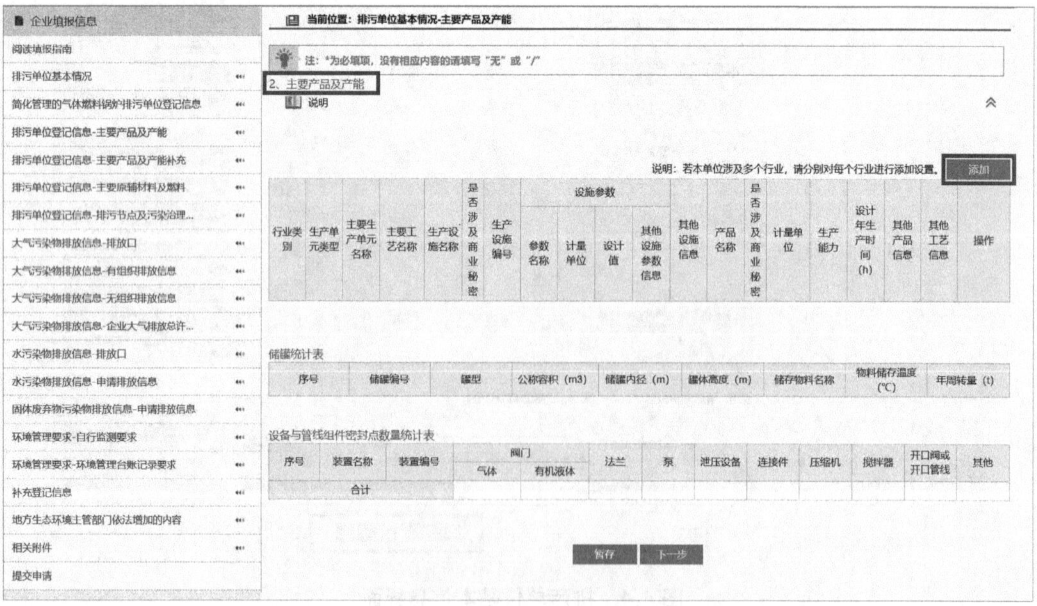

图 4-5　主要产品及产能填报界面

在进行平台填报时，排污单位可能涉及多个行业，可通过图 4-5 中“添加”按钮进行分别填报。点击“添加”按钮后将弹出如图 4-6 所示的对话框。

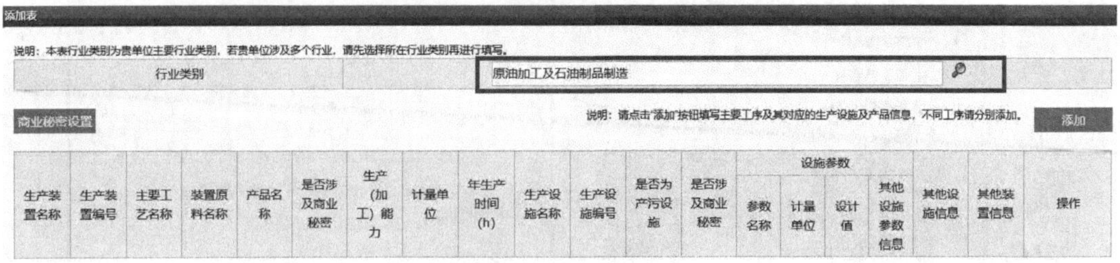

图 4-6　行业类别对话框

点击放大镜图标按钮，将弹出如图 4-7 所示的“选择行业”界面，通过菜单中“行业名称”选择对应的行业类别，也可通过输入“行业编码”进行“查找”的方式找到对应的行业类别。例如，原油加工及石油制品制造（输入 C2511 进行查找）、人造原油制造（输入 C2512 进行查找）；以石油馏分、天然气等为原料，生产有机化学品、合成树脂、合成纤维、合成橡胶等工业，选择基础化学原料制造（输入 C261 进行查找）；初级塑料或者原状塑料的生产、合成橡胶制造、合成纤维单（聚合）体制造、陶瓷纤维等特种纤维及其增强的复合材料的制造等，选择合成材料制造（输入 C265 进行查找）。

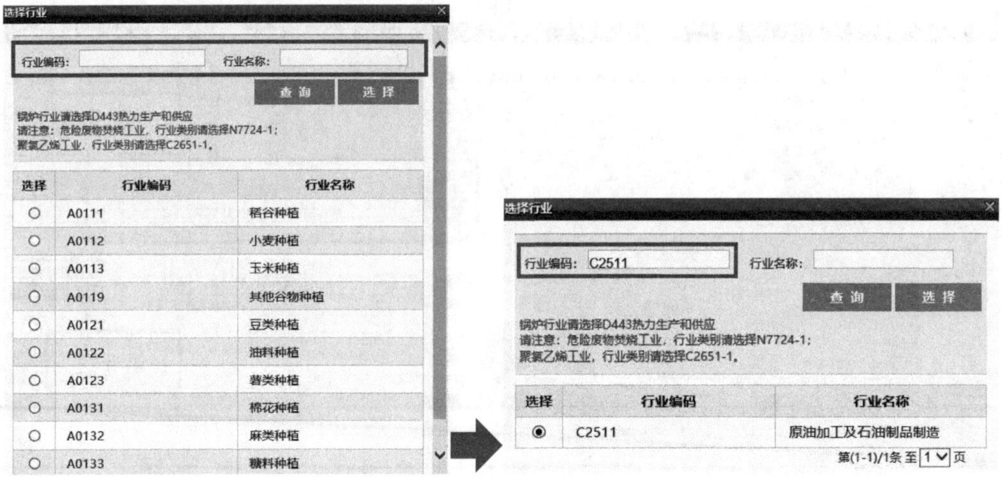

图 4-7　选择行业界面

（1）主体生产装置信息

“主体生产装置信息”的填报界面如图 4-8 所示，应在该表中填报主体生产装置的相关信息。

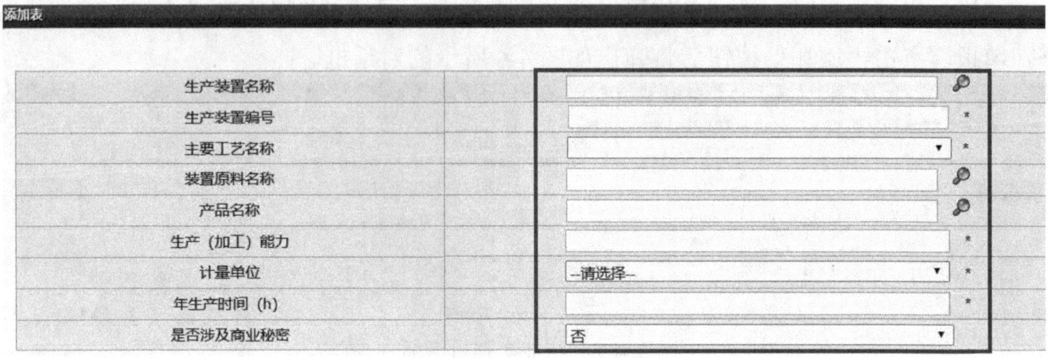

图 4-8　主体生产装置信息填报界面

“生产设施及参数信息”的填报界面如图 4-9 所示。首先点击第一步中“添加设施”按钮，完成第二步中生产装置基本信息填报后点击“添加设施参数”按钮，完成第三步中装置参数信息填报后点击“保存”和“关闭”按钮。

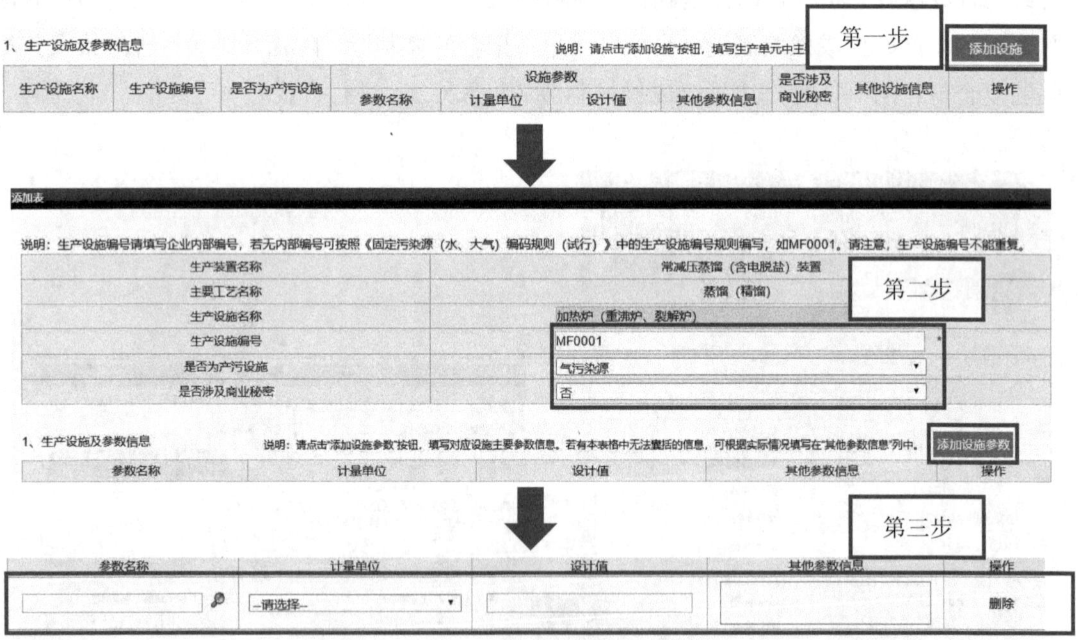

图 4-9　生产设施及参数信息填报界面

生产设施及参数信息填报完成后，根据企业泄漏检测与修复（LDAR）开展实际情况在图 4-10 中继续填报每套生产装置设备与管线组件密封点的数量。

2、设备与管线组件密封点数量统计表

密封点类型	介质状态	数量（个）
阀门	气体	
	有机液体	
法兰	/	
泵	/	
泄压设备	/	
连接件	/	
压缩机	/	
搅拌器	/	
开口阀或开口管线	/	
其他	/	
合计		

图 4-10　设备与管线组件密封点数量统计表填报界面

（2）储存系统

“储存系统”是石化企业重要的组成部分之一。在石化工业排污许可证申请过程中，储存系统也应作为生产装置进行填报，填报内容主要包括不同类型的储罐信息和设备与管线组件密封点数量统计。

点击图 4-11 中“生产装置名称”的放大镜图标按钮，选择“储存系统”，进入“储存系统”填报界面基本信息填报后，继续填报“生产设施及参数信息”。

“储存系统”生产设施为不同类型的储罐，填报可采用“导入法”和“手动添加”两种方法。由于石化工业储罐众多，因此建议优先采用“导入法”。

首先点击“模板下载”按钮，下载 Excel 模板（见图 4-12）。包括导入说明、立式固定顶罐、卧式固定顶罐、内浮顶罐、外浮顶罐 5 个子表单。依据排污单位实际情况在 Excel 模板中完成填报后，在图 4-11 点中击“导入”，将储罐信息表格上传到平台中。

添加表

生产装置名称	储存系统	
生产装置编号		*
主要工艺名称	--请选择--	*
装置原料名称		
产品名称		
生产（加工）能力		*
计量单位	--请选择--	*
年生产时间（h）		*
是否涉及商业秘密	否	

1、生产设施及参数信息　　说明：请点击"添加设施"按钮，填写生产单元中主要生产设施（设备）信息。　模板下载　导入　添加设施

生产设施名称	生产设施编号	是否为产污设施	设施参数				是否涉及商业秘密	其他设施信息	操作
			参数名称	计量单位	设计值	其他参数信息			

图 4-11　储存系统填报界面

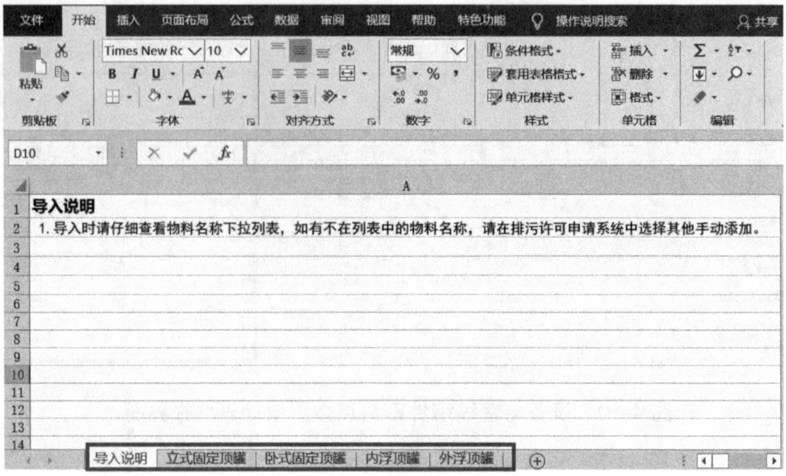

图 4-12　储存系统信息填报 Excel 模板

储罐信息填报完成后，继续填报图 4-10 中储罐的设备与管线组件密封点数量统计表，完成储存系统的填报。

（3）其他系统填报

“装载系统”“供排水系统”“动力系统”“火炬系统”也是石化企业的重要组成部分。填报过程可参考“（1）主体生产装置信息”的填报过程。

（4）注意事项

①同属一个行业类别的生产装置，应在该行业类别继续填报，在图 4-6 中点击“添加”按钮申报。

②企业生产装置和生产设施优先通过放大镜图标查找和下拉列表中进行选择，若列表中未包含的，企业选择“其他”选项后，手动输入。

③“生产装置编号”和“生产设施编号”具有唯一性。可填报企业内部编号，若无内部编号，则根据《排污单位编码规则》进行编号并填报。

④“生产（加工）能力”应为排污单位设计能力，而非实际生产（加工）能力。

⑤储罐信息填报过程中应注意，储存温度应为物料储存温度近 1 年的平均值，周转量应为设计周转量，雷德蒸汽压应为实测值（无实测值时为默认值）。

⑥存在锅炉设备且执行《锅炉大气污染物排放标准》（GB 13271—2014）的排污单位，填报时选择行业“热力生产和供应（D443）”或“锅炉（TY01）”按照锅炉规范填报。

⑦企业根据 LDAR 开展实际情况进行密封点类型及数量的填报；对于每套涉及 VOCs 的生产装置和储运系统、公辅工程等，均要在装置下添加“挥发性有机物流经的设备与管线组件”这一生产设施，并在“设施参数”中填写密封点数量。

⑧若在填报过程中有无法囊括的信息，可根据实际情况填报在“其他信息”中。

4.4.3 排污单位基本情况-主要原辅材料及燃料

"主要原辅材料及燃料"的填报界面如图 4-13 所示，包括原料及辅料信息、燃料信息、生产工艺流程图、生产厂区总平面布置图。

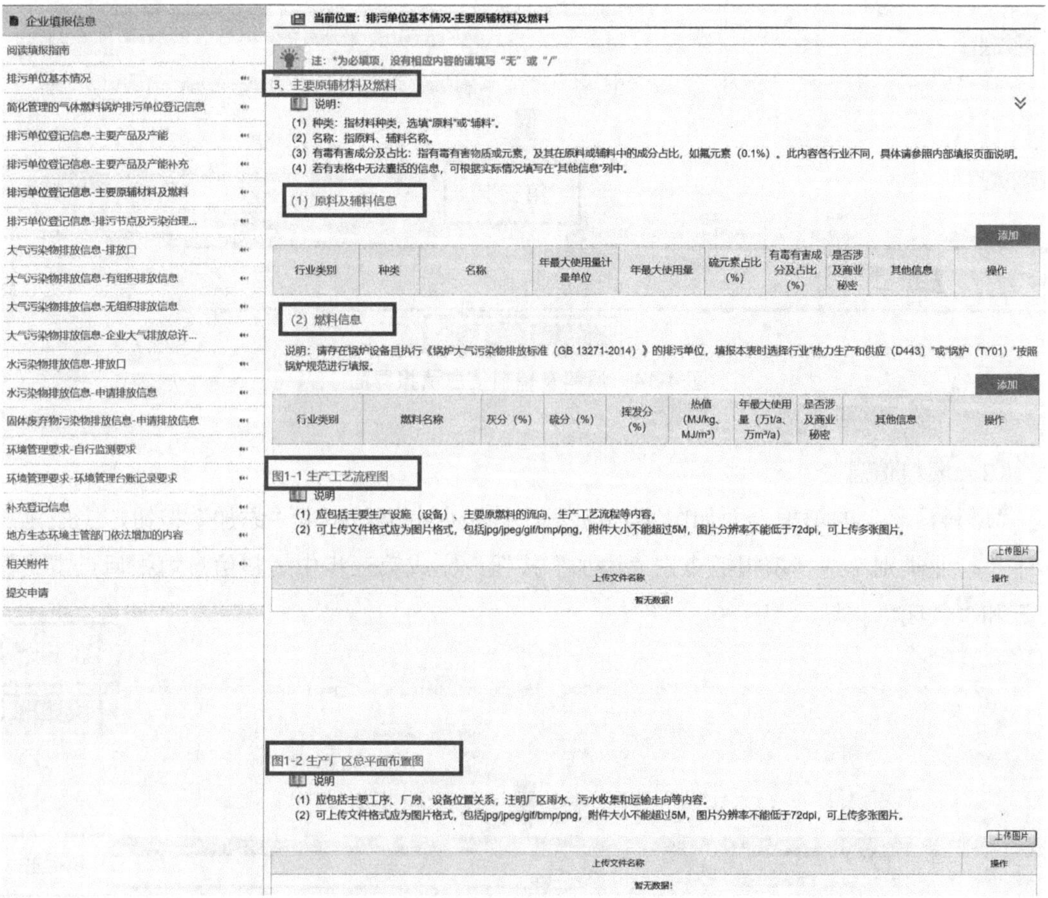

图 4-13 主要原辅材料及燃料填报界面

（1）原料及辅料信息

"原料及辅料信息"的填报界面如图 4-14 所示。首先点击第一步中"添加"按钮，完成第二步中"行业类别"选择填报后点击"添加"按钮，完成第三步中原辅材料信息填报后点击"保存"和"关闭"按钮。

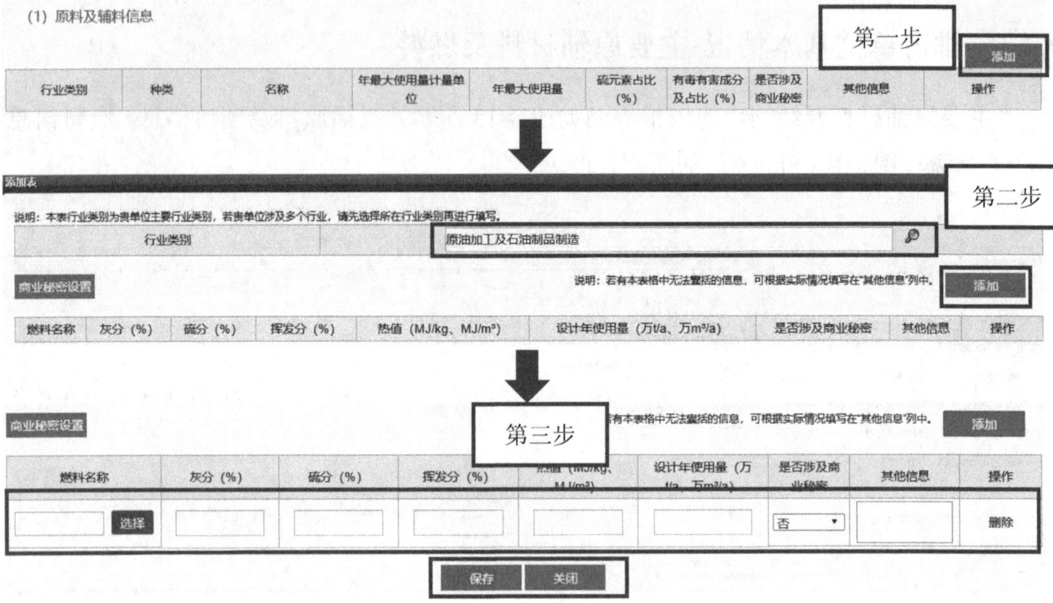

图 4-14　原料及辅料信息填报界面

（2）燃料信息

“燃料信息”的填报界面如图 4-15 所示。首先点击第一步中“添加”按钮，完成第二步中“行业类别”选择填报后点击“添加”按钮，完成第三步中燃料信息填报后点击“保存”和“关闭”按钮。

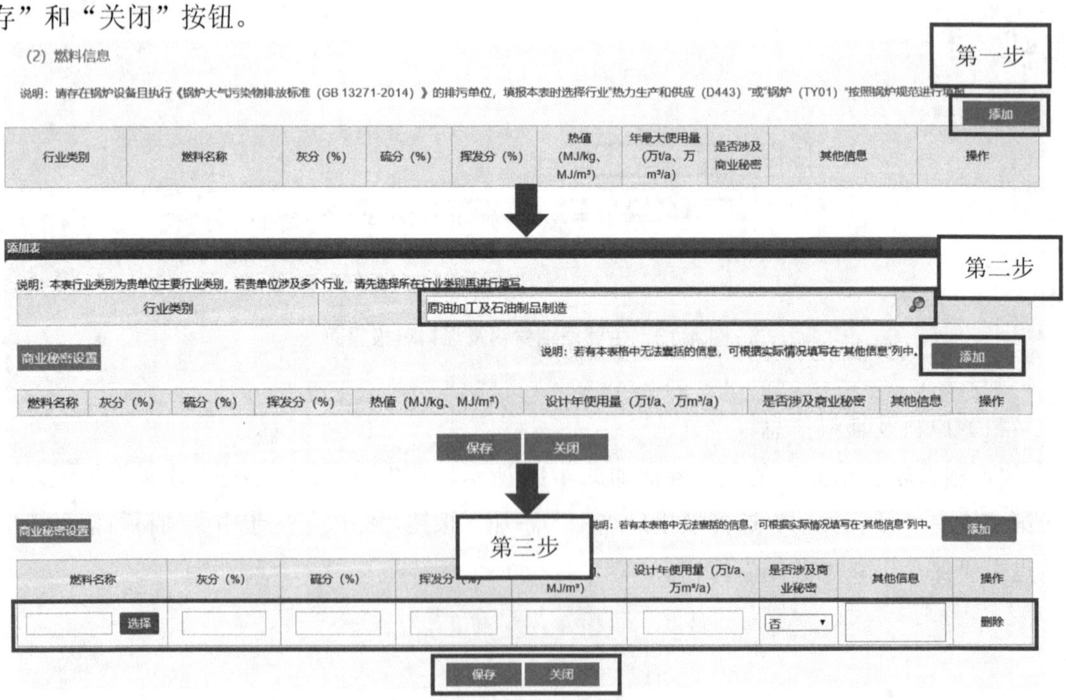

图 4-15　燃料信息填报界面

（3）生产工艺流程图和生产厂区总平面布置图

原辅料、燃料信息填报完成后，返回至“主要原辅材料及燃料”表下半部（见图 4-16）。分别点击“上传图片”按钮，从填报人员电脑中选取“生产工艺流程图”与“生产厂区平面布置图”进行上传，上传完毕后完成点击“暂存”和“下一步”。

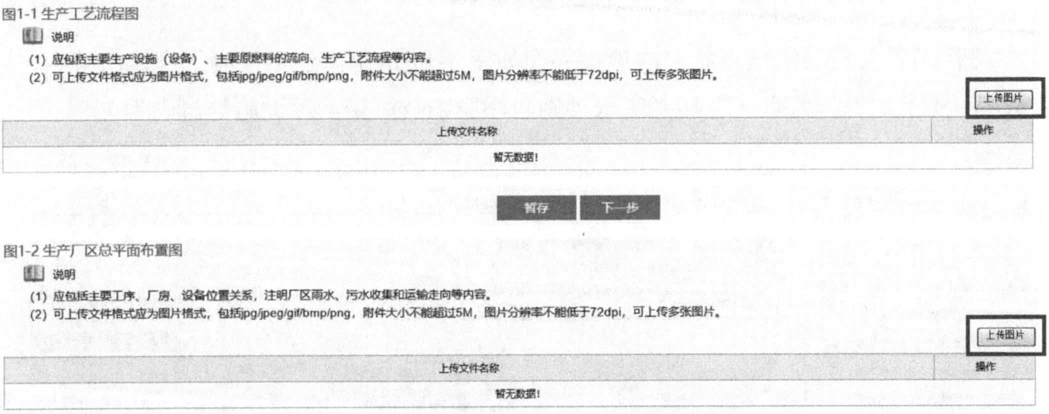

图 4-16　生产工艺流程图和生产厂区总平面布置图上传界面

（4）注意事项

①应填报年使用量大于 10 t 的原料、辅料及燃料的名称和设计使用量，其中属于《危险化学品目录》的原料、辅料及燃料，应全部填报。

②“原料及辅料信息”中原料油的硫、镍、钒、汞含量为必填内容，其他原料和辅料中含有的铅、镉、砷、镍、汞、铬、氯、溴等有毒有害成分为必填内容。种类指材料种类，选填“原料”或“辅料”，名称指原料、辅料名称。有毒有害成分及占比是指有毒有害物质或元素，及其在原料或辅料中的成分占比，如氟元素（0.1%）。此内容各行业不同，具体请参照内部填报页面说明。

③“燃料信息”中煤的硫分、灰分、挥发分、汞含量和低位热值为必填内容，其他燃料中硫分为必填内容，其余为选填内容。物质成分可参考设计值或根据上一年的实际使用情况填报。

④锅炉设备且执行《锅炉大气污染物排放标准》（GB 13271—2014）的排污单位，填报燃料信息表时选择行业“热力生产和供应（D443）”或“锅炉（TY01）”按照锅炉规范进行填报。

⑤“生产工艺流程图”应为全厂总物料加工流程图，图中应标明主要生产装置名称、主要物料走向等。

⑥“生产厂区总平面布置图”应包括主要工序、厂房、设备位置关系，并注明主要生产装置、公用设施等的名称和位置，有组织废气排放口和废水排放口位置等内容。

⑦图片上传文件格式应为图片格式，包括 jpg、jpeg、gif、bmp、png，附件大小不能超过 5 MB，图片分辨率不能低于 72 dpi[①]，可上传多张图片。

⑧若在填报过程中有无法囊括的信息，可根据实际情况填报在“其他信息”中。

4.4.4 排污单位基本情况-排污节点及污染治理设施

“排污节点及污染治理设施”的填报界面如图 4-17 所示。包括“废气产排污节点、污染物及污染治理设施信息表”和“废水类别、污染物及污染治理设施信息表”。

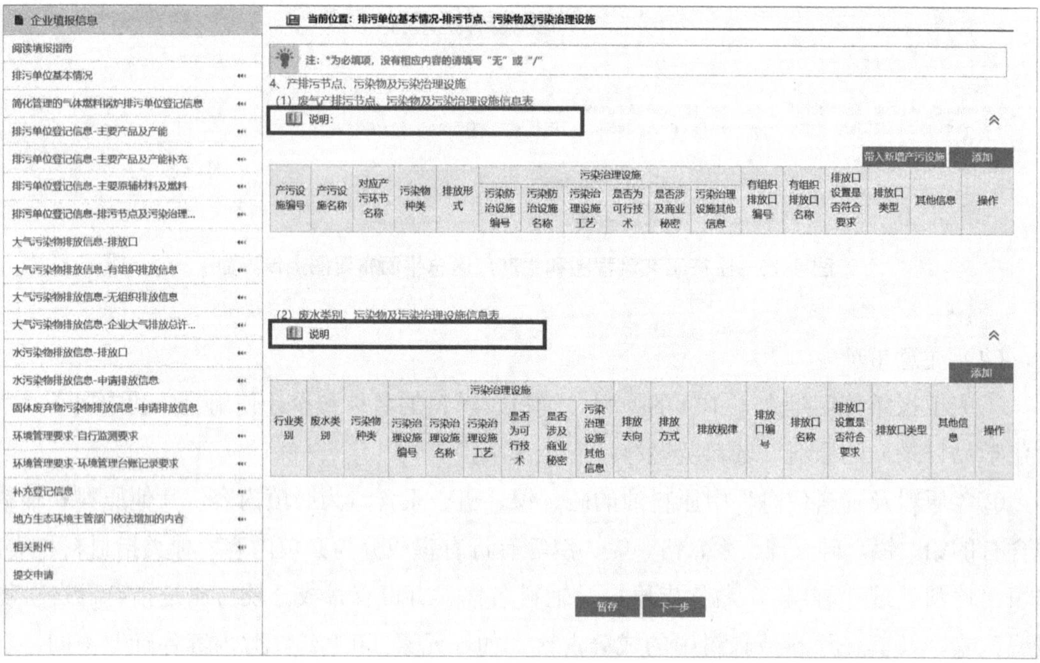

图 4-17　排污节点及污染治理设施填报界面

（1）废气产排污节点、污染物及污染治理设施信息表

“废气产排污节点、污染物及污染治理设施信息表”的填报界面如图 4-18 所示。首先点击第一步中“带入新增生产设施”按钮，该表会带入“主要产品及产能”中被标记为废气污染源的设施，自动生成在第二步中前四列。依次点击第二步和第三步中“编辑”按钮，完成第四步中生产装置对应废气排污与治理设施信息填报后，点击“添加参数信息”按钮，完成第五步中废气治理设施参数填报后点击“保存”和“关闭”按钮。

---

① dpi 指图像每英寸长度内的像素点数。

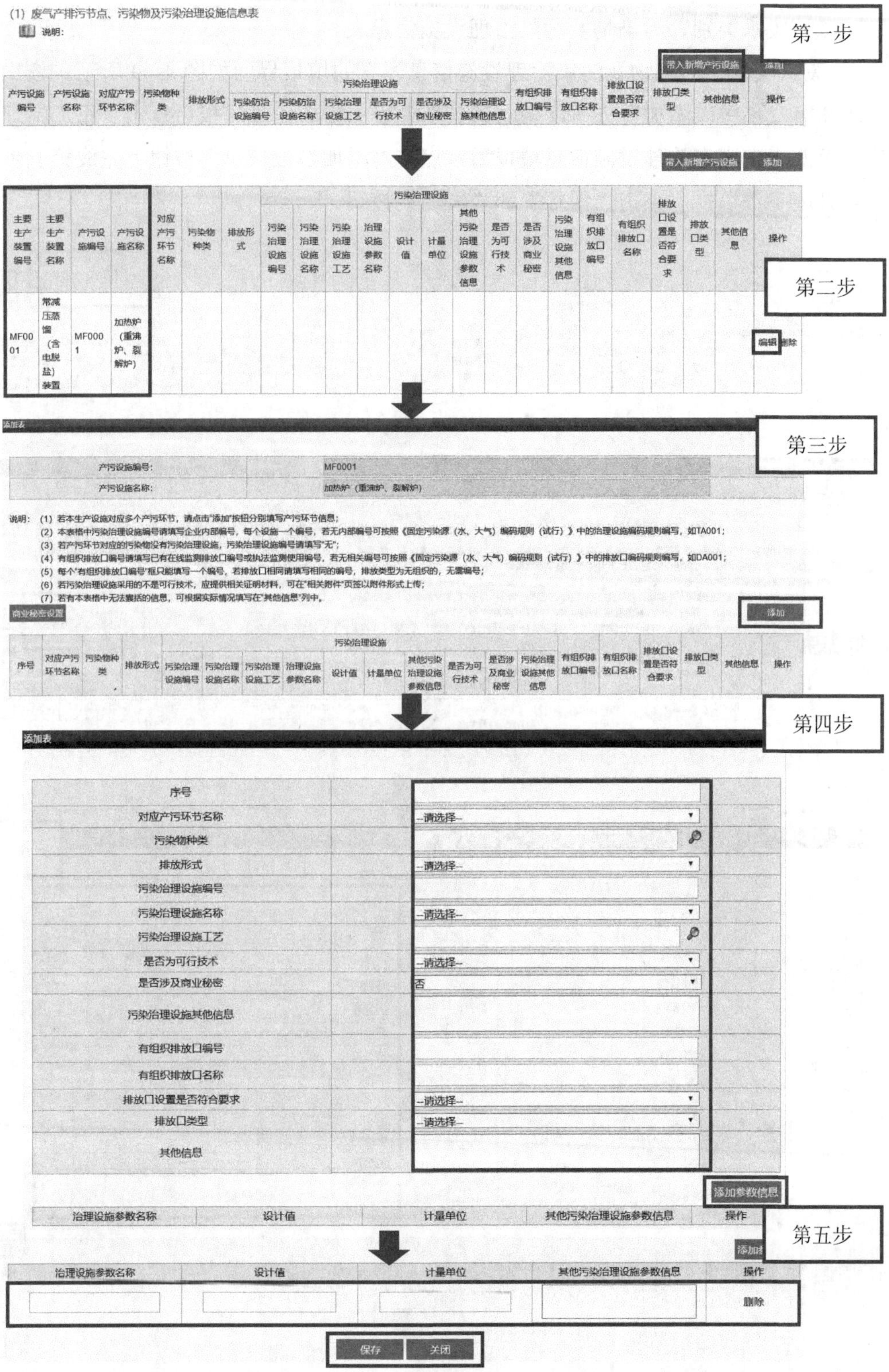

图 4-18 废气产排污节点、污染物及污染治理设施信息填报界面

（2）废水类别、污染物及污染治理设施信息表

“废水类别、污染物及污染治理设施信息表”的填报界面如图 4-19 所示。依次点击第一步和第二步中“添加”按钮，完成第三步中废水排放信息填报后点击“添加治理设施”，完成第四步中废水治理设施信息填报后，点击“添加参数信息”按钮，完成第五步中废水治理设施参数填报后点击“保存”和“关闭”按钮。

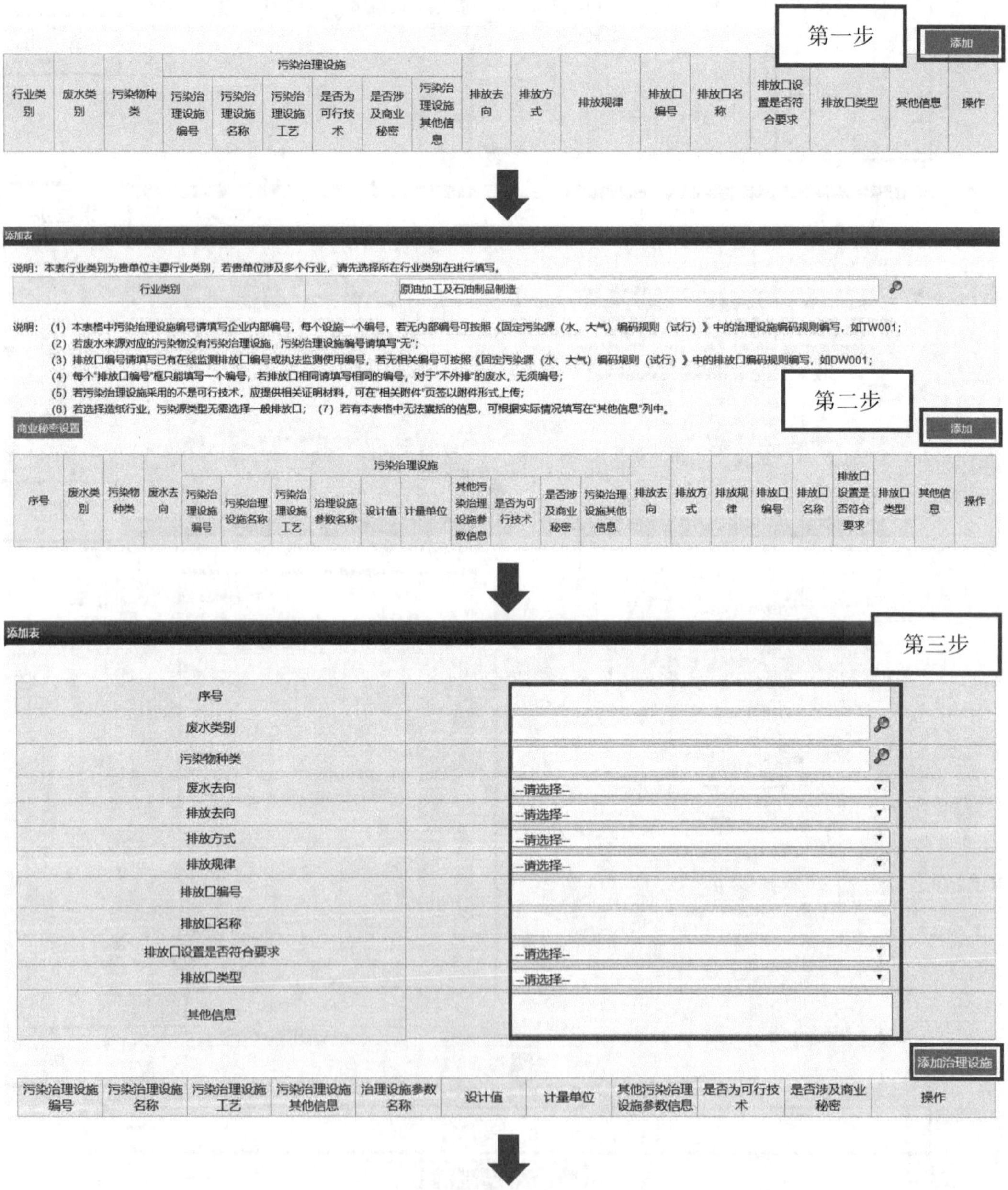

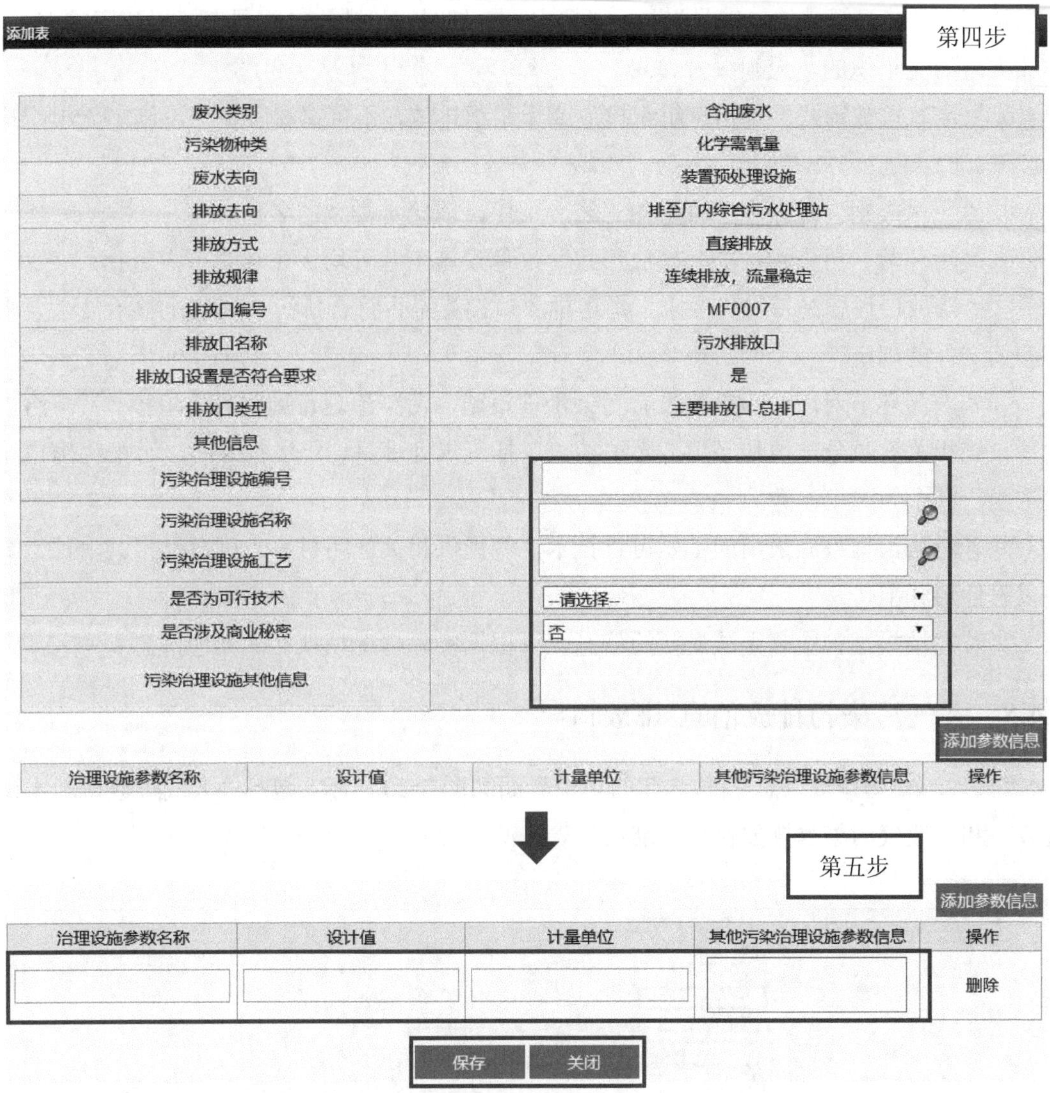

图 4-19　废水类别、污染物及污染治理设施信息填报界面

（3）注意事项

①污染治理设施编号应填报排污单位内部污染治理设施编号，若无内部编号，则根据《固定污染源（水、大气）编码规则（试行）》进行编号并填报。

②排放口编号应填报地方生态环境主管部门已有排放口编号，若地方生态环境主管部门未对排放口进行编号，按照《固定污染源（水、大气）编码规则（试行）》进行编号并填报。

③每个“有组织排放口编号”框只能填报一个编号，若排放口相同应填报相同的编号。排放类型为无组织的，无须编号。

④“废气排放形式”是指有组织排放或无组织排放，不可遗漏各生产设施中无组织排放废气。

⑤“废水类别”是指产生废水的工艺、工序，或废水类型的名称。

⑥产污环节、污染物种类、排放形式、治理设施工艺等均优先从菜单中选择。

⑦“排放口设置是否符合要求”是指排放口设置是否符合排污口规范化整治技术要求等相关文件的规定。

⑧若产污环节对应的污染物没有污染治理设施，污染治理设施编号请填报“/”。污染治理设施相关参数分选填和必填，必填参数包括废气处理量、年运行时间、污染物出口排放浓度，其余为选填参数。

⑨若污染治理设施采用的不是可行技术，应提供相关证明材料，可在“相关附件”页签以附件形式上传。

⑩若在填报过程中有无法囊括的信息，可根据实际情况填报在“其他信息”中。

4.4.5 大气污染物排放信息-排放口

“大气污染物排放信息-排放口”的填报界面如图 4-20 所示，包括“大气排放口基本情况表”和“废气污染物排放执行标准信息表”两部分。

图 4-20 大气污染物排放口信息填报界面

（1）大气排放口基本情况表

“大气排放口基本情况表”的填报界面如图 4-21 所示，前三列为平台自动生成，需要填报的内容主要为排放口经纬度坐标、排气筒高度、出口内径和排气温度。首先点击第一步中“编辑”按钮，完成第二步中排气筒基本信息填报后点击“保存”和“关闭”按钮。

图 4-21　大气排放口基本情况表填报界面

（2）废气污染物排放执行标准信息表

“废气污染物排放执行标准信息表”的填报界面如图 4-22 所示，前三列为平台自动生成，应在此处填报每个排口各污染物所执行的国家或地方污染物排放标准名称。点击图 4-22 中第一步中“编辑”按钮，完成第二步中废气排放标准相关信息填报后点击“保存”和“关闭”按钮。

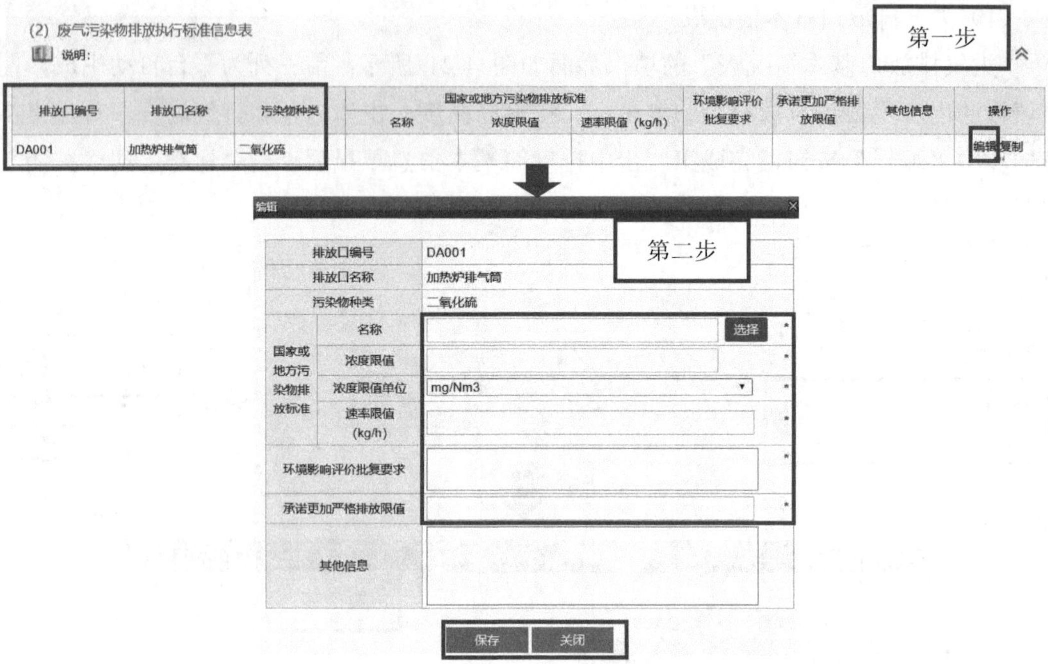

图 4-22　废气污染物排放执行标准信息表填报界面

（3）注意事项

①对于无“速率限值”“浓度限值”“承诺更加严格排放限值”填报需要的废气排放口，应在空白处填报“/”。对于有处理效率要求的废气排放口，在其他信息中标明。

②对于 2015 年 1 月 1 日（含）填报后取得环境影响评价批复的企业，应在“环境影响评价批复要求”中填报环境影响评价及批复的浓度限值。

③对于本平台未纳入的部分地方环保标准，可直接在名称处手动输入标准名称。

④排放口地理坐标是指排气筒所在地的经纬度坐标，可通过点击“选择”按钮在 GIS 地图中点选填报后自动生成。

⑤对于不规则形状排气筒，填报等效内径。

⑥国家或地方污染物排放标准应填写对应排放口须执行的国家或地方污染物排放标准的名称、编号及浓度限值或速率限值。

⑦浓度限值未显示单位的，默认单位为“mg/m^3（标态）”。

⑧若在填报过程中有无法囊括的信息，可根据实际情况填报在“其他信息”中。

4.4.6　大气污染物排放信息-有组织排放信息

“大气污染物排放信息-有组织排放信息”的填报界面如图 4-23 所示，包括主要排放口、一般排放口、全厂有组织排放总计、申报年排放量限值计算过程、申请特殊时段许可排放量限值计算过程。

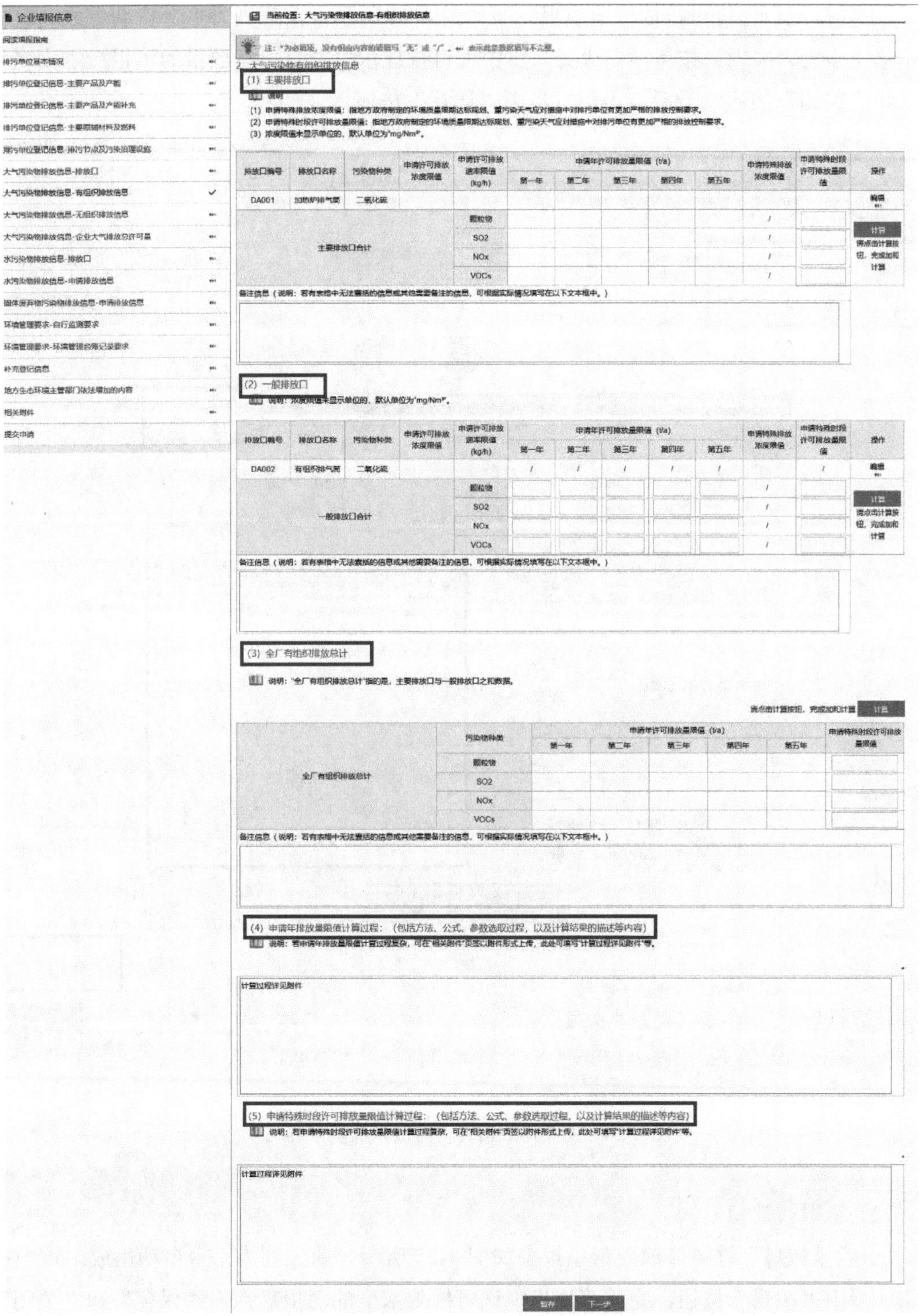

图 4-23 大气污染物有组织排放信息填报界面

（1）主要排放口

“主要排放口”许可排放限值填报界面如图 4-24 所示，前三列为平台自动生成。首先点击第一步中“编辑”按钮，完成第二步中许可排放浓度及许可排放量的填报后点击“保存”和“关闭”按钮，最后点击第三步中“计算”按钮。

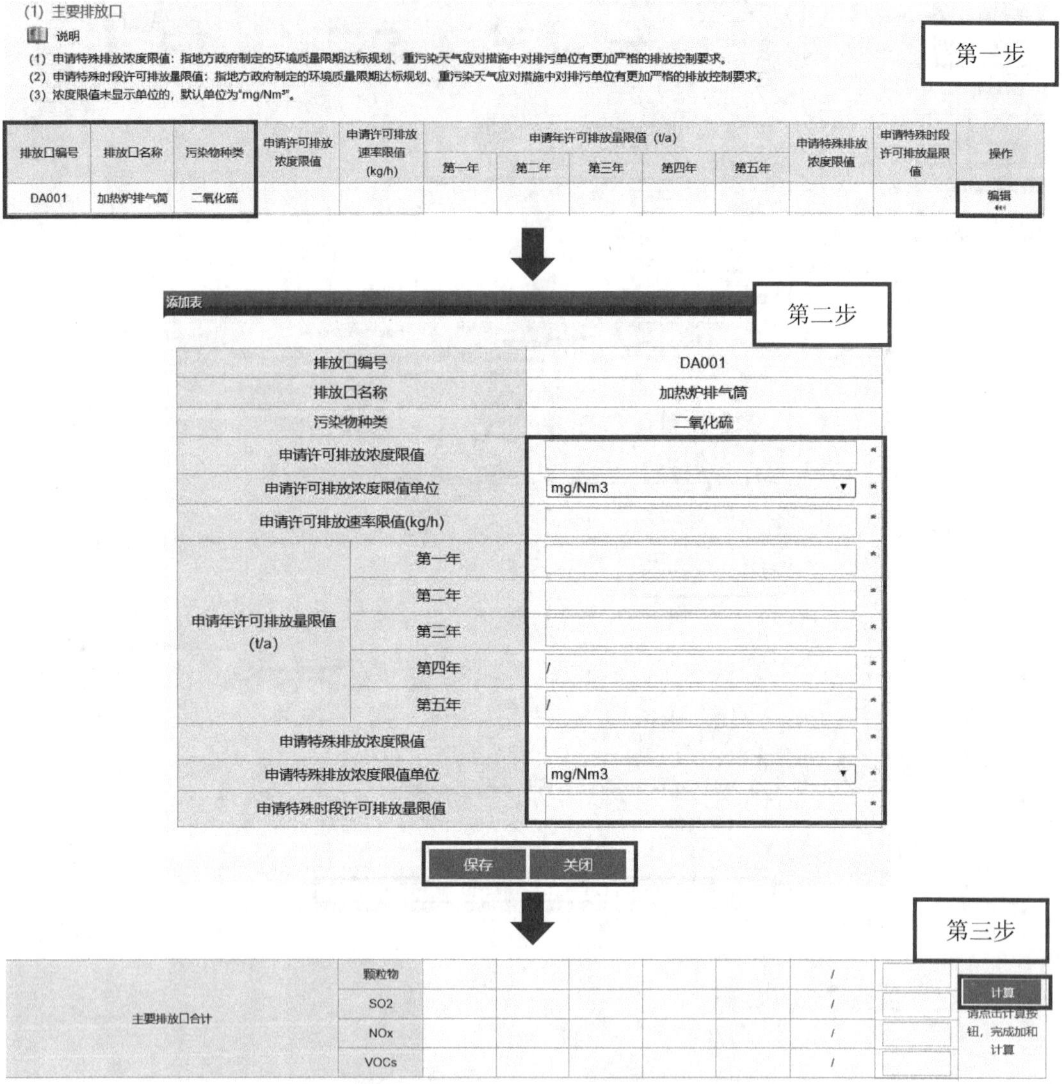

图 4-24　主要排放口许可排放限值填报界面

（2）一般排放口

“一般排放口”许可排放限值填报表如图 4-25 所示，前三列为平台自动生成。首先点击第一步中“编辑”按钮，完成第二步中许可排放浓度的填报后点击“保存”和“关闭”按钮。

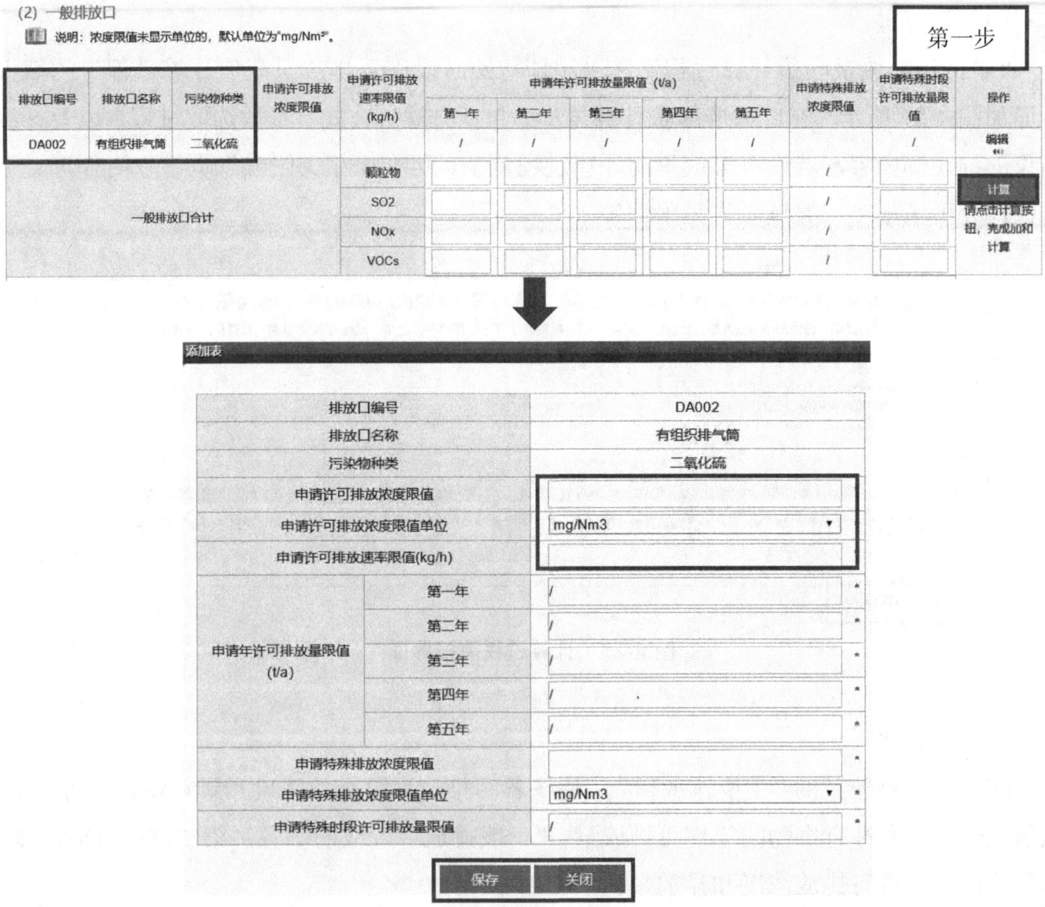

图 4-25　一般排放口许可排放限值填报界面

（3）全厂有组织排放总计

“全厂有组织排放总计”的填报界面如图 4-26 所示，点击“计算”按钮，平台系统将自动完成全厂有组织许可排放量的加和。

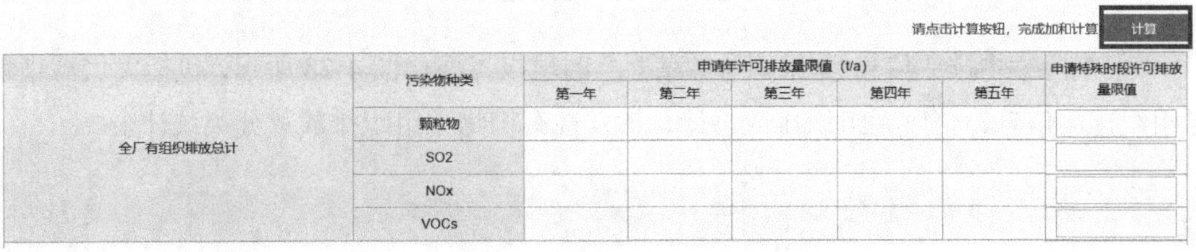

图 4-26　全厂有组织排放总计填报界面

（4）计算过程

“申请年排放量限值计算过程”和“申请特殊时段许可排放量限值计算过程”的填报界面如图 4-27 所示。在此处应填报计算过程，包括方法、公式、参数选取过程，以及计算结果的描述等内容，若许可排放量的计算过程复杂，可在“相关附件”页签以附件形式上传，此处可填报“计算过程详见附件”。

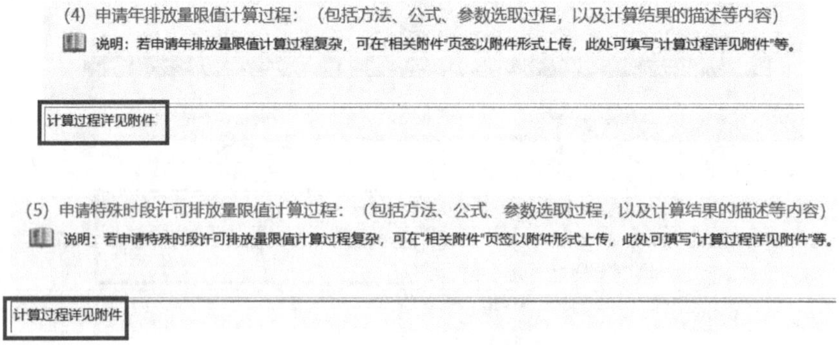

图 4-27　计算过程填报界面

（5）注意事项

①有组织排放源的“主要排放口”应明确各污染物许可排放浓度和颗粒物、二氧化硫、氮氧化物、挥发性有机物的年许可排放量。“一般排放口”应明确各污染物许可排放浓度，特殊排放口不许可排放浓度和排放量。

②2015 年 1 月 1 日（含）后取得环境影响评价批复的排污单位，许可排放限值还应同时满足环境影响评价文件和批复要求。

③申请特殊排放浓度限值和申请特殊时段许可排放量限值是指地方政府制定的环境质量限期达标规划、重污染天气应对措施中对排污单位有更加严格的排放控制要求。

④浓度限值未显示单位的，默认单位为“mg/m^3（标态）”。

4.4.7　大气污染物排放信息-无组织排放信息

“大气污染物排放信息-无组织排放信息”的填报界面如图 4-28 所示，包括大气污染物无组织排放信息、全厂无组织排放总计、挥发性有机物无组织排放量分类统计表。

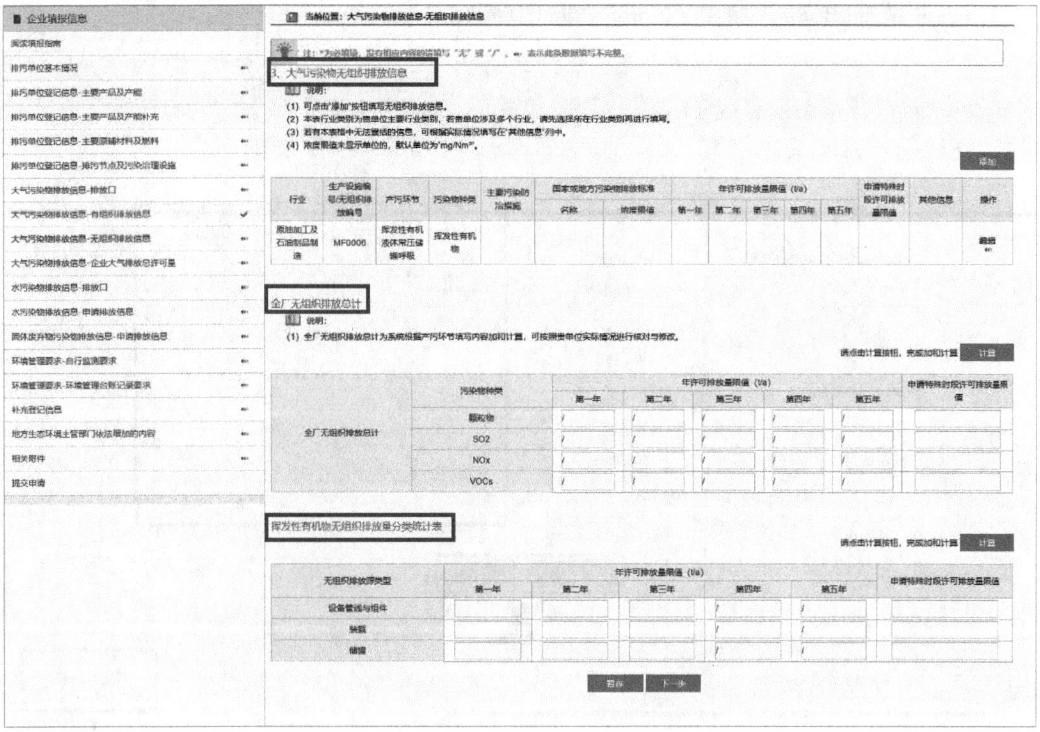

图 4-28　大气污染物无组织排放信息填报界面

（1）大气污染物无组织排放信息

“大气污染物无组织排放信息”填报界面如图 4-29 所示，前四列为平台自动生成。首先点击第一步中“编辑”按钮，完成第二步中许可排放浓度及许可排放量的填报后点击“保存”和“关闭”按钮，依次点击第三步和第四步中“计算”按钮后点击“暂存”和“下一步”。

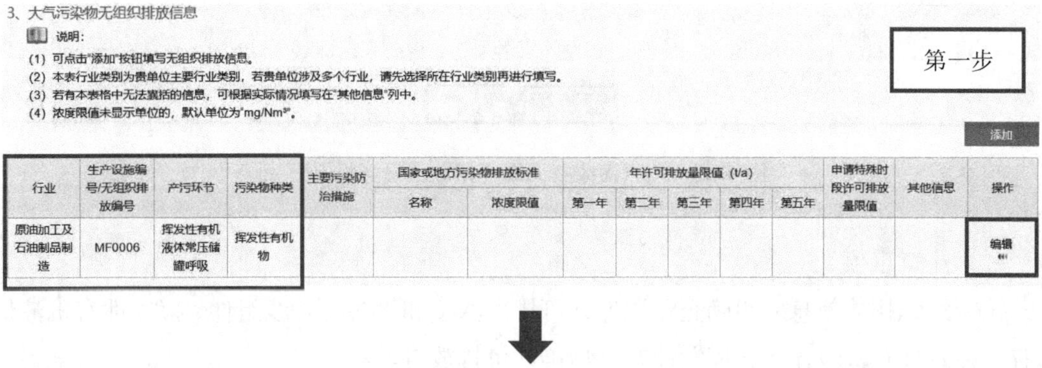

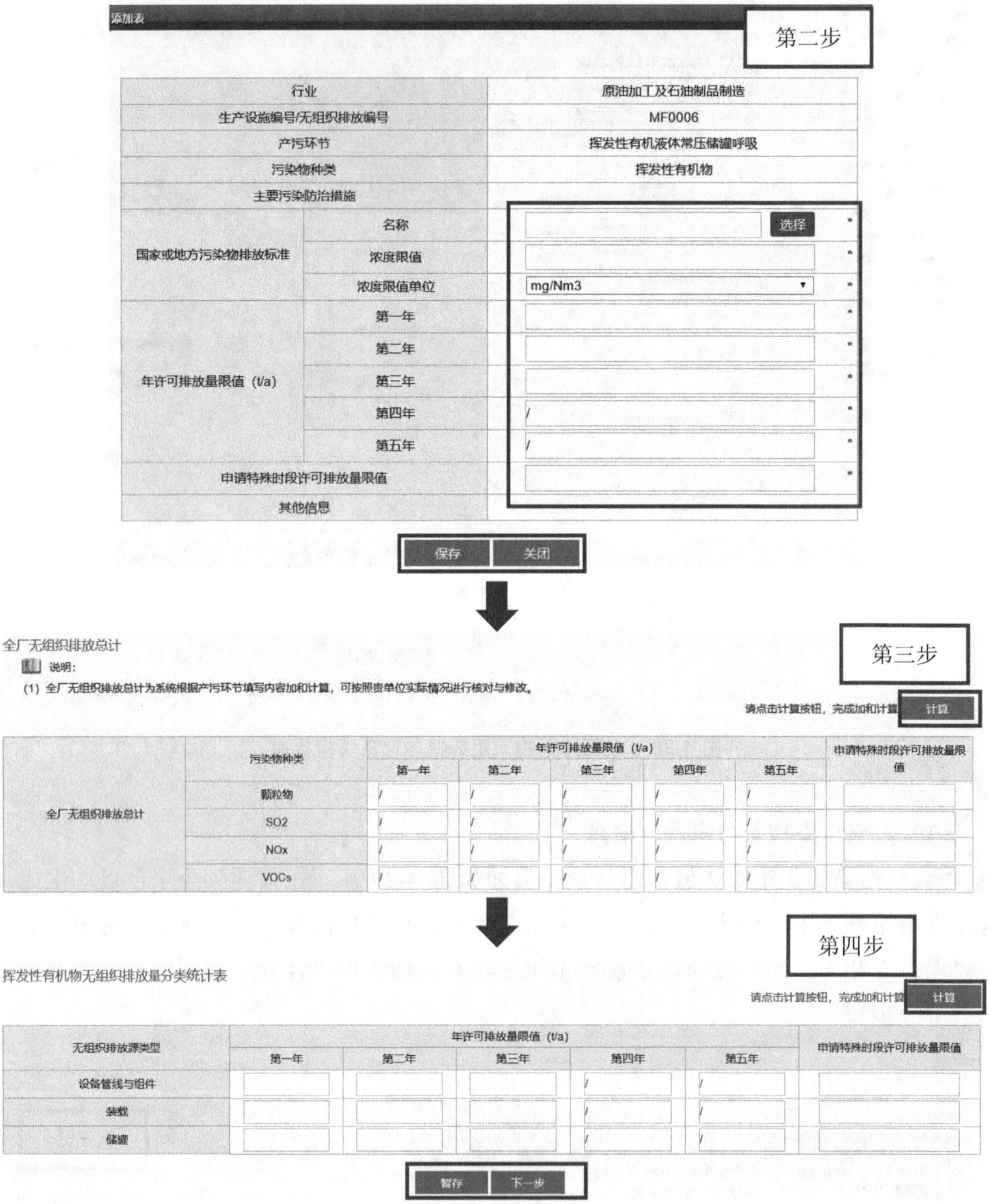

图 4-29　大气污染物无组织排放信息填报界面

（2）注意事项

①无组织排放信息应明确企业边界许可排放浓度和设备与管线组件、挥发性有机液体储存、挥发性有机液体装载挥发性有机物年许可排放量。

②无组织排放总量仅许可“挥发性有机物”这一项污染因子，其余均应填报“/”。

③VOCs 许可排放量仅许可“设备与管线组件密封点”“挥发性有机液体储罐”“挥发性有机液体装载”3 个源项排放量，挥发性有机液体储罐排放量平台可实现在线核算。

④浓度限值未显示单位的，默认单位为“mg/m^3（标态）”。

⑤若在填报过程中有无法囊括的信息，可根据实际情况填报在“其他信息”中。

4.4.8　大气污染物排放信息-企业大气排放总许可量

“企业大气排放总许可量”为系统自动生成（见图 4-30）。点击“暂存”和“下一步”时，某污染物的许可排放量大于总量控制指标，应进行系统反算。

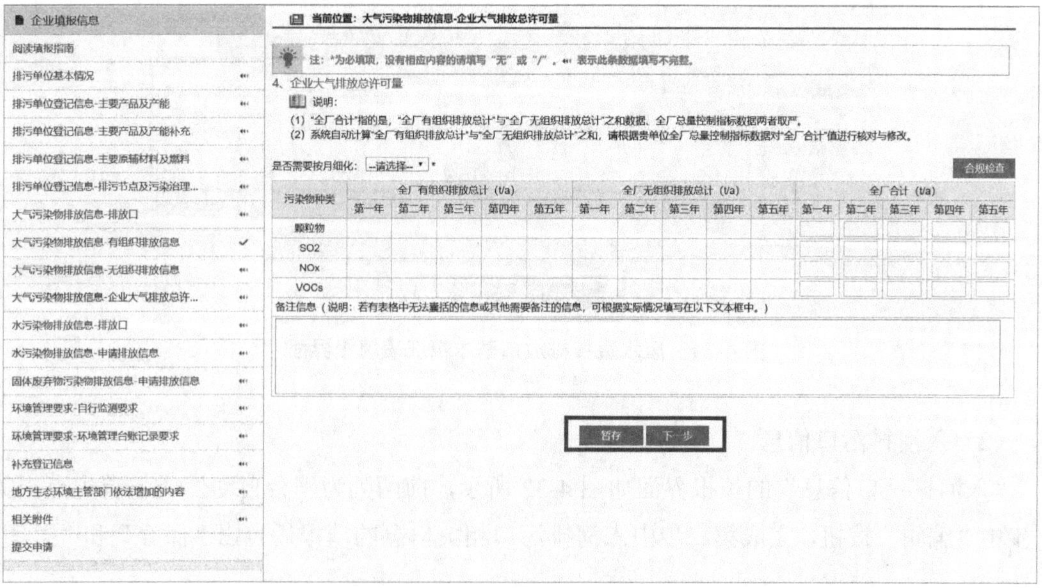

图 4-30　企业大气排放总许可量界面

4.4.9　水污染物排放信息-排放口

“水污染物排放信息-排放口”包括废水直接排放口基本情况表、入河排污口信息、雨水排放口基本情况表、废水间接排放口基本情况表、废水污染物排放执行标准表。

（1）废水直接排放口基本情况表

“废水直接排放口基本情况表”的填报界面如图 4-31 所示，排放口编号、排放口名称、排水去向、排放规律为平台自动生成。首先点击第一步中“编辑”按钮，完成第二步中排放口地理坐标及受纳水体相关信息的填报后点击“保存”和“关闭”按钮。

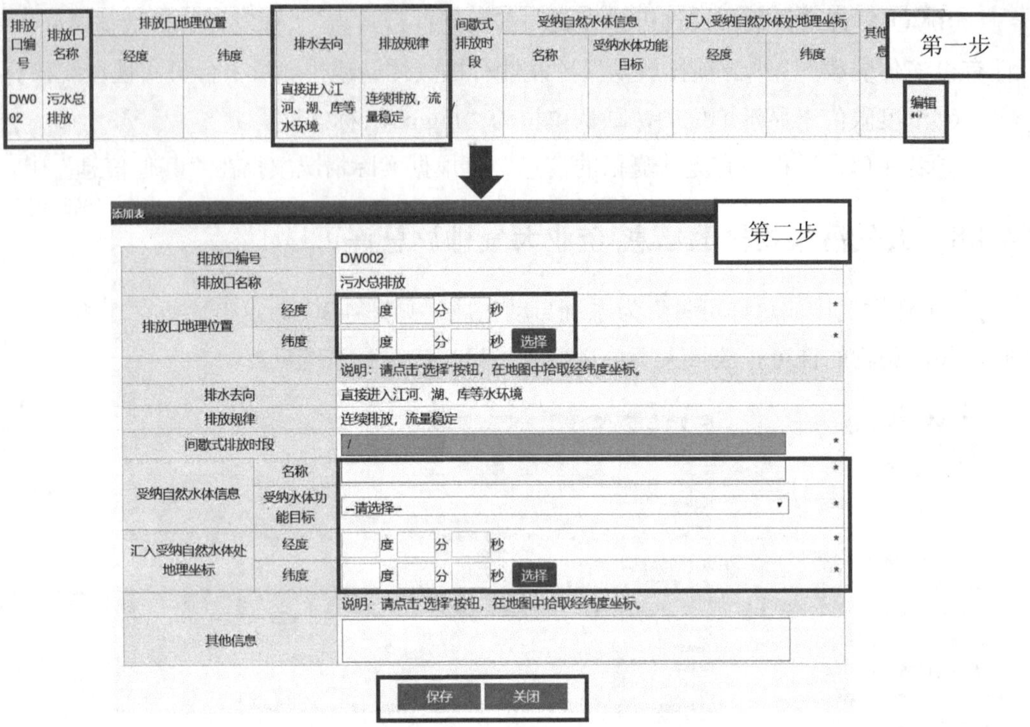

图 4-31　废水直接排放口基本情况表填报界面

（2）入河排污口信息

“入河排污口信息”的填报界面如图 4-32 所示，前两列为平台自动生成。首先点击第一步中“编辑”按钮，完成第二步中入河排污口相关信息的填报后点击“保存”和“关闭”按钮。

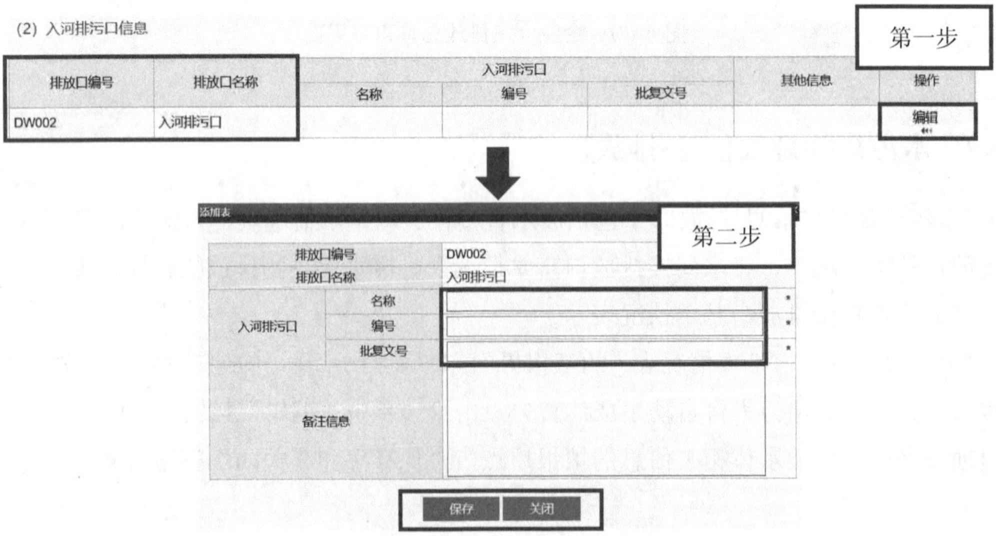

图 4-32　入河排污口信息填报界面

（3）雨水排放口基本情况表

“雨水排放口基本情况表”的填报界面如图 4-33 所示。首先点击第一步中“添加”按钮，完成第二步中排放口及受纳水体相关信息的填报后点击“保存”和“关闭”按钮。

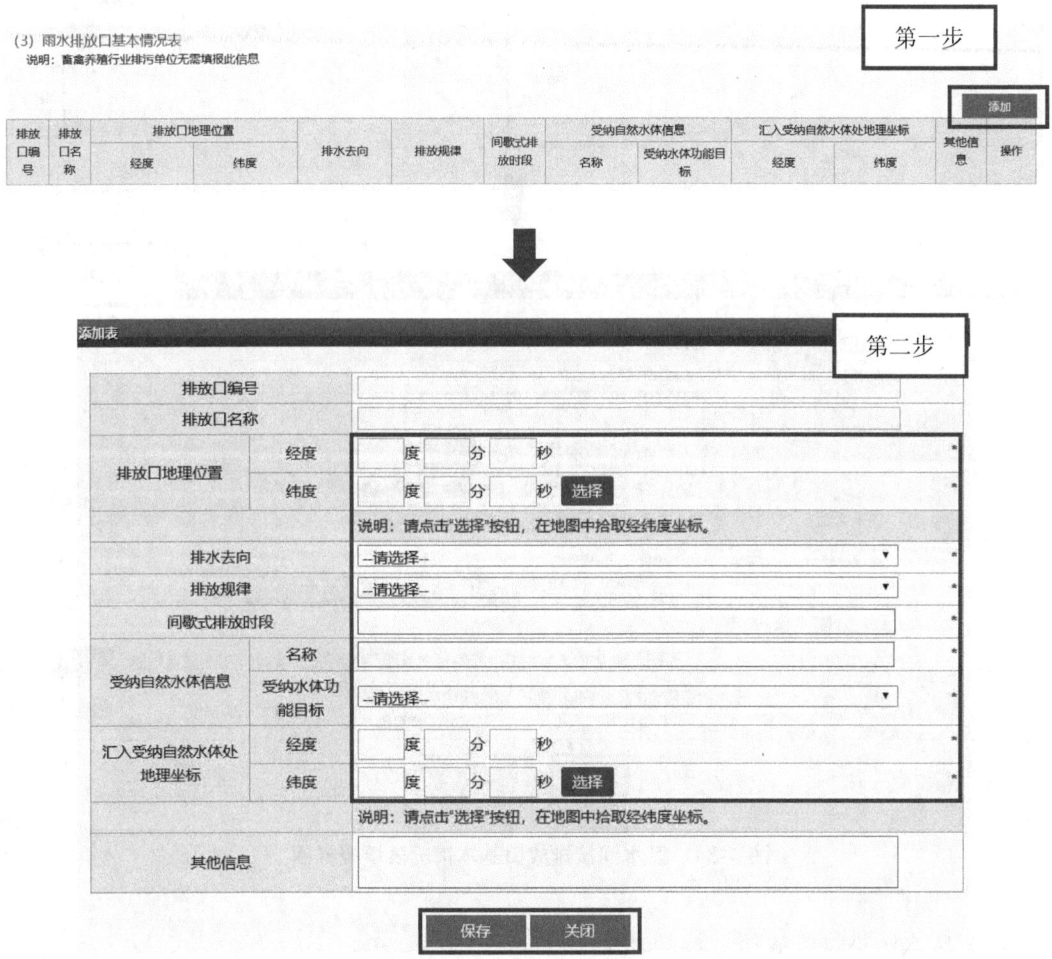

图 4-33　雨水排放口基本情况表填报界面

（4）废水间接排放口基本情况表

“废水间接排放口基本情况表”的填报界面如图 4-34 所示，排放口编号、排放口名称、排水去向、排放规律为平台自动生成。首先点击第一步中“编辑”按钮，完成第二步中排放口地理坐标的填报后点击“保存”和“关闭”按钮。

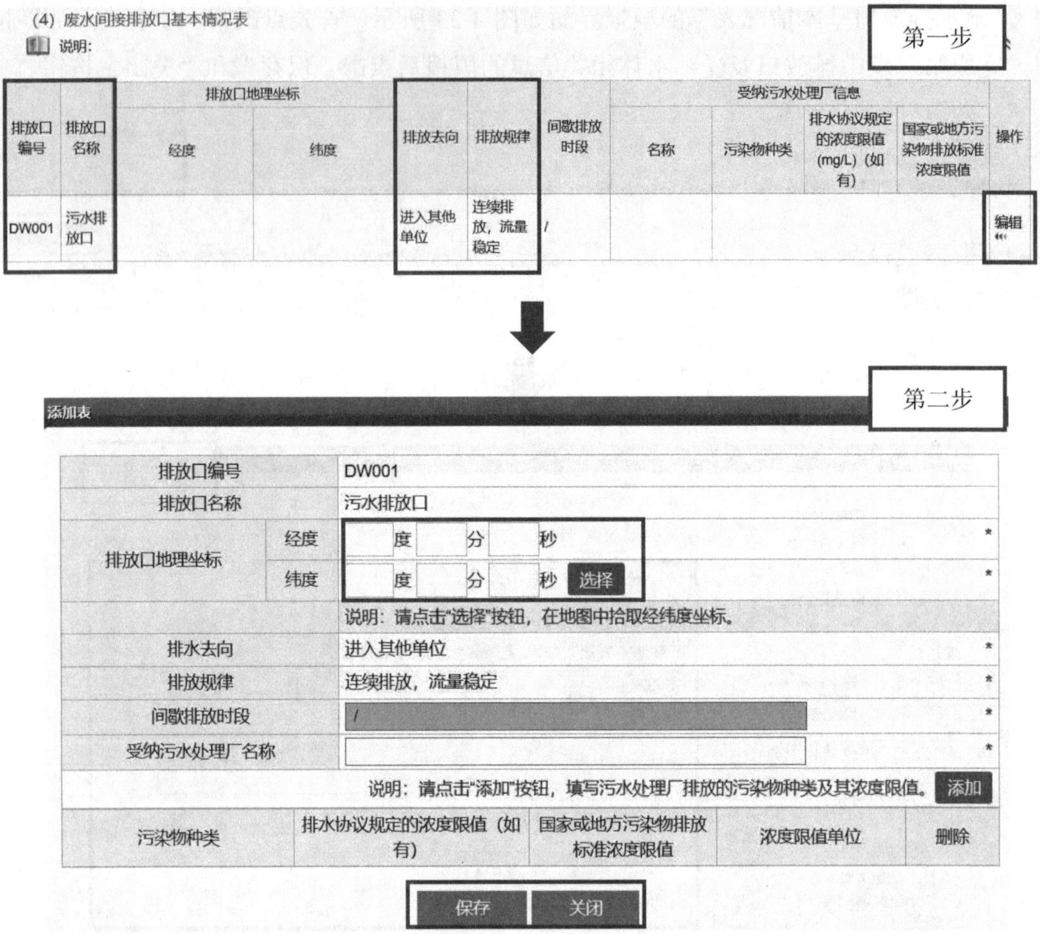

图 4-34 废水间接排放口基本情况表填报界面

（5）废水污染物排放执行标准表

“废水污染物排放执行标准表”的填报界面如图 4-35 所示，前三列为平台自动生成。首先点击第一步中“编辑”按钮，完成第二步中排放浓度限值相关信息的填报后点击“保存”和“关闭”按钮。

图 4-35 废水污染物排放执行标准表填报界面

（6）注意事项

①外排废水受纳自然水体名称、功能目标，填报时与当地生态环境主管部门沟通，确定外排废水受纳自然水体名称、功能目标。

②废水排放口地理坐标：对于直接排放至地表水体的排放口，指废水排出厂界处经纬度坐标；纳入管控的车间或车间处理设施排放口，指废水排出车间或车间处理设施边界处经纬度坐标。可通过点击“选择”按钮在 GIS 地图中点选后自动生成。

③受纳自然水体功能目标是指对于直接排放至地表水体的排放口，其所处受纳水体功能类别，如Ⅲ类、Ⅳ类、Ⅴ类等。

④填写浓度限值时，应注意不可以遗漏车间或生产设施废水排口中的一类污染物。

⑤汇入受纳自然水体处地理坐标：对于直接排放至地表水体的排放口，指废水汇入地表水体处经纬度坐标；可通过点击“选择”按钮在 GIS 地图中点选后自动生成。

⑥废水向海洋排放的，应当填报岸边排放或深海排放。深海排放的，还应说明排污口的深度、与岸线直线距离。此信息在“其他信息”中填报。

⑦排水协议规定的浓度限值是指排污单位与受纳污水处理厂等协商的污染物排放浓度限值要求。属于选填项，没有可以填报“/”。

⑧若在填报过程中有无法囊括的信息，可根据实际情况填报在“其他信息”中。

4.4.10 水污染物排放信息-申请排放信息

“水污染物排放信息-申请排放信息”的填报界面如图 4-36 所示，包括主要排放口、一般排放口、全厂排放口总计、申请年排放量限值计算过程、申请特殊时段许可排放量限值计算过程。

图 4-36 水污染物排放执行标准表填报界面

（1）主要排放口

“主要排放口”许可排放限值的填报界面如图 4-37 所示，前三列为平台自动生成。首先点击第一步中“编辑”按钮，完成第二步中许可排放浓度及许可排放量的填报后点击“保存”和“关闭”按钮，最后点击第三步中“计算”按钮。

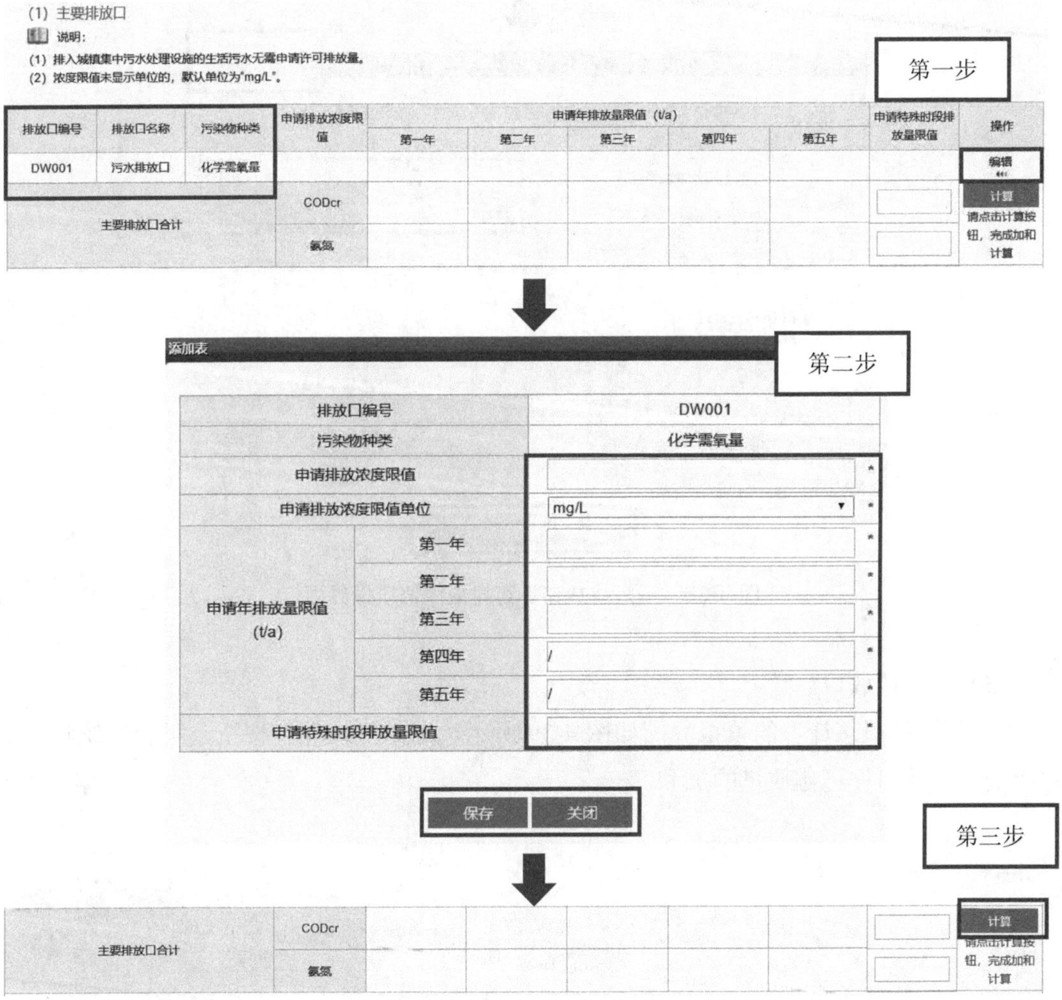

图 4-37 主要排放口许可排放限值填报界面

（2）一般排放口

“一般排放口”许可排放限值的填报界面如图 4-38 所示，前三列为平台自动生成。首先点击第一步中“编辑”按钮，完成第二步中许可排放浓度的填报后点击“保存”和“关闭”按钮。

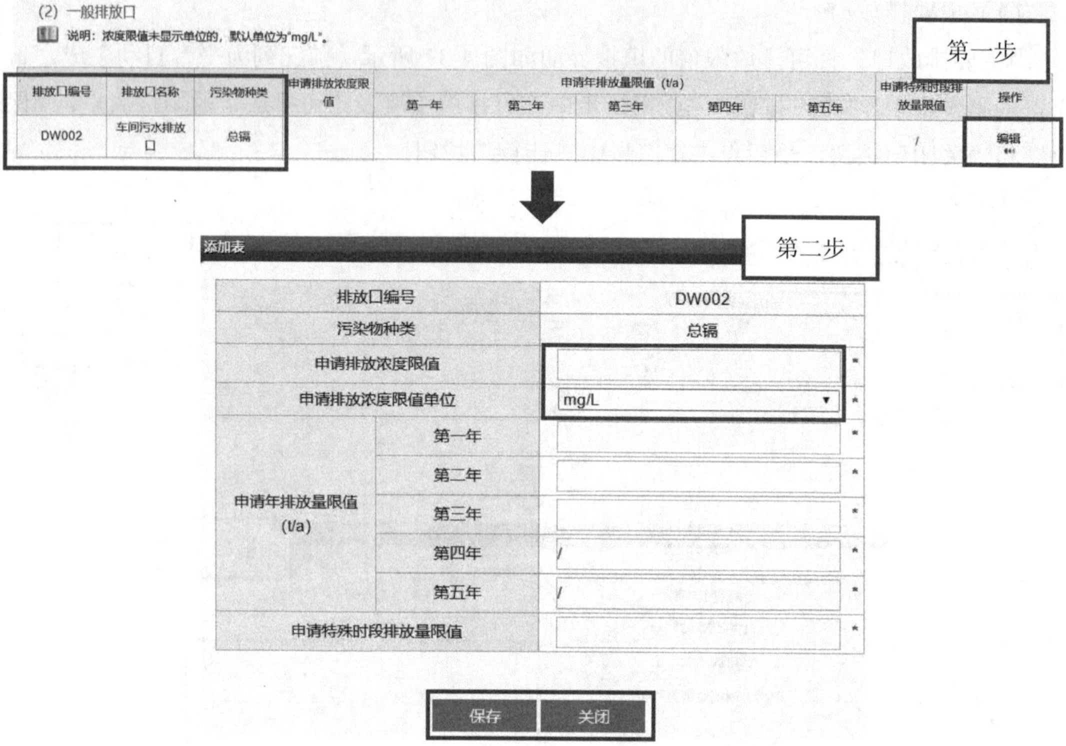

图 4-38　一般排放口许可排放限值填报界面

（3）全厂排放口总计

“全厂排放口总计”的填报界面如图 4-39 所示，点击“计算”按钮，平台系统将自动完成全厂排放口许可排放量的加和。

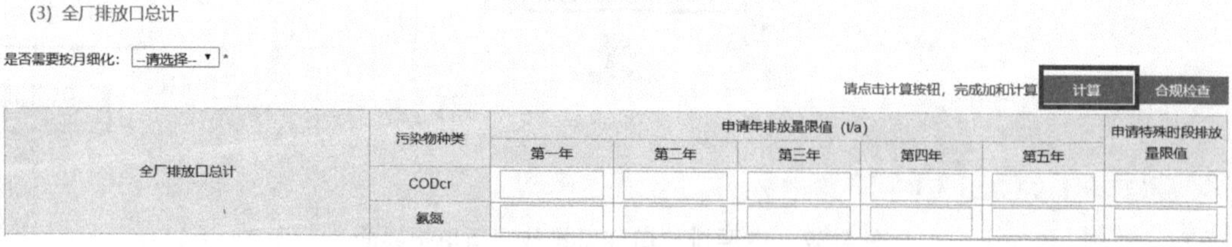

图 4-39　全厂排放口总计填报界面

（4）计算过程

“申请年排放量限值计算过程”和“申请特殊时段许可排放量限值计算过程”的填报界面如图 4-40 所示。在此处应填报计算过程，包括方法、公式、参数选取过程，以及计算结果的描述等内容，若申请年排放量限值计算过程复杂，可在“相关附件”页签以附件形式上传，此处可填写“计算过程详见附件”。

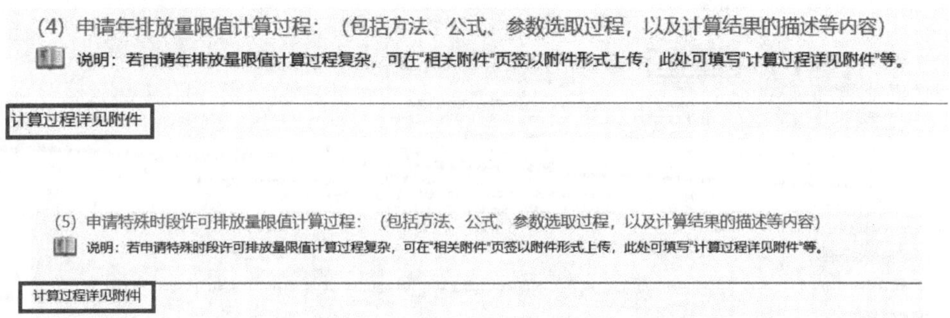

图 4-40　计算过程填报界面

（5）注意事项

①“废水总排放口”需填报各污染物的许可排放浓度和许可排放量，“车间或生产设施废水排放口”只填报一类污染物的许可排放浓度。

②废水排放口类型应选择“主要排放口-总排口”或“一般排放口-车间或生产设施废水排放口”两类。

③废水“主要排放口”中许可排放量的污染物为化学需氧量、氨氮及受纳水体环境质量超标且列入 GB 31570、GB 31571 或 GB 31572 中的其他污染物项目，以及《“十三五”生态环境保护规划》及生态环境部正式发布文件中规定的总氮、总磷总量控制区域内的排污单位。

④“雨水排放口”无须申请许可限值，排入城镇集中污水处理设施的生活污水无须申请许可排放量。

⑤浓度限值未显示单位的，默认单位为“mg/L”。

⑥若在填报过程中有无法囊括的信息，可根据实际情况填报在“其他信息”中。

4.4.11　环境管理要求-自行监测要求

“环境管理要求-自行监测要求”的填报界面如图 4-41 所示，包括自行监测要求、其他自行监测及记录信息、监测质量保证与质量控制要求、监测数据记录、整理、存档要求、监测点位示意图。

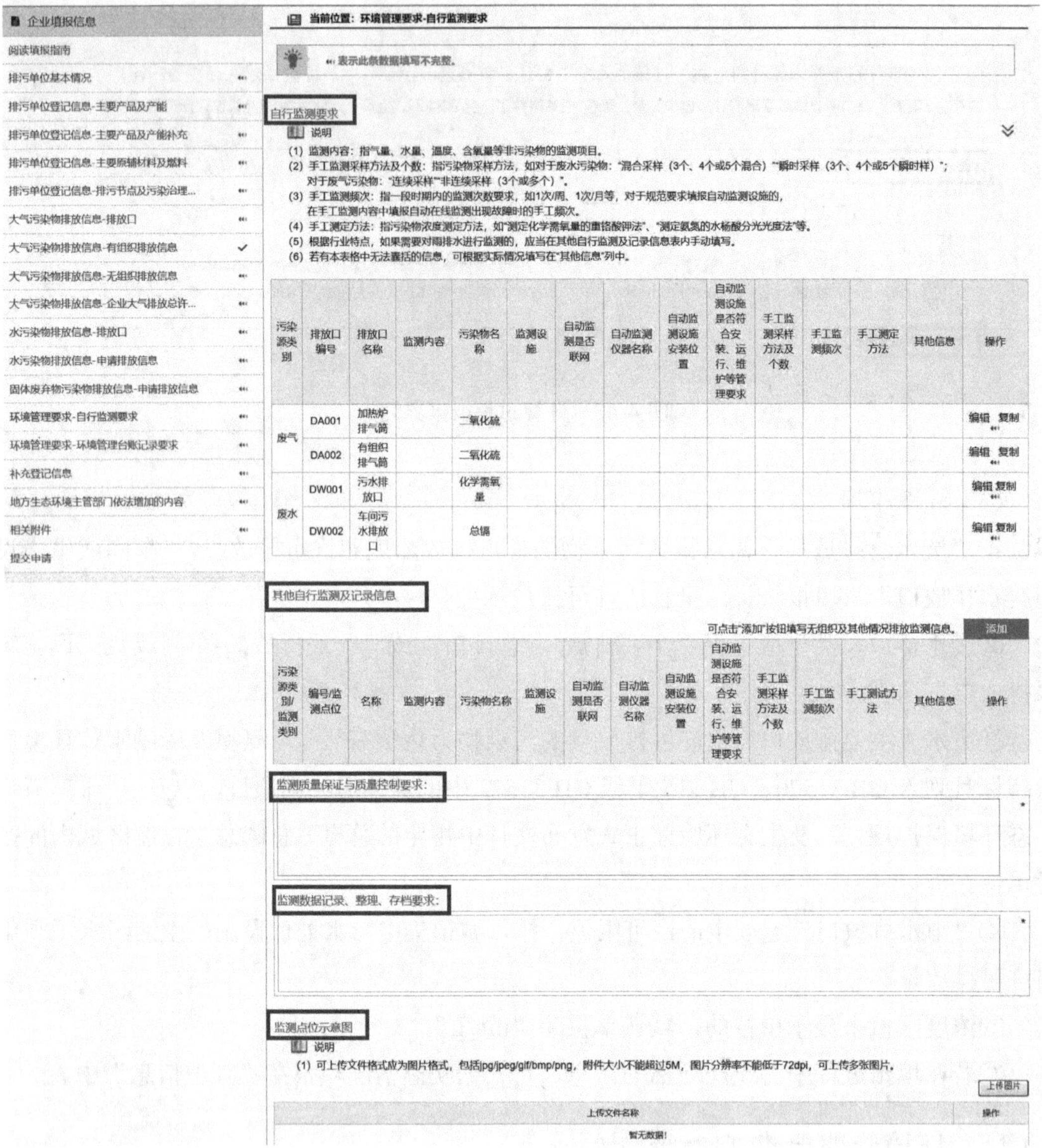

图 4-41　自行监测要求填报界面

（1）自行监测要求

“自行监测要求”的填报界面如图 4-42 所示，前三列及第五列为平台自动生成。首先点击第一步中“编辑”按钮，完成第二步中监测相关信息的填报后点击“保存”和“关闭”按钮。

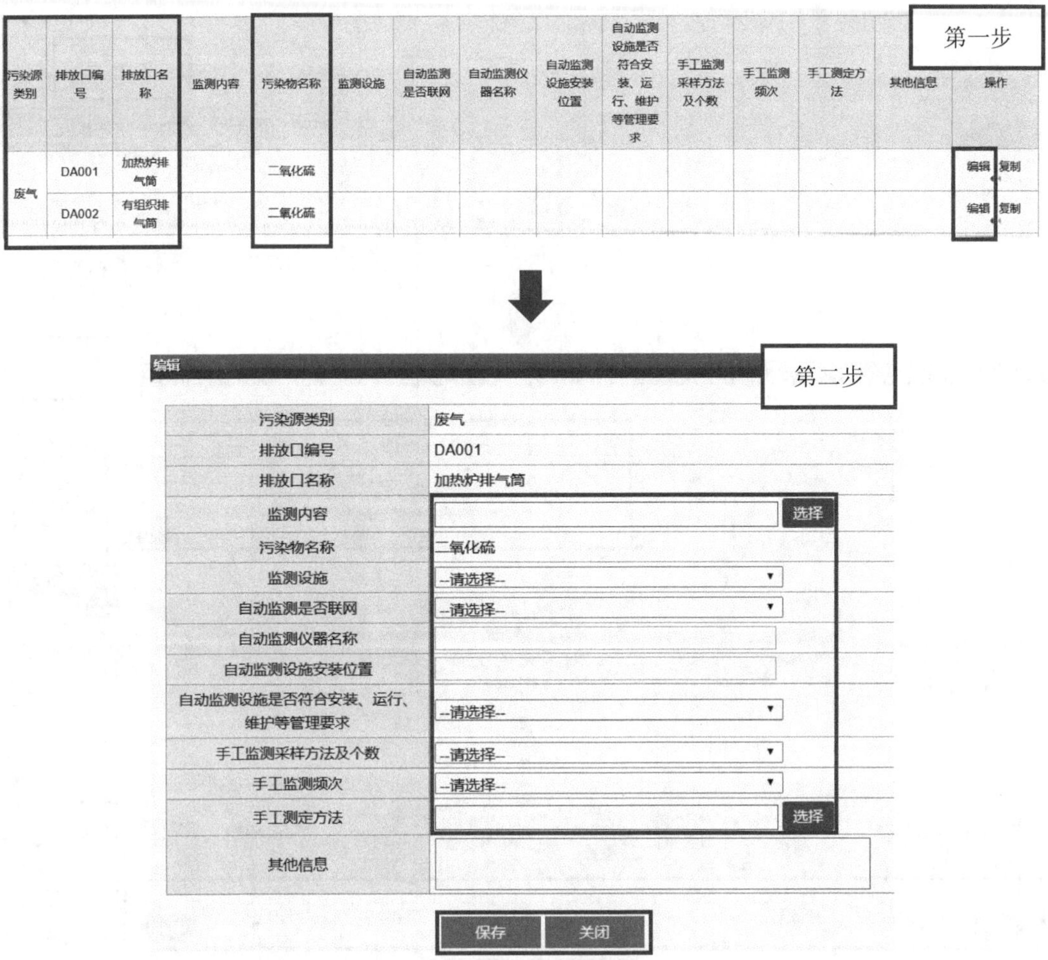

图 4-42　自行监测要求填报界面

（2）其他自行监测及记录信息

“其他自行监测及记录信息”的填报界面如图 4-43 所示，在此表中主要填报厂界废气监测、设备与管线组件动静密封点和雨水排放口监测要求。如果企业中存在污染因子不属于管控范围，但需要实施监测的或者有单独需要设点监测的可以在此处添加。首先点击第一步中“添加”按钮，完成第二步中监测点位信息的填报后点击“添加”按钮，完成第三步中监测相关信息的填报后点击“保存”和“关闭”按钮。

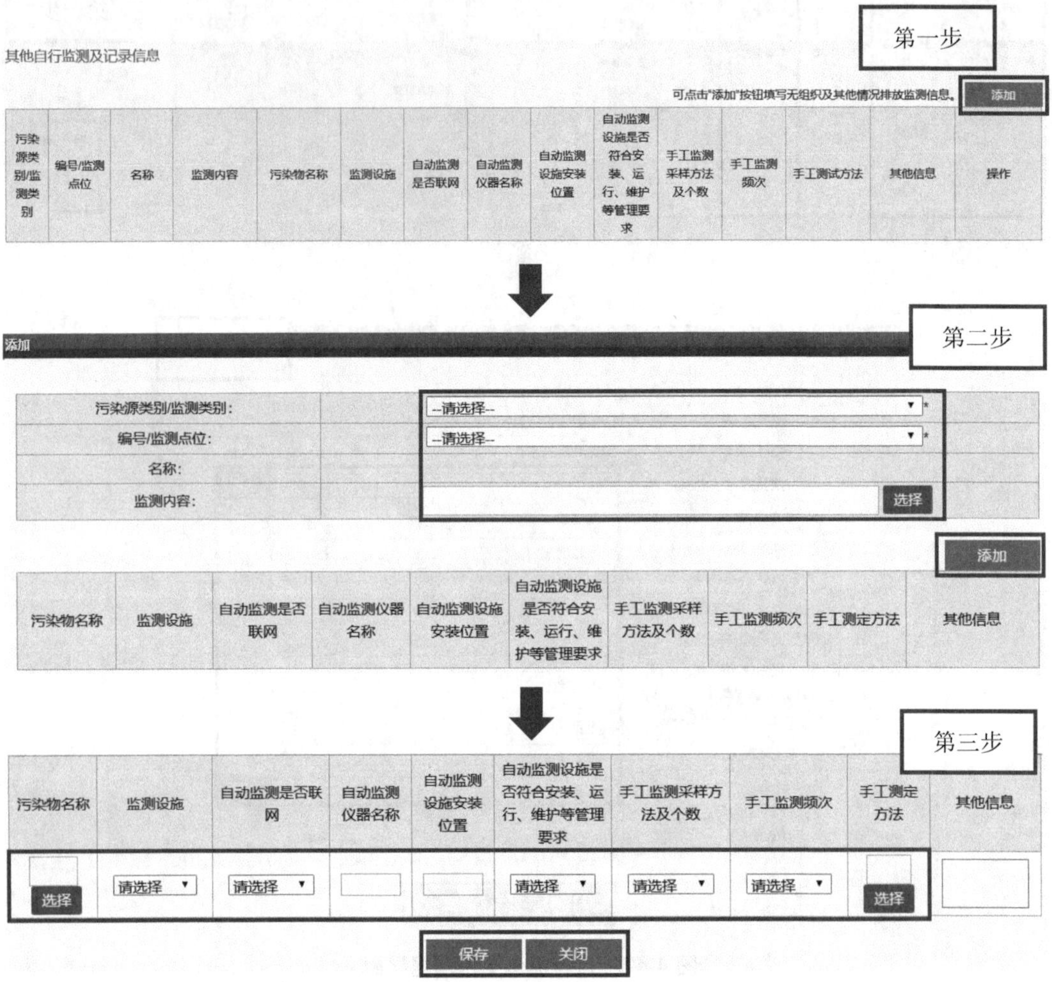

图 4-43　其他自行监测及记录信息填报界面

（3）监测管理要求

“监测管理要求”主要按照《排污单位自行监测技术指南　总则》的要求填报监测质量保证与质量控制、数据记录、整理、存档要求。

（4）监测点位示意图

点击“上传图片”按钮，将具有监测点位的示意图上传到平台。

（5）注意事项

①“监测内容”是指气量、水量、温度、含氧量等非污染物的监测项目。

②“手工监测采样方法及个数”是指污染物采样方法，如对于废水污染物，填报“混合采样（3 个、4 个或 5 个混合样）”或“瞬时采样（3 个、4 个或 5 个瞬时样）；对于废气污染物，填报“连续采样”或“非连续采样（3 个或多个）”。

③“手工测定方法”是指污染物浓度测定方法，如“测定化学需氧量的重铬酸钾法”“测定氨氮的水杨酸分光光度法”等。

④“手工监测频次”是指一段时期内的监测次数要求，如 1 次/周、1 次/月等，对于规范要求填报自动监测设施的，在手工监测内容中填报自动在线监测出现故障时的手工频次。

⑤如果需要对雨排水进行监测的，应当在其他自行监测及记录信息表内手动填写。

⑥若在填报过程中有无法囊括的信息，可根据实际情况填报在“其他信息”中。

4.4.12 环境管理要求-环境管理台账记录要求

（1）填报流程

“环境管理台账记录要求”的填报界面如图 4-44 所示。首先点击第一步中“填报模板下载”按钮，下载环境管理台账记录要求模板，并在此基础上补充相关行业排污许可证申请与核发技术规范规定的内容，也可点击“添加默认数据”按钮，系统将自动代入台账记录要求信息，可在此基础上修改和编辑。完成第二步中“基本信息”、“生产设施运行管理信息”、“污染防治设施运行管理信息”、“监测记录信息”和“其他环境管理信息”的填报后点击“暂存”和“下一步”按钮。

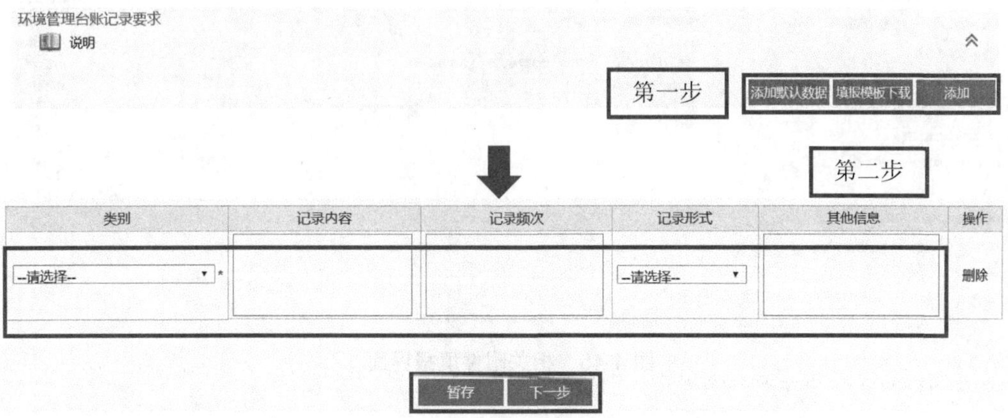

图 4-44 监测点位示意图上传界面

（2）注意事项

①排污单位应建立环境管理台账制度，设置专职人员开展台账记录、整理维护等管理工作，并对台账记录结果的真实性、准确性、完整性负责。

②为便于携带、储存、导出及证明排污许可证执行情况，台账应按照电子化储存和纸质储存两种形式同步管理，保存期限不得少于 3 年。

③排污单位环境管理台账应真实记录生产运行、污染治理设施运行、自行监测和其他环境管理信息。其中记录频次和内容须满足排污许可证环境管理要求。

4.4.13 相关附件

“相关附件”的填报界面如图 4-45 所示。企业应至少上传“守法承诺书（需法人签字）”“排污许可证申领信息公开情况说明表”两项附件。

之前申报过程中因计算过程复杂，未填写许可排放量计算过程，应上传相应附件；若存在不属于最佳可行技术的治理措施，应上传相应证明材料。治理技术不是可行技术的，应在“其他”选项中，上传相关证明材料（如提供已有监测数据；对于国内外首次采用的污染治理技术，还应当提供中试数据说明材料），以证明可达到与污染防治可行技术相当的处理能力。

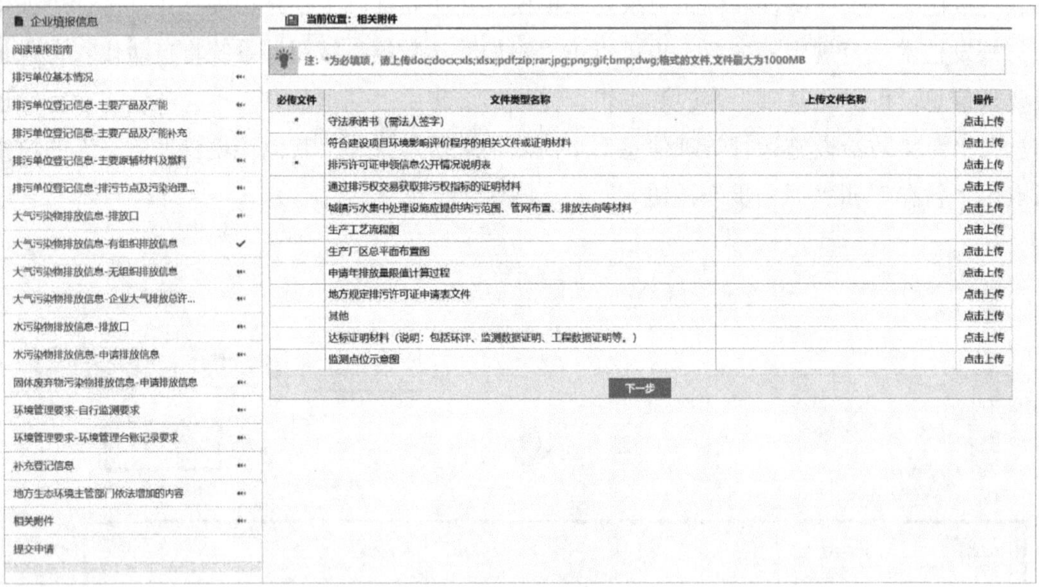

图 4-45 相关附件填报界面

5 石化工业排污许可证审核要点及案例分析

5.1 审核要点

5.1.1 申报资料的完整性审核

5.1.1.1 排污单位应提交以下申请材料

（1）承诺书。

（2）申请前信息公开情况说明表。

（3）排污许可证申请表。

（4）建设项目环境影响评价文件审批文号，或者按照有关国家规定经地方人民政府依法处理、整顿规范并符合要求的相关证明材料。

（5）《排污许可管理办法（试行）》实施后（2018 年 1 月 10 日及之后）的新建、改建、扩建项目排污单位存在通过污染物排放等量或者减量替代削减获得重点污染物排放总量控制指标情况的，且出让重点污染物排放总量控制指标的排污单位已经取得排污许可证的，应当提供出让重点污染物排放总量控制指标的排污单位的排污许可证完成变更的相关材料。

（6）排污单位有排污口规范化设置的情况说明。

（7）自行监测相关材料。

（8）附图，应包括生产工艺流程图和平面布置图。

5.1.1.2 明确不予核发排污许可证的情形

对存在下列情形之一的，负责核发的生态环境部门不予核发排污许可证：

（1）位于法律法规规定禁止建设区域内的。如饮用水水源保护区、自然保护区、风景名胜区等。

（2）属于国务院经济综合宏观调控部门会同国务院有关部门发布的产业政策目录中明令淘汰或者立即淘汰的落后生产工艺装备、落后产品的。

（3）法律法规规定不予许可的其他情形。例如，《关于固定污染源排污限期整改有关事项的通知》（环环评〔2020〕19 号）提出排污单位存在下列情形之一的，生态环境主管部门暂不予核发排污许可证：

一是“不能达标排放”类，污染物排放不符合污染物排放标准要求；重点污染物排放不符合排污许可证申请与核发技术规范、环境影响报告书（表）批准文件、重点污染物排放总量控制要求；排污单位位于未达到国家环境质量标准的重点区域、流域，污染物排放不符合有关地方人民政府关于改善生态环境质量特别要求的。

二是“手续不全”类，未依法取得建设项目环境影响报告书（表）批准文件，未办理环境影响登记备案手续，但是已经按照有关规定获得经地方人民政府依法处理、整顿规范并符合要求的相关证明材料的，或者按照地方人民政府有关规定已经取得排污许可证的除外。

三是“其他”类，如未按照规定安装、使用自动监测设备并与生态环境主管部门监控设备联网，未按规定设置污染物排放口等。

5.1.2 申报资料的规范性审核

5.1.2.1 承诺书

有排污单位法定代表人或者主要负责人签字或者盖章。应按照模板签字上报，严禁删改。

5.1.2.2 申请前信息公开情况说明表

（1）信息公开起止时间应不少于 5 个工作日。

（2）信息公开内容包括承诺书、基本信息以及拟申请的许可事项，各公开内容的具体含义见《排污许可管理办法（试行）》（环境保护部令 第 48 号）第二章。

（3）信息公开方式应当选择包括全国排污许可证管理信息平台等便于公众知晓的方式。

（4）信息公开情况说明表应填写完整，包括起止时间、公开方式、公开内容等，如果有反馈意见则需要逐条答复。

（5）有法定代表人的排污单位，应由法定代表人签字，且应与排污许可证申请表、承诺书等保持一致。没有法定代表人的排污单位，可由主要负责人签字。

5.1.2.3 排污许可证申请表

（1）表 1、表 2、表 2-1、表 2-2 和表 3 共 5 张表：主要为基本信息和记载事项，包括企业基本信息，主要生产装置、产品及产能信息，主要生产设施及参数、储罐统计信息，设备与管线组件密封点数量统计信息，主要原辅材料及燃料信息，生产工艺流程图，厂区总平面布置图。

（2）表 4 至表 16 共 17 张表：应重点审查，主要为许可事项和环境管理要求，包括废气、废水等产排污环节，排放污染物种类及污染治理设施信息，执行的排放标准，许可排放浓度和排放量，申请排放量限值计算过程，自行监测及记录信息，环境管理台账记录等。

（3）附录 A 和附录 B 为生产设施和污染治理设施参数表单，为选填内容。

排污许可证申请表审核要点见下文案例分析。

5.2 案例分析

5.2.1 某石化排污单位基本情况简介

某石化企业是一家典型燃料化工型石化企业，主要产品包括汽油、柴油、石脑油、液化气、苯乙烯等。生产工艺装置包括常减压装置、催化裂解装置、柴油加氢装置、气体分馏装置、甲基叔丁基醚（MTBE）装置、制氢装置、产品精制装置、硫黄回收装置、石脑油加氢装置等。

5.2.2 排污许可申请表审核要点

表 5-1 排污单位基本信息表审核要点

单位名称	××	注册地址	××工业园区
生产经营场所地址	××工业园区	邮政编码	××
行业类别	原油加工及石油制品制造	是否投产	是
投产日期	20××-××-××		
生产经营场所中心经度	××°××′××.××″	生产经营场所中心纬度	××°××′ ××.××″
组织机构代码		统一社会信用代码	××
技术负责人	××	联系电话	××
所在地是否属于重点控制区域	否		
是否有环评批复文件	是	环境影响评价批复文号（备案编号）	××环审字〔2011〕××号 ××环审字〔2014〕××号
是否有地方政府对违规项目的认定或备案文件	否	认定或备案文件文号	

是否有主要污染物总量分配计划文件	是	总量分配计划文件文号	90070160
氮氧化物总量控制指标/（t/a）	511		
氨氮（NH_3-N）总量控制指标/（t/a）	35		
化学需氧量总量控制指标/（t/a）	154		
烟尘总量控制指标/（t/a）	200		
二氧化硫总量控制指标/（t/a）	415		

审核注意要点：

1. 生产经营场所地址应明确到“省、市（区）县、镇”；该地址直接决定企业是否属于重点控制区。

2. 是否投产以第一条项目的投产日期为准。

3. 组织机构代码与统一社会信用代码二者填一，若有统一社会信用代码，则无须填报组织机构代码。

4. 技术负责人及联系电话应为“熟知公司排污许可证且了解环保管理技术管理人员，联系电话应为技术负责人的电话号码”。

5. 重点控制区域与其他区域的执行标准确定。《关于执行大气污染物特别排放限值的公告》及其有关问题的复函中要求，核实企业是否属于重点控制区域。特别排放限值的公告中明确列出重点区域石化工业须执行特别排放限值。

6. 环评批复文件或地方政府对违规项目的认定或备案文件二者必备其一（原则上 1998 年以前的合规项目若无环评也可以核发排污许可证，但必须备注说明）。

7. 根据批复文件的文号判断是否有 2015 年 1 月 1 日（含）后取得的环评批复的项目（下文统称为新增排放源）。新增排放源在许可排放量、污染因子管控、自行监测等方面有要求。

8. 总量分配文件为生态环境主管部门给企业下发的正式总量控制文件（而非环评文件或批文），审核时应与生态环境主管部门的数据库作对比，确定数据无误。

9. 该总量指标最后要与排污单位最终申报的总量指标做对比。

新增排放源原则取值：总量控制指标+本标准的核算方法+环评文件要求从严确定许可排放量。

现有排放源原则取值：总量控制指标+本标准的核算方法+（地方要求是否考虑环评文件要求）从严确定许可排放量。

表 5-2 主要产品及产能信息表审核要点

序号	生产装置名称	生产装置编码	主要工艺名称	装置原料名称	产品名称	生产（加工）能力	计量单位	设计年生产时间/h	生产设施名称	生产设施编号	是否为产污设施	设施参数				其他设施信息	其他装置信息
												参数名称	设计值	计量单位	其他设施参数信息		
1	常减压装置	0201	蒸馏（精馏）	原油	石脑油，常压渣油，干气、柴油	300	万 t/a	8 000	挥发性有机物流经的设备与管线组件	0201	气污染源						
									工艺加热炉（含乙烯裂解炉）	0201-F-1101	气污染源	设计排气量	52 074	m^3/h（标态）	无		
									常减压蒸馏装置电脱盐罐	V1101	水污染源						
	催化裂解装置	0209	催化裂解	常渣	裂解干气、裂解液化气、裂解石脑油、裂解柴油、裂解油浆	120	万 t/a	8 000	挥发性有机物流经的设备与管线组件	0209	气污染源						
									催化裂解装置再生器	20120229	气污染源	设计排气量	217 000	m^3/h（标态）			
									催化裂解脱硫设施	TA001	水污染源						

序号	生产装置名称	生产装置编码	主要工艺名称	装置原料名称	产品名称	生产（加工）能力	计量单位	设计年生产时间/h	生产设施名称	生产设施编号	是否为产污设施	设施参数				其他设施信息	其他装置信息
												参数名称	设计值	计量单位	其他设施参数信息		
1	储存系统	0300	有机液体储存	其他	其他	/	/	8 400	挥发性有机物流经的设备与管线组件	0300	气污染源						
									外浮顶罐	0301-1-TK-01	气污染源						
									外浮顶罐	0301-1-TK-02	气污染源						
									固定顶罐	0302-1-TK-01	气污染源						
									固定顶罐	0302-1-TK-02	气污染源						
									内浮顶罐	0303-2-TK-11	气污染源						
									内浮顶罐	0303-2-TK-12	气污染源						
	装载系统	0311	有机液体装载和分装	其他	其他	/	/	/	挥发性有机物流经的设备与管线组件	0311	气污染源						
									挥发性有机液体装载设施	3#鹤位	气污染源	油气回收设施	220	m^3/h（标态）	无		
												装载形式-汽车			无		
												设计年装载量	5.14	万 t/a	无		
												装载温度	29.1	℃	无		
												装载物料名称			汽油		

序号	生产装置名称	生产装置编码	主要工艺名称	装置原料名称	产品名称	生产（加工）能力	计量单位	设计年生产时间/h	生产设施名称	生产设施编号	是否为产污设施	设施参数				其他设施信息	其他装置信息
												参数名称	设计值	计量单位	其他设施参数信息		
1	污水处理厂	0501	废水集输和污水处理	其他	其他	/	/	/	污水处理设施	0501	水和气污染源						
	循环水场	0502	循环冷却水	其他	其他	/	/	/	一期循环水场	0502	水和气污染源	流量	12 000	m^3/h	无		
	…	…	…	…	…	…	…	…	…	…	…	…	…	…	…		

审核注意要点：

1. 生产装置名称参考《技术规范》附录 A 进行审核，企业按实际建设情况填报齐全。关注点：如为联合生产装置，应分别填写每一套装置，如常减压催化联合装置应分别填写常减压蒸馏装置、催化裂化装置。

2. 生产装置编号填写企业内部生产装置编号，与后续的各生产装置设备与管线组件密封点统计相关。若无内部生产装置编号，则采用“PU+三位流水号数字”（如 PU001）进行编号并填报。

3. 装置原料名称、产品名称填写生产装置的主要原料名称和主要产品名称。

4. 生产（加工）能力填写装置设计生产（加工）能力，不包括国家或地方政府明确规定予以淘汰或取缔的产能。

5. 年生产时间填写环境影响评价文件及其批复、地方政府对违规项目的认定或备案文件确定的年生产小时数。

6. 生产设施需要注意各必填生产设施是否填写齐全。本次申报要求的必填生产设施包括四类：第一类为所有涉及排废气的生产设施；第二类为管控车间排口的废水产生设施；第三类为公辅设施，如装载、储存等与挥发性有机物无组织排放相关；第四类为挥发性有机物流经的设备与管线组件。

7. “是否为产污设施”，为了将污染源自动导入后续的申请表中，以免企业在后续申报时有所遗漏，对照《技术规范》核实企业所填报生产设施是否为产污设施，如果属于产污设施，设施参数是否填写完整。对于有组织废气，必填参数包括生产能力、年生产时间、设计排气量；对于装载设施，必填参数包括物料名称、装载形式、设计年装载量、装载温度。关注点：各生产设施的必填参数，用于后续核定许可排放量。

表 5-3　储罐统计表审核要点

序号	储罐编号	罐型	公称容积/m^3	储罐内径/m	罐体高度/m	储存物料名称	物料储存温度/℃	年周转量/t
1	0302-1-TK-01	固定顶罐	7 000	16.645	25	渣油	117.48	600 000
2	0302-1-TK-02	固定顶罐	7 000	16.645	25	渣油	119.12	600 000
3	0303-2-TK-11	内浮顶罐	10 000	30		汽油	29.36	135 000
4	0303-2-TK-12	内浮顶罐	10 000	30		汽油	29.19	135 000
5	0301-1-TK-01	外浮顶罐	50 000	60		原油	48.28	480 000
6	0301-1-TK-02	外浮顶罐	50 000	60		原油	47.12	480 000
…	…	…	…	…	…	…	…	…

审核注意要点：

储罐的信息也是单独列统计表，为了给企业减负，平台设计可以将储罐信息通过 Excel 表自动导入，表格形式与原来 2015 年发布的《石化行业 VOCs 污染源排查工作指南》中的表格一样；同时，在《技术规范》附录 B 中单独做了固定顶罐、内浮顶罐和外浮顶罐详细表单，生态环境部门需要审核储罐的必填参数是否填报，是否填写详细表单或者在平台上传 Excel 表单。为便于企业填报，如果企业只填了必填参数，其他参数则平台会自动选取默认值，而采用默认值计算得到的许可量比填报了详细参数的要小。关注点：是否上传储罐详细信息，与后续核定排污许可量相关。

表 5-4　设备与管线组件密封点数量统计表审核要点

序号	装置名称	装置编号	阀门		法兰	泵	泄压设备	连接件	压缩机	搅拌器	开口阀或开口管线	其他
			气体	有机液体								
1	常减压装置	0201	0	1 552	3 492	32	16	6 675	0	0	247	0
2	储存系统	0300	0	3 841	8 701	75	224	803	0	0	464	0
3	装载系统	0311	0	149	407	3	2	50	0	0	21	0
4	循环水场	0502										
…	…	…	…	…	…	…	…	…	…	…	…	…

审核注意要点：

各生产装置中挥发性有机物流经的设备与管线组件密封点是按照装置的类型进行统计，需审核是否填报完整，单独的统计表中数据是否有缺项。关注点：核定设备与管线组件无组织许可排放量基础数据。

表 5-5 主要原辅材料及燃料信息表审核要点

序号	种类	名称	设计年使用量	设计年使用量计量单位	硫元素占比/%	有毒有害成分及占比	其他信息
原料及辅料							
1	辅料	MTBE 脱硫装置萃取防胶剂	80	t/a	0	0	一次装入量 20 t
2	原料	原油	2 000 000	t/a	0.101	镍：4.9×10^{-6} 钒：0.5×10^{-6}	
3	辅料	乙苯-苯乙烯装置阻聚剂（TBC）	1.6	t/a			一次装入量 0.3 t
4	辅料	柴油加氢装置分馏部分缓蚀剂	2	t/a			
5	辅料	甲醇	29 100	t/a	0	0	
6	原料	苯	118 800	t/a	0	0	
7	辅料	天然气	6 800	t/a	0	0	总硫 4.2 kg/m^3
8	辅料	催化裂解装置催化缓蚀剂	10	t/a			
…	…	…	…	…	…	…	…
燃料							
序号	燃料名称	灰分/%	硫分/%	挥发分/%	热值/（MJ/kg 或 MJ/m^3）	年最大使用量/（万 t/a 或万 m^3/a）	其他信息
1	燃料气	0	0.001	0	0	5.23	自产燃料；高位热值：777.25 kJ/mol；低位热值：706.89 kJ/mol

审核注意要点：

1. 需要审核原料、辅料、燃料信息是否填报，特别是注意有毒有害成分是否填报，有毒有害成分与特征污染因子排放有关。

2. 原料油中硫、镍、钒、汞含量为必填内容，其他原料和辅料中含有的铅、镉、砷、镍、汞、铬、氯、溴等有毒有害成分为必填内容，其余为选填内容。可参考设计值或上一年的实际使用情况填报。该企业天然气辅料信息填报中硫分一栏不应填“0”。

3. 设计年使用量填写与生产（加工）能力相匹配的设计年使用量。

4. 燃料煤中硫分、灰分、挥发分、汞含量和低位热值为必填内容，其他燃料中硫分为必填内容，其余为选填内容。可参考设计值或上一年的实际使用情况填报。该企业燃料信息填报中挥发分和热值一栏应填“/”，而不是“0”。

5. 按照技术规范要求，需填写年使用量大于 10 t 的原料、辅料及燃料，其中属于《危险化学品目录》的原料、辅料及燃料，应全部填写。

表 5-6　废气产排污节点、污染物及污染治理设施信息表审核要点

序号	主要生产装置编号	主要生产装置名称	生产设施编号	生产设施名称	对应产污环节名称	污染物种类	排放形式	污染治理设施									有组织排放口编号	排放口设置是否符合要求	排放口类型	其他信息
								污染治理设施编号	污染治理设施名称	污染治理设施工艺	参数名称	设计值	计量单位	其他污染治理设施参数信息	是否为可行技术	污染治理设施其他信息				
1	0201	常减压装置	0201-F-1101	工艺加热炉（含乙烯裂解炉）	工艺加热炉烟气	二氧化硫，氮氧化物，颗粒物	有组织	/									FQ-17052	是	主要排放口	
2	0201	常减压装置	0201	挥发性有机物流经的设备与管线组件	设备与管线组件密封点泄漏	挥发性有机物	无组织	/												
3	0209	催化裂解装置	20120229	催化裂解装置再生器	催化裂解催化剂再生烟气	二氧化硫，氮氧化物，颗粒物，镍及其化合物	有组织	M-402	脱硫设施	氢氧化钠法脱硫					是		FQ-17080	是	主要排放口	
					催化裂解催化剂再生烟气	二氧化硫，氮氧化物，颗粒物，镍及其化合物	有组织	M-402	脱硝设施	选择性催化还原法（SCR）脱硝					是		FQ-17080	是	主要排放口	

序号	主要生产装置编号	主要生产装置名称	生产设施编号	生产设施名称	对应产污环节名称	污染物种类	排放形式	污染治理设施									有组织排放口编号	排放口设置是否符合要求	排放口类型	其他信息
								污染治理设施编号	污染治理设施名称	污染治理设施工艺	参数名称	设计值	计量单位	其他污染治理设施参数信息	是否为可行技术	污染治理设施其他信息				
4	0209	催化裂解装置	0209	挥发性有机物流经的设备与管线组件	设备与管线组件密封点泄漏	挥发性有机物	无组织	/												
5	0300	储存系统	0300	挥发性有机物流经的设备与管线组件	设备与管线组件密封点泄漏	挥发性有机物	无组织	/												
6	0300	储存系统	0301-1-TK-01	外浮顶罐	挥发性有机液体常压储罐呼吸	挥发性有机物	无组织	/												
7	0300	储存系统	0301-1-TK-02	外浮顶罐	挥发性有机液体常压储罐呼吸	挥发性有机物	无组织	/												

序号	主要生产装置编号	主要生产装置名称	生产设施编号	生产设施名称	对应产污环节名称	污染物种类	排放形式	污染治理设施										有组织排放口编号	排放口设置是否符合要求	排放口类型	其他信息
								污染治理设施编号	污染治理设施名称	污染治理设施工艺	参数名称	设计值	计量单位	其他污染治理设施参数信息	是否为可行技术	污染治理设施其他信息					
8	0300	储存系统	0303-2-TK-11	内浮顶罐	挥发性有机液体常压储罐呼吸	挥发性有机物	有组织	0303-2-VRU-01	挥发性有机物回收或治理设施	挥发性有机物回收	气量	250	m^3/h		是		FQ-0605	是	主要排放口	活性炭吸附汽油回收
9	0320	火炬系统	0320-FS-01	高压火炬	火炬排气	二氧化硫，氮氧化物，挥发性有机物	有组织	/									0320-FS-01	是	特殊排放口	
10	0501	污水处理厂	0501	污水处理设施	废水集输及处理设施排气	挥发性有机物，二甲苯，硫化氢，甲苯，苯，苯乙烯，甲醇，乙苯	有组织	0501-MP-01	恶臭治理设施	生物滴滤+生物过滤					是		FQ-0501	是	主要排放口	

序号	主要生产装置编号	主要生产装置名称	生产设施编号	生产设施名称	对应产污环节名称	污染物种类	排放形式	污染治理设施									有组织排放口编号	排放口设置是否符合要求	排放口类型	其他信息
								污染治理设施编号	污染治理设施名称	污染治理设施工艺	参数名称	设计值	计量单位	其他污染治理设施参数信息	是否为可行技术	污染治理设施其他信息				
11	0311	装载系统	4#鹤位	挥发性有机液体装载设施	有机液体装载及分装废气	挥发性有机物	有组织	0311-VRU-01	挥发性有机物回收或治理设施	挥发性有机物回收					是		FQ-0601	是	主要排放口	
12	0311	装载系统	5#、6#鹤位	挥发性有机液体装载设施	有机液体装载及分装废气	挥发性有机物	无组织	/												
13	0502/50	循环水场	50	一期循环水场	冷却塔/循环水冷却过程逸散	挥发性有机物	无组织	/												

序号	主要生产装置编号	主要生产装置名称	生产设施编号	生产设施名称	对应产污环节名称	污染物种类	排放形式	污染治理设施									有组织排放口编号	排放口设置是否符合要求	排放口类型	其他信息
								污染治理设施编号	污染治理设施名称	污染治理设施工艺	参数名称	设计值	计量单位	其他污染治理设施参数信息	是否为可行技术	污染治理设施其他信息				
…	…	…	…	…	…	…	…	…	…	…	…	…	…	…	…	…	…	…	…	…

审核注意要点：

1. 前面填报的是与产污相关的信息，这张表的内容与治污相关。完整性审核主要关注产污环节是否有遗漏情况，特别注意石化工业各主要生产装置均应有相应的“设备与管线组件密封点泄漏”无组织排放信息。如果漏填，后续在无组织许可量时就无法进行许可。

2. 储罐部分需要注意是否设有油气回收设施，如果有，则需填报有组织排放信息；未设有油气回收设施的每个储罐均需填报无组织排放信息。

3. 污染物种类需要重点审核，按照技术规范要求审核填报的污染物种类有否遗漏、是否正确。从之前的试填报情况发现，部分企业可能会漏填恶臭污染因子等。如废水处理、有机废气收集处理包括苯、甲苯、二甲苯、挥发性有机物、硫化氢等。无组织排放污染物种类为挥发性有机物。

4. 污染治理设施情况需核实企业是否完整填报污染治理设施及设计参数。参数包括废气处理量、年运行时间、污染物出口浓度。这些参数均是与后续许可排放量核定相关，污染物出口浓度与可行技术的核定有关。

5. “是否为可行技术”还需要对照污染治理技术是否为《技术规范》中“6 污染防治可行技术”所列的，以判定企业所采用的污染治理技术能否满足现阶段的治污能力。

6. 有组织排放口编号，企业不能随意填写，是与地方环保管理相配套的，根据地方管理部门已经给的编号进行填报。如无相关编号，应按编码规则编号并填入。

7. 由于排污口设置规范化是许可证核发的条件之一，企业需要自证是否符合要求。如果企业在这部分有问题，在填报时仍然还是可以选择“是”，但需在后面的“改正措施”里可以填报相应的整改内容。现在要建立企业的环保诚信体系，企业需要实事求是地反映情况，在后续的许可证监管时，生态环境主管部门可以结合改正措施的内容进行。

8. “排放口类型”审核时需注意氧化沥青装置排气筒为一般排放口，火炬废气排放口为特殊排放口，其他废气排放口均为主要排放口。氧化沥青装置排放的污染物只管控排放浓度，不管控排放量。火炬废气既不管控污染物浓度，也不管控污染物排放量。

表 5-7 废水类别、污染物及污染治理设施信息表审核要点

序号	行业类别	废水类别	污染物种类	废水去向	排放规律	污染治理设施									排放去向	排放口编号	排放口设置是否符合要求	排放口类型	其他信息
						污染治理设施编号	污染治理设施名称	污染治理设施工艺	治理设施参数名称	设计值	计量单位	其他污染治理设施参数信息	是否为可行技术	污染治理设施其他信息					
1	原油加工及石油制品制造	含硫含氨酸性水	总砷	装置预处理设施	连续排放，流量不稳定且无规律，但不属于冲击型排放	V1102	装置区预处理设施	汽（气）提	砷	0.5	mg/L		是	酸性水汽提塔	排至厂内综合污水处理站	WS0107	是	设施或车间废水排放口	酸性水汽提装置
		含盐废水	总镍	装置预处理设施	连续排放，流量不稳定且无规律，但不属于冲击型排放	M-402	污水处理厂预处理设施	澄清，氧化	总镍	1	mg/L		是	催化裂解装置烟气脱硫排液处理系统	排至厂内综合污水处理站	WS0108	是	设施或车间废水排放口	催化裂解装置烟气脱硫

序号	行业类别	废水类别	污染物种类	废水去向	排放规律	污染治理设施									排放去向	排放口编号	排放口设置是否符合要求	排放口类型	其他信息
						污染治理设施编号	污染治理设施名称	污染治理设施工艺	治理设施参数名称	设计值	计量单位	其他污染治理设施参数信息	是否为可行技术	污染治理设施其他信息					
1	原油加工及石油制品制造	生活污水，含油废水，污染雨水，含盐废水，循环冷却水排污水	化学需氧量，氨氮（NH_3-N），pH值，悬浮物，石油类	污水处理厂	连续排放，流量不稳定且无规律，但不属于冲击型排放	501	污水处理厂预处理设施	均质罐，隔油池，涡凹气浮池/设备（CAF），溶气气浮池/设备（DAF）	年运行时间	8 000	h/a		是		进入其他单位	WS17002	是	主要排放口	
…	…	…	…	…	…	…	…	…	…	…	…	…	…	…	…	…	…	…	…

审核注意要点：

1. 核实废水类别填报是否完整，不同类别的废水如果一起汇入污水处理厂进行处理，可一起填报各类废水。需注意，如果有管控的车间排口，其废水种类需单独填报，如果漏填，则后面无法对车间排放口的一类污染物进行许可。

2. 根据排放标准确定污染物种类，避免遗漏。石油炼制行业在排放标准的基础上对车间排口污染物种类进一步细化，每个车间排口均有相应的管控重金属因子，如酸性水汽提装置车间排口管控总砷污染因子，这部分审核时需要注意不要遗漏车间排口污染因子。

3. “废水去向”包括装置预处理设施、污水处理厂、回用，对照技术规范内容核实企业所填报的废水去向是否正确。废水去向不同，污染治理设施也不同。

4. 废水污染治理设施情况审核要求与废气相同，关注治理工艺及参数是否填报完整。

5. “是否为可行技术”应对照《技术规范》中“6 污染防治可行技术”检查企业所采用的污染治理技术是否为可行技术，同时需核实污染物出口浓度达到排放限值，以判定企业所采用的污染治理技术能满足现阶段的治污能力。

6. 排放去向、排放口编号、排放口设置是否符合要求、排放口类型等内容需审核是否填写完整。

7. 排放口编号和排放口设置是否符合要求这两部分的审核与废气相同，“排放口编号”按现有生态环境主管部门编号，若无相关编号，则应核实是否按照《固定污染源（水、大气）编码规则（试行）》进行编写并填入。

8. 废水排放口包括主要排口和车间或生产设施排放口，审核废水的排放口类型填报是否正确。设施或车间排口可在“其他信息”中补充填报对应装置。

表 5-8 大气排放口基本情况表审核要点

序号	排放口编号	污染物种类	排放口地理坐标		排气筒高度/m	排气筒出口内径/m	其他信息
			经度	纬度			
1	0320-FS-01	二氧化硫，氮氧化物，挥发性有机物			125	2.5	
2	0320-FS-02	二氧化硫，氮氧化物，挥发性有机物			125	2.5	
3	0320-FS-03	二氧化硫，氮氧化物，挥发性有机物			125	2.5	
4	FQ-0104	挥发性有机物，硫化氢			18	0.15	
5	FQ-0204	挥发性有机物，硫化氢			15	0.15	
6	FQ-0501	挥发性有机物，二甲苯，硫化氢，甲苯，苯，苯乙烯，甲醇，乙苯			15	0.7	
7	FQ-0601	挥发性有机物			15	0.15	
8	FQ-0605	挥发性有机物			15	0.15	
9	FQ-17016	二氧化硫，氮氧化物，颗粒物			45	1.92	排气温度 140℃
10	FQ-17017	二氧化硫，氮氧化物，颗粒物，林格曼黑度			50	1.1	排气温度 122℃
11	FQ-17018	二氧化硫，氮氧化物，颗粒物，林格曼黑度			60	1.4	排气温度 136℃
12	FQ-17019	二氧化硫，氮氧化物，颗粒物			45	1.2	排气温度 122℃
13	FQ-17020	二氧化硫，氮氧化物，颗粒物			60	1.35	排气温度 130℃
14	FQ-17052	二氧化硫，氮氧化物，颗粒物			57.6	2	排气温度 119℃
15	FQ-17053	二氧化硫，氮氧化物，颗粒物，镍及其化合物			120	2.8	排气温度 204℃
16	FQ-17054	挥发性有机物，硫化氢，二氧化硫，氮氧化物			80	0.8	排气温度 167℃
…	…	…	…	…	…	…	…

审核注意要点：

在企业所有的产污—治污—排污基础信息填报完后，进入相应的许可内容。前面企业所填报的排放口编号和污染物种类均将会自动带入后续表格中。对于大气排放口基本情况表，审核部门需要审核所有排放口的经纬度、排气筒高度、排气筒出口内径等信息是否填报完整，排气温度可在“其他信息”中填报。审核时需要注意核查单位及数值是否存在低级错误，比如写成分米的数值。

表 5-9　废气污染物排放执行标准表审核要点

序号	排放口编号	污染物种类	国家或地方污染物排放标准			环境影响评价批复要求	承诺更加严格排放限值	其他信息
			名称	浓度限值（标态）/（mg/m³）	速率限值/（kg/h）			
10	FQ-0104	挥发性有机物	《石油炼制工业污染物排放标准》（GB 31570—2015）	/	/	/	/	去除率≥95%
11	FQ-0104	硫化氢	《恶臭污染物排放标准》（GB 14554—93）	/	0.58	/	/	/
12	FQ-0204	挥发性有机物	《石油炼制工业污染物排放标准》（GB 31570—2015）	/	/	/	/	去除率≥95%
13	FQ-0204	硫化氢	《恶臭污染物排放标准》（GB 14554—93）	/	0.33	/	/	/
14	FQ-0501	乙苯	《石油化学工业污染物排放标准》（GB 31571—2015）	100	/	/	/	/
15	FQ-0501	甲苯	《石油炼制工业污染物排放标准》（GB 31570—2015）	15	/	/	/	/
22	FQ-0601	挥发性有机物	《石油炼制工业污染物排放标准》（GB 31570—2015）	/	/	/	/	去除率≥95%
23	FQ-0605	挥发性有机物	《石油炼制工业污染物排放标准》（GB 31570—2015）	/	/	/	/	去除率≥95%
27	FQ-17017	颗粒物	《锅炉大气污染物排放标准》（GB 13271—2014）	30	/	/	/	/
…	…	…	…	…	…	…	…	…

审核注意要点：

1. 需要重点审核每个排放口对应污染物种类、所执行的排放标准以及浓度限值填报是否完整、准确。

2. 重整催化剂再生烟气排气筒、废水处理有机废气收集处理装置排气筒等需要管控恶臭项目，且需执行许可排放速率；目前在排放标准中，有机废气排放口挥发性有机物没有浓度限值，但有去除效率要求，因此需要在“其他信息”中加以填报。

3. 对于 2015 年 1 月 1 日（含）后取得环评批复的企业，应在“环境影响评价批复要求”中填报环评及批复的浓度限值。

4. 《技术规范》增加了排放标准中不包括的两个源项：离子液烷基化装置催化剂再生烟气和催化裂化汽油吸附脱硫再生烟气，其污染物排放浓度限值按照环评及批复进行填报，作为核定许可排放浓度的依据。

5. “承诺更加严格排放限值”当初设计时主要是针对火电的超低排放，现在如果企业自愿加严，可以在此处填报。

表 5-10 大气污染物有组织排放表审核要点

序号	排放口编号	污染物种类	申请许可排放浓度限值（标态）/（mg/m^3）	申请许可排放速率限值/（kg/h）	申请年许可排放量限值/（t/a）					申请特殊排放浓度限值（标态）/（mg/m^3）	申请特殊时段许可排放量限值
					第一年	第二年	第三年	第四年	第五年		
主要排放口											
1	FQ-0104	挥发性有机物	/	/	16.44	16.44	16.44	/	/	/	/
2	FQ-0104	硫化氢	/	0.58	/	/	/	/	/	/	/
3	FQ-0204	挥发性有机物	/	/	35.76	35.76	35.76	/	/	/	/
4	FQ-0204	硫化氢	/	0.33	/	/	/	/	/	/	/
5	FQ-0501	苯	4	/	/	/	/	/	/	/	/
6	FQ-0501	甲苯	15	/	/	/	/	/	/	/	/
7	FQ-0501	二甲苯	20	/	/	/	/	/	/	/	/
8	FQ-0501	乙苯	100	/	/	/	/	/	/	/	/
9	FQ-0501	苯乙烯	50	/	/	/	/	/	/	/	/
10	FQ-0501	挥发性有机物	120	/	22.01	22.01	22.01	/	/	/	/
11	FQ-0501	甲醇	50	/	/	/	/	/	/	/	/
12	FQ-0501	硫化氢	/	0.33	/	/	/	/	/	/	/
…	…	…	…	…	…	…	…	…	…	…	…
主要排放口合计		颗粒物	136.38	136.38	136.38	/	/	/	/		
		SO_2	335.03	335.03	335.03	/	/	/	/		
		NO_x	697.92	697.92	697.92	/	/	/	/		
		VOCs	77.61	77.61	77.61	/	/	/	/		
一般排放口											
一般排放口合计		颗粒物	/	/	/	/	/	/	/		
		SO_2	/	/	/	/	/	/	/		
		NO_x	/	/	/	/	/	/	/		
		VOCs	/	/	/	/	/	/	/		

序号	排放口编号	污染物种类	申请许可排放浓度限值（标态）/（mg/m^3）	申请许可排放速率限值/（kg/h）	申请年许可排放量限值/（t/a）					申请特殊排放浓度限值（标态）/（mg/m^3）	申请特殊时段许可排放量限值
					第一年	第二年	第三年	第四年	第五年		
全厂有组织排放总计											
全厂有组织排放总计		颗粒物	136.38	136.38	136.38	/	/	/	/		
		SO_2	335.03	335.03	335.03	/	/	/	/		
		NO_x	697.92	697.92	697.92	/	/	/	/		
		VOCs	77.61	77.61	77.61	/	/	/	/		

审核注意要点：

1. 许可排放浓度和许可排放量是审核的重点，如果企业填报错误，审核人员可以进行修改。核实许可排放浓度不应大于排放标准要求。

2. 需要特别注意环评批复的时间节点，对环评批复在 2015 年之后的，应将环评及其批复中要求的浓度限值与标准浓度限值进行取严，审核部门应核实“申请许可排放浓度限值”一栏，确保不出现数值大于环评及其批复中要求限值的现象。

3. 主要排放口中颗粒物、二氧化硫、氮氧化物和挥发性有机物四者的申请年许可排放量为必填项，如果地方有加严要求，可以增加其他污染物的许可。

4. 企业需要填报 3 年的许可排放量，同时需要将详细的计算过程上传，审核部门通过计算过程来核定企业许可排放量计算是否正确。

5. 在此将许可排放量核定方法简要地介绍下，以便于审核人员更好地核实企业上传的计算过程是否正确。

对于有组织污染物许可排放量的计算，通过设计年生产小时数×设计排气量×许可排放浓度来核定，其中，年运行小时数是环评批复中给定的小时数；设计排气量是与合法生产能力对应的排气量；许可排放浓度：对于有机废气排放口，采用近 1 年实际监测值的最大值，但是企业需提供监测报告，使审核人员在审核时有依据，同时需注意非甲烷总烃去除效率应满足标准要求（一般地区为 95%、特别排放限值地区为 97%）。

6. 石化工业不需要填报一般排放口的污染物许可排放量。主要排放口污染物许可排放量合计与全厂有组织排放总计相同，分别为有组织排放源中颗粒物、二氧化硫、氮氧化物、挥发性有机物的年许可排放量。

7. 许可排放总量部分，审核人员需要核对企业总量指标文件，确保企业所填写的“全厂有组织排放总计”数据不大于相应污染物的总量指标。如果是 2015 年 1 月 1 日后，则还需考虑环评及批复中的总量，三者取其严。

8. 如地方政府对“重污染天气应对期”有要求的，需要申请特殊排放浓度限值、特殊时段许可排放量限值时填写。

9. 特殊时段的许可排放量为重污染应对期日许可排放量，与环境统计相结合，将有组织排放源中的颗粒物、二氧化硫、氮氧化物3种污染因子前一年的环境统计实际排放量折算到日均值，并根据消减比例确定日许可排放量。

表 5-11 大气污染物无组织排放表审核要点

序号	无组织排放编号	产污环节	污染物种类	主要污染防治措施	国家或地方污染物排放标准		其他信息	年许可排放量限值/（t/a）					申请特殊时段许可排放量限值
					名称	浓度限值（标态）/（mg/m³）		第一年	第二年	第三年	第四年	第五年	
1	厂界		非甲烷总烃	/	《石油炼制工业污染物排放标准》（GB 31570—2015）	4		/	/	/	/	/	
2	厂界		硫化氢	/	《石油炼制工业污染物排放标准》（GB 31570—2015）	0.06		/	/	/	/	/	
3	厂界		臭气浓度	/	《石油炼制工业污染物排放标准》（GB 31570—2015）	20		/	/	/	/	/	
10	0303-2-TK-11	挥发性有机液体常压储罐呼吸	挥发性有机物	油气回收设施	/	/		13.86	13.86	13.86	/	/	/
12	0302-1-TK-01	挥发性有机液体常压储罐呼吸	挥发性有机物		/	/		5.9	5.9	5.9	/	/	/
57	50	冷却塔/循环水冷却过程逸散	挥发性有机物		/	/		/	/	/	/	/	/
58	0300	设备与管线组件密封点泄漏	挥发性有机物		/	/		23.71	23.71	23.71	/	/	/
61	0215	设备与管线组件密封点泄漏	挥发性有机物		/	/		5.52	5.52	5.52	/	/	/
64	3#鹤位	设备与管线组件密封点泄漏	挥发性有机物	油气回收设施	/	/	/	2.65	2.65	2.65	/	/	/
73	0234	设备与管线组件密封点泄漏	挥发性有机物		/	/		1.6	1.6	1.6	/	/	/
75	5#、6#鹤位	有机液体装载及分装废气	挥发性有机物		/	/		9.83	9.83	9.83	/	/	/
…	…	…	…	…	…	…	…	…	…	…	…	…	…

序号	无组织排放编号	产污环节	污染物种类	主要污染防治措施	国家或地方污染物排放标准		其他信息	年许可排放量限值/（t/a）					申请特殊时段许可排放量限值
					名称	浓度限值（标态）/（mg/m^3）		第一年	第二年	第三年	第四年	第五年	
全厂无组织排放总计													
全厂无组织排放总计			颗粒物	/	/	/	/	/	/				
			SO_2	/	/	/	/	/	/				
			NO_x	/	/	/	/	/	/				
			VOCs	348.99	348.99	348.99	/	/	/				

审核注意要点：

1. 审核无组织排放编号、产污环节、污染物种类、主要污染防治措施和排放标准填报是否完整时，需要注意厂界管控的污染因子及其排放标准是否有遗漏；主要污染防治措施是否有遗漏，该石化企业“设备与管线组件密封点泄漏”产污环节遗漏污染防治措施，应填写泄漏检测与修复（LDAR）。

2. 无组织排放仅对“挥发性有机物”许可排放量，针对3个源项，分别为生产装置的设备管线与组件密封点泄漏挥发性有机物、挥发性有机液体储罐排放的挥发性有机物以及挥发性有机液体装载过程排放的挥发性有机物，并许可前3年排放量。

3. 特殊时段不对无组织排放进行许可，可以不填。“申请特殊时段排放量限值”现阶段暂时填写“/”。

4. 目前每个储罐的挥发性有机物无组织排放量是通过平台自动计算，审核人员需审核许可量填报是否完整。

5. 装载部分，需要对每个装载设施核算挥发性有机物无组织许可排放量，同时根据技术规范要求和企业提交的计算过程审核许可排放量计算是否正确。

6. 针对挥发性有机液体装载过程排放的挥发性有机物年许可排放量核算方法包括 3 个因子，分别为去除效率、设计物料装载量和装载过程排放系数。去除效率依据排放标准确定；设计物料装载量，需要企业在前面基础信息中填报；装载的排放系数是需要通过公式来进行计算，主要依据美国 AP42 中的方法，公路、铁路装载过程和船舶装载过程排放系数分别通过公式进行计算。具体计算参见《技术规范》中内容。

$$E_{装卸}=\frac{L_L\times Q}{1\,000}\times(1-\eta_{去除})$$

7. 设备管线与组件挥发性有机物许可排放量需要对每个装置进行计算，同时根据技术规范要求和企业提交的计算过程审核许可排放量计算是否正确。

8. 在国内已开展检测结果的基础上，结合美国设备动静密封点挥发性有机物管控经验，根据泄漏率、泄漏浓度确定设备与管线组件密封点泄漏挥发性有机物年许可排放量核算方法。公式中密封点总有机碳（TOC）排放速率通过技术规范可以查表确定（需要注意，石油炼制和石油化学工业各设备类型的排放速率均不同），流经密封点的物料中挥发性有机物平均质量分数、流经密封点的物料中总有机碳（TOC）平均质量分数和密封点运行时间可以通过设计文件获得。

$$E_{设备}=0.003\times\sum_{i=1}^{n}\left(e_{\mathrm{TOC},i}\times\frac{\mathrm{WF}_{\mathrm{VOCs},i}}{\mathrm{WF}_{\mathrm{TOC},i}}\times t_i\right)$$

9. 审核 3 个排放源 VOCs 是否申请 3 年的排放量。

10. 挥发性有机物包括有组织和无组织的，近几年部分地区将挥发性有机物作为总量指标之一，对于总量指标既有有组织又有无组织且能够分开的，应确保企业所填写的“全厂无组织排放总计”数据不大于总量指标中无组织总量指标。总量指标既有有组织又有无组织，无法分开的，由地方生态环境主管部门自行确定，确保总量不超。

表 5-12 挥发性有机物无组织排放量分类统计表审核要点

无组织排放源类型	年许可排放量限值/（t/a）					申请特殊时段许可排放量限值
	第一年	第二年	第三年	第四年	第五年	
设备管线与组件	114.45	114.45	114.45	/	/	/
装载	12.5	12.5	12.5	/	/	/
储罐	221.65	221.65	221.65	/	/	/

审核注意要点：

此表中 3 个排放源 VOCs 的许可排放量为上表中自动带入，审核是否申请 3 年的排放量，即设备管线与组件密封点泄漏挥发性有机物、挥发性有机液体储罐排放的挥发性有机物以及挥发性有机液体装载过程排放的挥发性有机物 3 年许可排放量。

表 5-13 企业大气排放总许可量表审核要点

序号	污染物种类	第一年/（t/a）	第二年/（t/a）	第三年/（t/a）	第四年/（t/a）	第五年/（t/a）
1	颗粒物	136.38	136.38	136.38	/	/
2	SO_2	335.03	335.03	335.03	/	/
3	NO_x	697.92	697.92	697.92	/	/
4	VOCs	426.6	426.6	426.6	/	/

审核注意要点：

重点与各总量指标文件进行对比，确保从严确定许可排放量。

表 5-14　废水直接排放口基本情况表审核要点

序号	排放口编号	排放口地理坐标		排放去向	排放规律	间歇排放时段	受纳自然水体信息		汇入受纳自然水体处地理坐标		其他信息
		经度	纬度				名称	受纳水体功能目标	经度	纬度	
1	WS0105			排至厂内综合污水处理站	连续排放，流量不稳定且无规律，但不属于冲击型排放	/			° ′ ″	° ′ ″	
2	WS0107			排至厂内综合污水处理站	连续排放，流量不稳定且无规律，但不属于冲击型排放	/			° ′ ″	° ′ ″	
…	…	…	…	…	…	…	…	…	…	…	…

审核注意要点：

对于废水总排放口，应审核排放口编号、排放口经纬度、排放去向、排放规律、进入自然水体信息是否填报完整。如果对于车间或生产设施排口，可不填写受纳水体信息，但需填报排放口地理坐标，便于后续管理。

表 5-15　雨水排放口基本情况表审核要点

序号	排放口编号	排放口地理坐标		排放去向	排放规律	间歇排放时段	受纳自然水体信息		汇入受纳自然水体处地理坐标		其他信息
		经度	纬度				名称	受纳水体功能目标	经度	纬度	
1	WS0001			直接进入海域	间断排放，排放期间流量不稳定且无规律，但不属于冲击型排放	下雨期	北部湾海域	第三类	108°37′31.12″	19°3′48.13″	

审核注意要点：

需审核雨水排放口编号、排放口经纬度、排放去向、排放规律是否填报完整。为今后的环境监管打好基础准备。雨水排口是单独编号，填写企业内部编号，如无内部编号，则采用“YS+三位流水号数字”（如 YS001）进行编号。

表 5-16 废水间接排放口基本情况表审核要点

序号	排放口编号	排放口地理坐标		排放去向	排放规律	间歇排放时段	受纳污水处理厂信息		
		经度	纬度				名称	污染物种类	国家或地方污染物排放标准浓度限值/（mg/L）
1	WS17002			进入其他单位	连续排放，流量不稳定且无规律，但不属于冲击型排放	/	中海石油化学股份有限公司污水处理厂		

审核注意要点：

对于间接排放口，需要审核废水总排放口经纬度、排放去向、排放规律、受纳污水处理厂名称等是否填报完整。需重点关注：受纳污水处理厂是园区污水处理厂还是城镇污水处理厂，与后面核定废水许可排放浓度有关。如果进入城镇污水处理厂，则按直排标准进行核定许可排放浓度；如果进入园区污水处理厂，常规因子可以商定，特征因子则按间排标准核定许可排放浓度。

表 5-17 废水污染物排放执行标准表审核要点

序号	排放口编号	污染物种类	国家或地方污染物排放标准		其他信息
			名称	浓度限值/（mg/L）	
1	WS0105	总汞	《石油炼制工业污染物排放标准》（GB 31570—2015）	0.05	
2	WS0105	烷基汞	《石油炼制工业污染物排放标准》（GB 31570—2015）	/	不得检出
5	WS17002	氨氮（NH_3-N）	污水处理外委合同	70	
6	WS17002	悬浮物	污水处理外委合同	100	
7	WS17002	pH 值	污水处理外委合同	6～9	
8	WS17002	化学需氧量	污水处理外委合同	800	
…	…	…	…	…	…

审核注意要点：

1. 需审核污染物种类、执行标准名称、浓度限值是否填报完整。对于直接排放，注意与地方排放标准相结合。对于间接排放，只有进入园区污水处理厂时常规污染物可以协商排放浓度，其他按标准确定。协商浓度时，应根据协议确定。

2. 排放一类污染物的车间排放口，根据技术规范要求，按照装置类型，核实执行的排放标准、浓度限值是否正确。特别注意：车间排口管控的污染物，无论直接排放还是间接排放，排放标准限值相同。

表 5-18 废水污染物排放审核要点

序号	排放口编号	污染物种类	申请排放浓度限值/（mg/L）	申请年排放量限值/（t/a）					申请特殊时段排放量限值
				第一年	第二年	第三年	第四年	第五年	
主要排放口									
1	WS17002	悬浮物	100	/	/	/	/	/	/
2	WS17002	石油类	20	/	/	/	/	/	/
3	WS17002	氨氮（NH_3-N）	70	95.05	95.05	95.05	/	/	/
4	WS17002	化学需氧量	800	1 086.24	1 086.24	1 086.24	/	/	/
5	WS17002	pH 值	6 月 9 日	/	/	/	/	/	/
主要排放口合计		COD_{Cr}	1 086.24	1 086.24	1 086.24	/	/		
		氨氮	95.05	95.05	95.05	/	/		
一般排放口									
设施或车间废水排放口									
1	WS0105	总汞	0.05	/	/	/	/	/	/
2	WS0105	烷基汞	/	/	/	/	/	/	/
3	WS0107	总砷	0.5	/	/	/	/	/	/
4	WS0108	总镍	1	/	/	/	/	/	/
全厂排放口源									
全厂排放口总计		氨氮	95.05	95.05	95.05	/	/		
		COD_{Cr}	1 086.24	1 086.24	1 086.24	/	/		

审核注意要点：

1. 审核废水总排放口污染物种类、排放浓度限值填报是否完整。

2. 对于 2015 年 1 月 1 日（含）后取得环评批复的企业，申请许可排放浓度不得大于环评及批复中的排放浓度。

3. 管控许可排放量的因子包括 COD 和氨氮，根据所在区域及排放去向，确定是否增加总磷、总氮，根据受纳水体确定是否增加其他控制因子。

4. 废水不需要填报特殊时段许可排放量限值。“申请特殊时段排放量限值”现阶段暂时填写“/”。

5. 对于 2015 年 1 月 1 日（含）后取得环评批复的企业，车间排放口一类污染物的许可排放浓度不得大于环评及批复中的排放浓度。

6. 废水许可排放量审核：根据规范要求和企业提供的计算过程，核实许可排放量的准确性。需要注意以下两点：（1）申请年排放量不得大于已有的总量控制指标；（2）2015 年 1 月 1 日（含）后取得环评批复的企业，申请排放量不得大于环评及批复的总量。

7. 废水许可排放量核算通过合法的加工能力或产品产能、排水量和许可排放浓度来核定。对于排水量，石油炼制工业依据标准采用基准排水量；石油化学工业取近 5 年单位产品实际排水量的平均值，但需剔除浓度限值超标或者监测数据缺失时段，运行不满 5 年的则从投产之日开始计算；同时需要满足地方的要求。

表 5-19 自行监测及记录信息表审核要点

序号	污染源类别	排放口编号	监测内容	污染物名称	监测设施	自动监测是否联网	自动监测仪器名称	自动监测设施安装位置	自动监测设施是否符合安装、运行、维护等管理要求	手工监测采样方法及个数	手工监测频次	手工测定方法	其他信息
1	废水	WS0105	流量	总汞	手工					混合采样至少 3 个混合样	1 次/月	《水质 总汞的测定 冷原子吸收分光光度法》（HJ 597—2011 代替 GB 7468—87）	
2		WS0105	流量	烷基汞	手工					混合采样至少 3 个混合样	1 次/半年	《水质 烷基汞的测定 气相色谱法》（GB/T 14204）	
3		WS0107	流量	总砷	手工					混合采样至少 3 个混合样	1 次/月	《水质 总砷的测定 二乙基二硫代氨基甲酸银分光光度法》（GB 7485—87）	
4		WS0108	流量	总镍	手工					混合采样至少 3 个混合样	1 次/月	《水质 镍的测定 火焰原子吸收分光光度法》（GB 11912—89）	
5		WS17002	流量	pH 值	自动	否	PD1P1	处理后水池出口	是	混合采样至少 3 个混合样	1 次/日	《水质 pH 值的测定 玻璃电极法》（GB 6920—1986）	

序号	污染源类别	排放口编号	监测内容	污染物名称	监测设施	自动监测是否联网	自动监测仪器名称	自动监测设施安装位置	自动监测设施是否符合安装、运行、维护等管理要求	手工监测采样方法及个数	手工监测频次	手工测定方法	其他信息
…	废水	…	…	…	…	…	…	…	…	…	…	…	
26		FQ-17019	氧含量，烟气流速，烟气温度，烟气含湿量，烟气量	二氧化硫	自动	是	SCS-900 型烟气排放连续监测系统	加热炉顶层平台	是	非连续采样 至少3个	设备故障时 4 h/次	《固定污染源排气中二氧化硫的测定 碘量法》（HJ/T 56—2000）	
27		FQ-17019	氧含量，烟气流速，烟气温度，烟气含湿量，烟气量	氮氧化物	自动	是	SCS-900 型烟气排放连续监测系统	加热炉顶层平台	是	非连续采样 至少3个	设备故障时 4 h/次	《固定污染源废气氮氧化物的测定定电位电解法》（HJ 693—2014）	
28		FQ-17019	氧含量，烟气流速，烟气温度，烟气含湿量，烟气量	颗粒物	自动	是	SCS-900 型烟气排放连续监测系统	加热炉顶层平台	是	非连续采样 至少3个	设备故障时 4 h/次	《固定污染源排气中颗粒物测定与气态污染物采样方法》（GB/T 16157—1996）	
29		厂界	温度，湿度，气压，风速，风向	甲苯	手工					非连续采样 至少3个	1 次/季	《环境空气 苯系物的测定 固体吸附/热脱附-气相色谱法》（HJ 583—2010 代替 GB/T 14677—93）	

序号	污染源类别	排放口编号	监测内容	污染物名称	监测设施	自动监测是否联网	自动监测仪器名称	自动监测设施安装位置	自动监测设施是否符合安装、运行、维护等管理要求	手工监测采样方法及个数	手工监测频次	手工测定方法	其他信息
30	废水	设备与管线组件动静密封点	挥发性有机物	挥发性有机物	手工					非连续采样 至少1个	1次/季	《泄漏和敞开液面排放的挥发性有机物检测技术导则》（HJ 733—2014）	泵、压缩机、阀门、开口阀或开口管线、气体/蒸汽泄压设备、取样连接系统
31		设备与管线组件动静密封点	挥发性有机物	挥发性有机物	手工					非连续采样 至少1个	1次/半年	《泄漏和敞开液面排放的挥发性有机物检测技术导则》（HJ 733—2014）	法兰及其他连接件、其他密封设备
…	…	…	…	…	…	…	…	…	…	…	…	…	…

审核注意要点：

1. 采用自动监测的需填报除“其他信息”外的所有信息。填报手工监测频次和方法，是指在自动监测设施出现故障时，所采用的手工监测。

2. 采用手工监测的可不填报自动监测相关信息和“其他信息”，其余的内容均需填报。

3. 审核总排口和排放一类污染物的车间排放口监测内容是否包括流量。

4. 审核污染物监测方式、监测频次、测定方法是否符合规范中自行监测管理要求。

5. 废气监测内容的审核需注意：（1）非燃烧类废气是否填报了烟气流速、烟气温度、烟气含湿量、烟气量；（2）燃烧类废气是否填报了氧含量、烟气流速、烟气温度、烟气含湿量、烟气量。

6. 废气自行监测内容应包括有组织监测、厂界监测和设备与管线组件密封点泄漏检测，注意是否有漏填。

表 5-20 环境管理台账信息表审核要点

序号	设施类别	操作参数	记录内容	记录频次	记录形式	其他信息
1	生产设施	基本信息	（1）原料油、辅料和燃料气的名称、来源、进厂方式、使用量；（2）燃料还需记录硫含量、热值；（3）加热炉需记录热效率、含氧量、炉膛平均温度、运行时间；（4）催化裂化再生器需记录烧焦温度、运行时间；（5）硫黄回收装置需记录运行时间；（6）各生产设施开停工、检维修情况记录包括开停工、检维修起始时间、终止时间、持续时长、情形描述、应对措施等；（7）火炬运行信息需记录火炬的工作状态（火炬气流量、火炬头温度、火炬出口流速、火炬气热值、火炬气组成成分）	原料油、辅料和燃料气信息记录频次为 1 次/周；加热炉、催化裂化再生器、硫黄回收装置记录频次为 1 次/天	电子台账+纸质台账	保存时间至少 3 年
3	污染防治设施	基本信息	污染防治设施名称、工艺、改造相关验收资料、运行规程和技术资料等	结合污染防治设施改造更新，并长期保存	电子台账+纸质台账	保存时间至少 3 年
…	…	…	…	…	…	…

审核注意要点：

1. 信息完整性审核记录内容是否包括生产设施的基本信息、污染治理设施运行管理信息、监测记录信息以及其他环境管理信息等。其中生产设施基本信息记录包括原辅燃料、产品信息、生产装置或设施、公用单元和全厂运行情况等内容。

2. 生产设施的监测记录内容审核包括废气排放口、厂界、设备与管线组件密封点泄漏监测信息。

3. 污染防治设施运行管理信息审核包括：（1）有组织废气治理设施运行记录；（2）无组织废气排放控制记录措施执行情况；（3）废水处理设施运行信息；（4）污染治理设施维护记录。

4. 污染防治设施的监测记录内容审核包括：废气和废水的手动监测或自动监测的详细信息记录。

5. 污染防治设施的其他环境管理信息审核包括：（1）各项运行管理要求落实情况；（2）如出现设施故障时，应记录故障时间、处理措施、污染物排放情况等；（3）如生产设施开停工、检维修时，应记录起止时间、情形描述、应对措施及污染物排放浓度等。

6. 审核记录频次、记录形式和保存时间是否完整。同时需要对照规范内容判定是否符合要求。

7. “记录频次”规范性审核包括：（1）生产设施运行信息：按班次记录；（2）原辅料：按批次记录和分析检测；（3）污染治理设施：按运行班次记录；（4）监测记录：按自行监测要求记录；（5）特殊时段按日记录；（6）非正常按次记录。

8. 记录形式可以填写纸质台账，也可填写电子台账，或者是二者均有，保存时间按照技术规范要求。

表 5-21　执行报告信息表审核要点

审核注意要点： 年度执行报告编制内容应包括基本生产信息、遵守法律法规情况、污染防治设施运行情况、自行监测情况、台账管理情况、实际排放情况及合规判定分析、排污费（环境保护税）缴纳情况、信息公开情况、排污单位内部环境管理体系建设与运行情况、其他排污许可证规定的内容执行情况、其他需要说明的问题、结论、附图附件要求共 13 部分内容。 需要关注点：(1) 针对上报频次，原则上要求企业上报年度、季度报告。(2) 针对地方生态环境主管部门有其他管理要求的，也可以让企业上报月度报告和半年度报告。(3) 对于设备故障、非正常工况等属于一事一报范畴。

表 5-22　附图审核要点

审核注意要点： 附图要求上传“工艺流程图、总平面布置图和污水、雨水管线图”，审查上传的图件是否清晰可见、图例明确，且不能有上下左右颠倒的情况。 审查生产工艺流程图是否包括主要生产设施、主要原燃料的流向、生产工艺流程等内容，工艺复杂的，可上传多张图。 对于厂区总平面布置图可与污水、雨水管线图合并，审查是否包括主体设施、公辅设施、全厂污水处理站、管线走向等，另外需要注明厂区雨水和污水排放口位置。

表 5-23　有核发权的地方生态环境主管部门增加的管理内容及改正措施填报要点

核发注意要点： 省级生态环境主管部门按环境质量改善需求增加的管理要求，应在此填报。 针对企业申请的排污许可要求，评估污染物排放及环境管理现状，针对企业不满足要求的，应填报“整改措施”。

5.2.3　易错问题汇总

通过梳理全国排污许可平台上已核发排污许可证，发现排污许可证的核发在以下几个方面容易出现错误。

(1) 装置规模不符合产业政策。根据《产业结构调整指导目录（2019 年本）》，200 万 t/a 及以下常减压装置（青海格尔木、新疆泽普装置除外）属于淘汰类。如某企业位于长三角地区，常减压蒸馏装置规模为 150 万 t/a，属于《产业结构调整指导目录（2019 年本）》中的淘汰类。根据《排污许可管理办法（试行）》，该生产装置应不予核发排污许可证。

(2) 产排污环节遗漏。①遗漏生产废水污染源，如某企业生产过程中产生废水，但其排污许可证副本“表 5　废水类别、污染物及污染治理设施信息表”中未填报生产废水的产生、治理及排放相关信息。②遗漏有组织废气污染源，如某企业装载设施设置了油气回收，无组织变为有组织，但“表 6　大气排放口基本情况表”中缺少装载油气回收有组织废气排放口相关信息。③遗漏无组织排放源，如某企业“表 4　废气产排污节点、污染物及污染治理设施信息表”中未填写储罐的挥发性有机液体无组织排放源，因此导致后续表格中储罐挥发性有机物无组织排放许可限值及自行监测要求等内容缺失。

（3）污染因子缺失。①遗漏废水污染因子问题，如某企业为炼油企业，包括了苯系物的生产，“表 5　废水类别、污染物及污染治理设施信息表”中废水总排放口污染因子包括了废水总排放口污染因子填写了化学需氧量、氨氮（NH_3-N）、总氮（以 N 计）、pH 值、悬浮物、五日生化需氧量、总有机碳、总磷（以 P 计）、石油类、硫化物、挥发酚、总钒、甲苯、邻二甲苯、对二甲苯、间二甲苯、乙苯、总氰化物，但遗漏了《石油炼制工业污染物排放标准》（GB 31570—2015）中规定的污染物项目苯，因此导致后续表格中苯的许可排放浓度、自行监测要求缺失。②遗漏有组织废气污染因子问题，如某企业生产装置的加热炉排放颗粒物、氮氧化物和二氧化硫，但“表 4　废气产排污节点、污染物及污染治理设施信息表”中，工艺加热炉烟气排放的污染物项目仅填报了二氧化硫，遗漏了《石油化学工业污染物排放标准》（GB 31571—2015）中规定的污染物项目氮氧化物和颗粒物，导致氮氧化物和颗粒物两项因子的许可排放浓度、自行监测要求等内容缺失。③遗漏无组织废气污染因子，如某石化企业“表 9　大气污染物无组织排放”中厂界污染因子填写了甲苯、二甲苯、苯、苯并[*a*]芘、非甲烷总烃、颗粒物、氯化氢，但遗漏了氨、硫化氢和臭气浓度污染因子。

（4）排放口相关错误。①遗漏雨水排放口，如某企业设有雨水排放口，但“表 11-1　雨水排放口基本情况表”中未填报雨水排放口的相关内容，导致雨水排放口未纳入排污许可证。②大气排放口识别不全，如某企业设有加热炉废气有组织排放口和火炬排放口，但“表 6　大气排放口基本情况表”中这两个排放口内容缺失，导致后面许可排放限值及自行监测等管理要求缺失。③排气筒高度不符合要求，如根据《石油化学工业污染物排放标准》（GB 31571）排气筒高度不应低于 15 m，但某石化企业“表 6　大气排放口基本情况表”中一排气筒高度仅为 4.7 m，不符合标准要求。

（5）许可排放限值确定错误。①排放标准选取错误，如某企业“表 7　废气污染物排放执行标准表”中，加热炉排放口颗粒物、二氧化硫、氮氧化物的许可排放浓度限值应按规定分别执行《石油化学工业污染物排放标准》（GB 31571—2015）中 20 mg/m^3、100 mg/m^3、150 mg/m^3，却分别填报了《大气污染物综合排放标准》（GB 16297—1996）中的 50 mg/m^3、400 mg/m^3、300 mg/m^3。②许可排放限值错误，如某企业废水直接排入环境水体，“表 13　废水污染物排放”中石油类的许可排放浓度限值应选用 GB 31571 表 1 中废水直接排放的标准限值 5 mg/L，但该企业选用了废水间接排放标准限值 20 mg/L，不符合排放标准要求。某石化企业“表 6　大气排放口基本情况表”中，DA012 高度为 70 m，其排放的硫化氢执行《恶臭污染物排放标准》（GB 14554—93），执行排放速率应为 7.25 kg/h。但“表 7　废气污染物排放执行标准表”中硫化氢排放速率 14 kg/h，不符合排放标准要求。

（6）许可量遗漏、计算错误。①缺少废水许可排放量，如纳入排污许可重点管理的石化企业应许可污染物排放量，废水主要许可排放量的污染物项目为 COD、氨氮、总磷、总氮，但“表 13　废水污染物排放”中仅包括了 COD 和氨氮许可排放量，缺少总磷、总氮的许可排放量。②未采用技术规范中的方法确定废水污染物许可排放量，如石化企业废水污染物年许可排放量为原（料）油加工能力或产品产能、加工单位原（料）油或产品基准排水量及水污染物许可排放浓度限值的乘积确定，其中执行 GB 31571 的排污单位，取近 5 年单位产品实际排水量的平均值，但执行 GB 31571 的某企业“表 13　废水污染物排放”中计算废水污染物许可排放量采用了“设计排水量+初期雨水量”乘以许可排放浓度的方法，未按照技术规范中规定的方法计算废水污染物许可排放量。③计算过程中产能选取错误，如某企业“表 13　废水污染物排放”中，水污染物许可排放量计算时产品产能采用了实际产能 82 800 t/a 计算，未按设计产能 35 000 t/a 计算，导致许可排放量偏大，不符合技术规范要求。

（7）自行监测要求错误。①自行监测内容缺失，如某企业“表 15　自行监测及记录表”自行监测内容缺失，遗漏流量、烟气流速、烟气温度、烟气含湿量等。②监测频次不符合要求，如某企业“表 15　自行监测及记录表”连续重整重沸炉等加热炉排气口氮氧化物自行监测方案为按季度监测，未按照技术规范落实在线监测要求。③厂界及无组织监测内容缺失，如某企业“表 15　自行监测及记录表”中仅填报了废气有组织监测信息，缺少厂界和静动密封点自行监测内容。

（8）管理要求遗漏。①遗漏执行报告、信息公开要求，如某企业“表 17　执行（守法）报告信息表”及“表 18　信息公开表”均未填写，不符合《排污许可管理办法（试行）》中对排污许可证内容的要求，后续也无法按照排污许可证对企业进行监督执法。②缺少运行管理要求，如某企业排污许可证副本中未填报《技术规范》6.2.2 节中相关运行管理要求。

6 排污许可证后监管

6.1 材料审查

6.1.1 污染物排放合规性审查（见表 6-1）

表 6-1 废气排放合规性执法检查表

检查类别	排放口（源）合规性检查	排放浓度与许可浓度一致性检查	实际排放量与许可排放量一致性检查
检查内容	废气排放口基本情况（查证是否有漏报排污口的情况）	（1）各有组织排放口和企业边界无组织污染物。 （2）执法监测数据。 （3）自动监测数据计算得到的有效小时浓度。 （4）手工监测数据	（1）有组织主要排放口的大气污染物实际排放量。 （2）设备与管线组件、挥发性有机液体储存、挥发性有机液体装载挥发性有机物年实际排放量
对照标准依据	《排污许可证申请与核发技术规范　石化工业》《排污口规范化整治技术要求（试行）》《大气污染防治法》	《排污许可证申请与核发技术规范　石化工业》 （1）执法监测 按照监测规范要求获取的执法监测数据不超过许可排放限值的，即视为合规。 （2）排污单位自行监测 ①按照监测规范要求获取的自动监测数据（剔除异常值）计算得到的有效小时浓度均值不超过许可排放浓度限值，即视为合规。 ②按照自行监测方案开展手工监测，监测结果不超过许可排放限值，即视为合规	《排污许可证申请与核发技术规范　石化工业》 （1）排污单位有组织排放源主要排放口的大气污染物年实际排放量之和不超过主要排放口污染物年许可排放量之和，即视为合规。 （2）无组织排放源 设备与管线组件、挥发性有机液体储存、挥发性有机液体装载挥发性有机物年实际排放量分别不超过其年许可排放量，即视为合规

检查类别	排放口（源）合规性检查	排放浓度与许可浓度一致性检查	实际排放量与许可排放量一致性检查
检查重点	现场核对排放口是否按照规定设置大气污染物排放口	以核发的排污许可证为基础，对照有组织排放口和企业边界无组织污染物排放浓度是否按照 GB 31570、GB 31571、GB 31572、GB 13271、GB 18484 和 GB 14554 确定	主要排放口颗粒物、SO_2、NO_x、挥发性有机物的实际排放量核算是否正确
检查方法	现场核实是否已按规定设置大气污染物排放口。主要参照《排污口规范化整治技术要求》进行检查	对照 GB 31570、GB 31571、GB 13223、GB 13271、GB 14554、GB 18484 等标准，核对现执行的排放标准是否正确	实际排放量核算方法包括实测法（分自动监测和手工监测）、物料衡算法、产污系数法

6.1.1.1 废气排放口（源）合规性检查

资料审查过程中，废气排放口重点检查有组织排放口编号、数量、地理坐标、排气筒高度、排气筒出口内径、排放污染物种类等基本信息。石化行业中，氧化沥青装置排气筒为一般排放口，火炬废气排放口为特殊排放口，其他废气排放口为主要排放口。各装置主要废气排放口汇总见表 6-2。

核对企业生产装置的类别、数量，对照常规废气排放口汇总表（见表 6-2），校核排污许可申报的主要废气排放口是否存在遗漏少报。

表 6-2 石化行业各装置废气主要排放口汇总表

装置名称	主要产污设施	主要污染物
常减压蒸馏装置	常压加热炉	SO_2、氮氧化物、颗粒物
	减压加热炉	
催化裂化装置	烟气脱硝设施	SO_2、氮氧化物、颗粒物
连续重整装置	加热炉（预加氢进料加热炉、汽提塔重沸炉、石脑油分馏塔重沸炉、重整四合一加热炉、脱戊烷塔重沸炉、脱重塔重沸炉等）	SO_2、氮氧化物、颗粒物
	重整催化剂再生器	氯化氢、挥发性有机物
酸性汽回收装置	脱臭罐（酸性水罐尾气排放口）	H_2S、挥发性有机物
	硫黄回收装置焚烧	SO_2、H_2S（硫黄回收后制硫酸工艺会产生硫酸雾）
延迟焦化装置	焦化加热炉	SO_2、氮氧化物、颗粒物
减黏裂化装置	减黏加热炉	SO_2、氮氧化物、颗粒物
加氢裂化装置	加热炉	SO_2、氮氧化物、颗粒物
烷基化装置	裂解炉	SO_2、H_2S
加氢精制装置	加氢加热炉	SO_2、氮氧化物、颗粒物

装置名称	主要产污设施	主要污染物
制氢装置	制氢转化炉	SO_2、氮氧化物、颗粒物
催化汽油吸附脱硫（S-zorb）装置	再生器	SO_2、颗粒物
	进料加热炉	SO_2、氮氧化物、颗粒物
乙烯裂解装置	乙烯裂解炉	SO_2、氮氧化物、颗粒物
	清焦炉	SO_2、氮氧化物、颗粒物
	废碱氧化反应器	挥发性有机物、硫化氢
乙苯-苯乙烯装置	循环苯加热炉	SO_2、氮氧化物、颗粒物
聚丙烯装置	添加剂进料料仓（料仓废气排放口）	颗粒物、挥发性有机物
	混合器（废气排放口）	
	离心干燥器（废气排放口）	
	料仓（料仓废气排放口）	
储罐	油气回收设施	挥发性有机物（如未设置油气回收设施的需填报无组织排放）
污水处理设施	VOCs 治理设施	挥发性有机物、苯、甲苯、二甲苯、H_2S、氨、臭气浓度

（1）废气排放浓度与许可浓度一致性检查

资料审查过程中，以核发的排污许可证为基础，首先，核实填报的废气污染物许可排放浓度限值是否准确，是否按照《石油炼制工业污染物排放标准》（GB 31570）、《石油化学工业污染物排放标准》（GB 31571）、《火电厂大气污染物排放标准》（GB 13223）、《恶臭污染物排放标准》（GB 14554）、《锅炉大气污染物排放标准》（GB 13271）、《危险废物焚烧污染控制标准》（GB 18484）等标准予以确定，核对企业所在区域是否需要执行特别排放限值。确认是否有特殊时期排放限值要求。

核对企业出具的自行监测报告是否符合大气污染物监测要求。排气筒中大气污染物的监测采样按 GB/T 16157、HJ/T 397、HJ 732、HJ/T 373 或 HJ 75、HJ 76 的规定执行。企业边界大气污染物监测按 HJ/T 55 的规定执行。

硫黄回收尾气、污水处理厂有机废气收集处理装置排气筒等需要管控恶臭项目，且需执行许可排放速率；目前在排放标准中，有机废气排放口挥发性有机物没有浓度限值，但是要关注去除效率。

最后，查阅企业本次执法周期内的监督性监测报告、手工监测报告、自动监测数据报表。比对排放限值，是否存在超标情况。如有超标现象，查看企业对超标情况及整改措施情况的说明。

（2）大气污染物实际排放量与许可排放量一致性检查

根据《排污许可证申请与核发技术规范　石化工业》10.2.2 排放量合规判定要求：

①有组织排放源

排污单位有组织排放源主要排放口的大气污染物年实际排放量之和不超过主要排放口污染物年许可排放量之和，即视为合规。有特殊时段许可排放量要求的，实际排放量不得超过特殊时段许可排放量。

②无组织排放源

设备与管线组件、挥发性有机液体储存、挥发性有机液体装载挥发性有机物年实际排放量分别不超过其年许可排放量，即视为合规。

检查企业无组织污染控制管理台账，对照挥发性有机液体储罐污染控制要求、设备与管线组建泄漏污染控制要求，检查台账记录是否齐全。石油炼制工业企业的设备与管线组件应设置编号和永久标志，泄漏检测按 HJ 733 的规定执行。根据 GB 31570，对浮盘的检查至少每 6 个月进行一次，每次检查应记录浮盘密封设施的状态，记录应保存 1 年以上。泄漏检测应记录监测时间、检测仪器读数；修复时应记录修复时间和确认已完成修复的时间，记录修复后检测仪器读数，记录应保存 1 年以上。

实际排放量核算方法包括实测法（分自动监测和手工监测）、物料衡算法、产污系数法。

废气中挥发性有机物、颗粒物（烟尘）、二氧化硫、氮氧化物污染物实际排放量，应当采用自动监测的排放口和污染因子，根据符合监测规范的有效自动监测数据核算实际排放量。应当采用自动监测而未采用的排放口或污染因子，采用产污系数法核算实际排放量，且均按直接排放进行核算。

未要求采用自动监测的排放口或污染因子，按照优先顺序依次选取符合国家有关环境监测、计量认证规定和技术规范的自动监测数据、手工和执法监测数据进行核算；若同一时段的手工监测数据与执法监测数据不一致，以执法监测数据为准；未按照相关规范文件等要求进行手工监测（无有效监测数据）的排放口或污染物，对有有效治理设施的按照排污系数法核算，无有效治理设施的按产污系数法核算。

资料审查过程中，首先，对照企业排污许可证填报的废气排放总量值，校核执行报告年报中填报的实际排放总量数据是否符合总量控制要求。其次，核实采用实测法核算的自动监测数据的有效性；核实采用排污系数法核算方法的准确性。最后，查阅设备与管线组件、挥发性有机液体储存、挥发性有机液体装载挥发性有机物监测台账，计算无组织年排放总量。

6.1.1.2 废水排放合规性审查（见表 6-3）

表 6-3 废水排放合规性审查表

检查类别	排放口（源）合规性检查	排放浓度与许可浓度一致性检查	实际排放量与许可排放量一致性检查
检查内容	废水排放口基本情况、雨水排放口基本情况	（1）废水排放口排放的污染物排放许可限值。 （2）执法监测数据。 （3）自动监测数据计算得到的有效小时浓度。 （4）手工监测数据计算得到的有效日均浓度值	废水排放口所有污染物年实际排放量之和是否符合污染物年许可排放量
对照标准依据	《排污许可证申请与核发技术规范 石化工业》《排污口规范化整治技术要求（试行）》《水污染防治法》	《排污许可证申请与核发技术规范 石化工业》 （1）执法监测 按照 HJ/T 91 监测要求获取的执法监测数据不超过许可排放浓度的，即视为合规。 （2）排污单位自行监测 ①按照监测规范要求获取的自动监测数据计算得到有效日均浓度值不超过许可排放浓度的，即视为合规。②按照自行监测方案开展手工监测，计算得到的有效日均浓度值不超过许可排放浓度的，即视为合规	《排污许可证申请与核发技术规范 石化工业》废水排放口所有污染物年实际排放量之和不超过相应污染物的年许可排放量，即视为合规
检查重点	核实所有生产废水和排污厂区污水处理站的生活污水的排放口	以核发的排污许可证为基础，对照填报的废水污染物许可排放浓度限值是否按照 GB 31570、GB 31571 确定	COD、氨氮的实际排放量核算是否满足年许可排放量要求
检查方法	对照已核发的排污许可证，现场查看排放口，确定排放去向、受纳水体与排污许可证许可事项的相符性	对照《石油炼制工业污染物排放标准》（GB 31570）、《石油化学工业污染物排放标准》（GB 31571）等标准，核对现执行的排放标准是否正确	废水污染物实际排放量核算方法包括实测法（分自动监测和手工监测）和产排污系数法

（1）废水排放口合规性执法检查

资料审查过程中，核实废水、雨水排放口填报的基本情况，如排放口编号、排放口位置（经纬度坐标）、排放去向和排放规律、进入自然水体信息、受纳污水处理厂信息等要明确受纳污水处理厂的属性，是园区污水处理厂还是城镇污水处理厂，这与执行的排放标准密切相关。

核实排放一类污染物的车间排放口信息。

查看厂区雨水、污水集输管线走向及排放去向，废水排放口位置图。

校核废水排放口有无遗漏，石化行业中，废水排放口类型分为废水总排放口、车间或生产设施废水排放口。废水总排放口为主要排放口。各装置主要产废水的设施及主要污染物汇总见表 6-4。

表 6-4 石化行业各装置主要废水排放口汇总

装置名称	主要产污设施	主要污染物	污水去向
常减压蒸馏装置（含汞原油）	电脱盐废水	总汞、烷基汞（不加工含汞原油的常减压蒸馏装置废水不需要特别关注）	送污水处理设施
催化裂化装置	再生烟气脱硫废水	总镍	送污水处理设施
酸性汽回收装置	含硫含氨酸性水	总砷	送污水处理设施
延迟焦化装置	冷焦水、除焦水	苯并[a]芘	送污水处理设施
四乙基铅装置	蒸馏后废水	总铅	送污水处理设施
航空汽油调和车间	调和车间废水	总铅	送污水处理设施
污水处理设施	处理后达标废水	石油炼制工业：pH 值、悬浮物、化学需氧量、五日生化需氧量、氨氮、总氮、总磷、总有机碳、石油类、硫化物、挥发酚、总钒、苯、甲苯、邻二甲苯、间二甲苯、对二甲苯、乙苯、总氰化物	排入污水处理厂、直排外环境等
		石油化学工业：pH 值、悬浮物、化学需氧量、五日生化需氧量、氨氮、总氮、总磷、总有机碳、石油类、硫化物、氟化物、挥发酚、总钒、总铜、总锌、总氰化物、可吸附有机卤化物、废水有机特征污染物	排入污水处理厂、直排外环境等

（2）废水排放浓度与许可浓度一致性检查

根据《排污许可证申请与核发技术规范 石化工业》中 10.3.1 排放浓度合规判定，具体要求如下：

排污单位废水排放口污染物的排放浓度合规是指任一有效日均值（除 pH 值外）均满足许可排放浓度要求。

①执法监测

按照 HJ/T 91 监测要求获取的执法监测数据不超过许可排放浓度的，即视为合规。

若同一时段的执法监测数据与排污单位自动监测数据不一致，执法监测数据符合法定的监测标准和监测方法的，以该执法监测数据作为优先证据使用。

②自行监测

A. 自动监测。按照监测规范要求获取的自动监测数据计算得到有效日均浓度值不超过许可排放浓度的，即视为合规。对于自动监测，有效日均浓度是对应于以每日为一个监测周期，在周期内获得的某个污染物的多个有效监测数据的平均值。在同时监测污水排放流量的情况下，有效日均值是以流量为权重的某个污染物的有效监测数据的加权平均值；在未监测污水排放流量的情况下，有效日均值是某个污染物的有效监测数据的算术平均值。

B. 手工监测。按照自行监测方案开展手工监测，计算得到的有效日均浓度值不超过许可排放浓度的，即视为合规。

资料审查过程中，以核发的排污许可证为基础，首先，核实填报的废水污染物许可排放浓度限值是否准确，是否按照 GB 31570、GB 31571 确定。核对企业所在区域是否需要执行特别排放限值。确认是否有特殊时期排放限值要求。其次，对照标准，核对企业出具的自行监测报告是否符合水污染物监测的规范化要求。最后，查阅企业本次执法周期内的监督性监测报告、手工监测报告、自动监测数据报表。比对排放限值，是否存在超标情况。如有超标现象，查看企业对超标情况及整改措施情况的说明。

（3）水污染实际排放量与许可排放量一致性检查

根据《排污许可证申请与核发技术规范　石化工业》中 10.3.2 排放量合规判定：废水排放口所有污染物年实际排放量之和不超过相应污染物的年许可排放量，即视为合规。

根据《污染源源强核算技术指南　石油炼制工业》（HJ 982—2018），现有工程车间或生产设施废水排放口中重金属污染物、废水总排放口各污染源强核算采用实测法。采用实测法核算源强时，HJ 880 及排污单位排污许可证等要求采用自动监测的污染源强应采用有效的自动监测数据核算实际排放量。HJ 880 及排污单位排污许可证等未要求采用自动监测的污染源强优先采用自动监测数据核算，其次采用手工监测数据核算。

应当采用自动监测而未采用的排放口或污染因子，采用产污系数法核算实际排放量，且均按直接排放进行核算；未要求采用自动监测的排放口或污染因子，按照优先顺序依次选取符合国家有关环境监测、计量认证规定和技术规范的自动监测数据、手工监测数据进行核算；若同一时段的手工监测数据与执法监测数据不一致，以执法监测数据为准。非正常情况下，废水污染物在核算时段内的实际排放量采用产污系数法核算污染物排放量，且均按直接排放进行核算。

采用自动监测数据核算污染物排放量时，自动监测数据及获取数据的自动监测系统需要符合 HJ/T 353、HJ/T 354、HJ/T 355、HJ/T 356、HJ/T 373、HJ/T 630、HJ/T 853、HJ/T 880 及排污许可证等要求。

资料审查过程中，首先，对照企业排污许可证填报的废水排放总量值，校核执行报告年报中填报的实际排放总量数据。其次，核实采用实测法核算的自动监测数据的有效性；核实采用排污系数法核算方法的准确性。

（4）排放口合规性资料审查填报表（见表 6-5）

表 6-5 排放口合规性资料审查填报表

检查内容	排污许可证要求	实际执行	是否合规	备注
排放口基本信息	排污许可证填报的主要排放口数量、编号等与管理台账是否一致		是□ 否□	
排放限值准确性	排污许可证填报的排放限值是否符合现有法律法规要求		是□ 否□	
达标性	监督性监测、手工监测、自动监测等报告反映的企业排放浓度是否均达标		是□ 否□	
	废水手工监测和自动监测数据是否真实可行，核对数据是否在误差范围内		是□ 否□	
	废水、废气自动监测是否按照规范进行，每次校验标准样记录是否完整		是□ 否□	
	如有超标情况，有无情况说明和整改措施		是□ 否□	
总量控制	排污许可证填报的排放总量是否符合环保管理要求		是□ 否□	
	查看企业的执行报告，核对企业年度排放总量是否符合申报的总量控制要求		是□ 否□	
	校核实际排放总量的计算是否符合管理要求		是□ 否□	特殊情况可委托第三方进行审核

6.1.2 自行监测合规性审查（见表 6-6）

表 6-6 自行监测合规性审查表

检查内容	对照标准依据	检查重点	检查方法
（1）对照监测报告和监测记录，核实监测点位、项目与频次，核对采样和测定方法是否按照规范实施。 （2）检查企业是否建立自行监测质量保证与质量控制体系。 （3）检查企业自行监测信息公开情况	HJ 853—2017、HJ 819—2017、HJ 880—2017、HJ 947—2018、HJ/T 397、HJ/T 356、HJ/T 92	（1）检查企业的自行监测方案是否满足《排污单位自行监测技术指南 石油炼制工业》《排污单位自行监测技术指南 石油化学工业》的要求。 （2）对照监测报告和监测记录。 （3）检查企业自行监测信息公开情况	检查企业编制的自行监测方案中是否明确排污单位的基本情况、监测点位及示意图、监测污染物项目、执行标准及其限值、监测频次、采样和样品保存方法、监测分析方法和仪器、质量保证与质量控制、自行监测信息公开等

检查企业编制的自行监测方案中是否明确排污单位的基本情况、监测点位及示意图、监测污染物项目、执行标准及其限值、监测频次、采样和样品保存方法、监测分析方法和仪器、质量保证与质量控制、自行监测信息公开等，其中监测频次为监测周期内至少获取1次有效监测数据。

检查自动监测是否规范。废气自动监测参照 HJ 75、HJ 76 执行。废水自动监测参照 HJ/T 353、HJ/T 354、HJ/T 355 和 HJ/T 356 执行。监测数据与地方生态环境主管部门联网时，按照 HJ/T 212 要求实时上传监测数据。自动连续监测设备发生故障时，应开展手工监测，监测数据应及时报告生态环境主管部门。

检查手工监测是否规范。有组织废气手工采样方法的选择参照 GB/T16157、HJ/T 397 执行。无组织排放采样方法参照 HJ 733、HJ/T 55 执行。废水手工采样方法的选择参照 HJ 493、HJ 494、HJ 495 和 HJ/T 91 执行。

检查监测数据记录是否齐全，如同步记录监测期间的生产工况，应有手工监测的记录和自动监测运行维护记录。

自行监测执行情况检查表见表 6-7。

表 6-7　自行监测执行情况资料审查填报表

检查内容	实际执行	是否合规	备注
自行监测方案是否编制（监测内容应包括有组织监测、厂界监测、LDAR 监测）		是□　否□	
监测报告数量是否齐全		是□　否□	
自动监测设备配套是否齐全		是□　否□	
手工监测是否规范		是□　否□	
监测点位是否齐全		是□　否□	
监测指标是否齐全（燃烧类废气是否填报了氧含量、烟气流速、烟气温度、烟气含湿量、烟气量）		是□　否□	
监测频次是否到位		是□　否□	
监测信息是否公开		是□　否□	
自行监测质量保证与质量控制体系是否完备		是□　否□	
监测因子选取是否满足环境管理要求		是□　否□	

6.1.3 环境管理台账合规性审查（见表 6-8）

表 6-8 环境管理台账合规性审查表

检查内容	对照标准依据	检查重点	检查方法
是否有环境管理台账；台账是否符合相关规范要求	HJ 853—2017、HJ 944—2018	主要检查生产设施的基本信息、污染防治设施的基本信息、监测记录信息、运行管理信息和其他环境管理信息等的记录内容、记录频次和记录形式	查阅企业近 3 年的环境管理台账。 涉及专业技术的，可委托第三方技术机构对排污单位的环境管理台账记录进行审核

根据《排污许可申请与核发技术规范　石化工业》（HJ 853—2017）环境管理台账记录要求的规定：

排污单位应建立环境管理台账制度，设置专职人员开展台账记录、整理、维护等管理工作，并对台账、记录结果的真实性、准确性、完整性负责。

为便于携带、储存、导出及证明排污许可证执行情况，台账应按照电子化储存和纸质储存两种形式同步管理，保存期限不得少于 3 年。

排污单位环境管理台账应真实记录生产运行、污染治理设施运行、自行监测和其他环境管理信息。其中记录频次和内容须满足排污许可证环境管理要求。

根据《排污单位环境管理台账及排污许可证执行报告技术规范　总则（试行）》（HJ 944—2018），生产设施、污染防治设施运行管理信息及其他环境管理信息的记录频次较高（一般要求 1 次/日）。同时，台账记录（包括纸质和电子）均需要存储，这个要求对于企业来说，有一定的难度。因此，建议记录方式可以选择纸质台账或者电子台账，记录频次可以结合地方监管部门要求进行最终确定。

环境管理台账执行情况检查表见表 6-9。

表 6-9 环境管理台账合规性资料审查填报表

环境管理台账记录内容	排污许可证要求	实际执行	是否合规	备注
生产设施基本信息记录	按年记录，在发生变化时记录 1 次		是□　否□	
污染防治设施基本信息记录			是□　否□	
生产设施运行管理记录是否齐全（运行状况，生产负荷、产品产量、原辅料、燃料、电量等）	1 次/日或批次，非正常工矿记录		是□　否□	
污染防治设施运行管理情况（治理效率、药剂添加情况、设施维护记录等）	1 次/日，异常情况记录		是□　否□	

环境管理台账记录内容	排污许可证要求	实际执行	是否合规	备注
监测记录	对照自行监测计划记录每次监测的信息		是□　否□	
无组织废气污染防治管理维护情况	1 次/日		是□　否□	
特殊时段环境管理信息	记录停产或错峰生产的起止时间		是□　否□	
地方监管部门有特殊要求的			是□　否□	
台账保存时间	原则上 3 年		是□　否□	
设备故障、非正常工况记录	应记录故障时间、处理设施、污染物排放情况， 应记录开停工、检修时间，应对措施，污染物排放情况		是□　否□	

6.1.4　执行报告合规性审查（见表 6-10）

表 6-10　执行报告合规性审查表

检查内容	对照标准依据	检查重点	检查方法
检查执行报告格式内容是否正确、是否及时上报	HJ 853—2017、HJ 944—2018	检查执行报告月报、季报和年报。检查支撑数据的相关台账	查阅排污单位执行报告文件及上报记录。 涉及专业技术领域的，可委托第三方技术机构对排污单位的执行报告内容进行审核

根据《排污单位环境管理台账及排污许可证执行报告技术规范　总则（试行）》（HJ 944—2018）相关要求，执行报告台账审查可参照表 6-11 执行。

表 6-11　执行报告合规性资料审查填报表

审查内容	执行报告排污许可证要求		实际执行	是否合规	备注
查看企业纸质版执行报告形式及内容是否符合要求	年报所含内容	（1）申请者基本生产信息； （2）遵守法律法规情况； （3）污染防治设施运行情况； （4）自行监测情况； （5）台账管理情况； （6）实际排放情况及达标判定分析； （7）排污费（环境保护税）缴纳情况； （8）信息公开情况； （9）企业内部环境管理体系建设与运行情况； （10）其他与企业污染物排放、治理有关事项		是□　否□	

审查内容	执行报告排污许可证要求		实际执行	是否合规	备注
查看企业纸质版执行报告形式及内容是否符合要求	季报所含内容	实际排放情况及达标判定分析（超标排放或设施异常情况说明）；各月度生产时间、产品产量、原辅材料使用量、用水量等		是□　否□	
	月报所含内容	实际排放情况及达标判定分析		是□　否□	
查看信息平台电子版是否齐全，申报是否及时	年度报告每年1月15日之前上报； 季度报告每年4月15日、10月15日之前上报			是□　否□	
查看电子版内容与纸质内容是否一致	要求内容一致			是□　否□	
其他情况说明是否符合要求	执行过程中能遇到的困难、问题； 排污许可证需要变更情况说明； 事故说明； 设施停运等特殊紧急情况说明； 未开展自行监测、监测方案与排污许可证要求不符的说明； 整改计划说明			是□　否□	

6.1.5 信息公开合规性审查（表 6-12）

表 6-12　信息公开合规性审查表

检查内容	对照标准依据	检查重点	检查方法
查看企业信息公开的记录	《企业事业单位环境信息公开办法》（环境保护部令 第31号）、《突发环境事件应急管理办法》（环境保护部令 第34号）	查看企业信息公开的记录	查阅网站截图、报纸、照片或其他信息公开记录

根据《企业事业单位环境信息公开办法》（环境保护部令 第31号）第九条、《突发环境事件应急管理办法》（环境保护部令 第34号）第三十四条等规定，信息公开台账的审查可参照表6-13执行。

表 6-13 信息公开合规性资料审查填报表

信息公开检查内容	排污许可证要求	实际执行	是否合规	备注
一般排污单位信息公开	（1）基础信息，包括单位名称、组织机构代码、法定代表人、生产地址、联系方式，以及生产经营和管理服务的主要内容、产品及规模； （2）排污信息，包括主要污染物及特征污染物的名称、排放方式、排放口数量和分布情况、排放浓度和总量、超标情况，以及执行的污染物排放标准、核定的排放总量； （3）防治污染设施的建设和运行情况； （4）建设项目环境影响评价及其他环境保护行政许可情况； （5）突发环境事件应急预案； （6）其他应当公开的环境信息		是□ 否□	
	环境风险防范工作开展情况、突发环境事件应急预案及演练情况、突发环境事件发生及处置情况、落实整改要求情况等环境信息		是□ 否□	
重点监控单位	增加环境自行监测方案		是□ 否□	
信息公开方式是否符合要求	（1）公告或者公开发行的信息专刊； （2）广播、电视等新闻媒体； （3）信息公开服务、监督热线电话； （4）本单位的资料索取点、信息公开栏、信息亭、电子屏幕、电子触摸屏等场所或者设施； （5）其他便于公众及时、准确获得信息的方式		是□ 否□	

6.1.6 其他管理要求台账审查（见表 6-14）

表 6-14 其他管理要求执行情况资料审查填报表

类别	检查内容	实际执行	是否合规	备注
LDAR 台账	LDAR 建档台账（受控密封点信息是否完整）		是□ 否□	
	LDAR 检测台账是否内容齐全（检测频次是否达标，检测前校准，漂移记录是否记录完整，泄漏标识有无及时系挂和记录）		是□ 否□	
	泄漏维修记录是否完整（首次维修时间是否在发现泄漏之日5日内，复测时间是否符合要求，并有维修记录）		是□ 否□	

类别	检查内容		实际执行	是否合规	备注
固废管理台账	申报登记制度	如实地向所在地县级以上地方人民政府生态环境主管部门申报危险废物的种类、产生量、流向、贮存、处置等有关资料。申报事项有重大改变的，应当及时申报		是□ 否□	（环评审批的危废产生情况与实际情况严重不符时，应及时报备）
	转移联单制度	在转移危险废物前，向生态环境主管部门报批危险废物转移计划，并得到批准。转移联单保存齐全		是□ 否□	
	经营许可证制度	转移的危险废物，全部提供或委托给持危险废物经营许可证的单位从事收集、贮存、利用、处置的活动		是□ 否□	
	贮存设施管理	建立危险废物贮存台账，并如实和规范记录危险废物贮存情况		是□ 否□	
	利用设施管理	建立危险废物利用台账，并如实记录利用情况。定期对利用设施污染物排放进行环境监测，并符合相关标准要求		是□ 否□	
	处置设施管理	建立危险废物处置台账，并如实记录危险废物处置情况。定期对处置设施污染物排放进行环境监测		是□ 否□	
特殊时段管理台账	企业是否编制了重污染天气应急预案			是□ 否□	
	企业是否按照应急预案要求实施停产或限产，或者其他加强污染防治措施				
	企业停产或限产的支撑台账，生态环境部门备案情况				

6.2 现场检查

现场检查主要针对生产装置、公用工程、储运工程、污水处理站等设施进行检查，根据企业的实际情况填写，实现“一厂一册”。本节按生产环节，列出各生产装置的现场检查表。其中各生产装置通用的部分，加热炉和设备动静密封点作为通用工程。将储运系统、装载系统和污水处理厂作为公用工程。

在材料审查过程中如发现存在污染物排放超标或是排放浓度波动幅度较大的情况，应开展现场检查，确认采用的污染技术是否满足技术规范要求。石化工业排污单位主要废气可行技术见表 6-15。

表 6-15 石化工业排污单位生产装置或设施废气治理可行技术参照表

生产装置或设施	污染物	可行技术
锅炉	二氧化硫	湿法脱硫（石灰石法、氧化镁法、氨法、氢氧化钠法）、半干法脱硫、干法脱硫
	氮氧化物	低氮燃烧技术（低氮燃烧器、空气分级燃烧、燃料分级燃烧）、选择性催化还原法（SCR）、选择性非催化还原法（SNCR）
	颗粒物	袋式除尘、电除尘、湿式电除尘
工艺加热炉	二氧化硫	采用低硫燃料
	氮氧化物	低氮燃烧技术（低氮燃烧器、空气分级燃烧、燃料分级燃烧）
	颗粒物	采用清洁燃料
催化裂化装置	二氧化硫	湿法脱硫（氢氧化钠法、氧化镁法）
	氮氧化物	选择性催化还原法（SCR）
	颗粒物	袋式除尘技术
酸性气回收装置	二氧化硫	硫黄回收+焚烧+（碱洗技术）、酸性气制硫酸+（碱洗技术）
设备与管线组件	挥发性有机物	泄漏检测与修复（LDAR）
储罐	挥发性有机物	油气平衡、油气回收（冷凝、吸附、吸收、膜分离或组合技术等）、燃烧净化（热力焚烧、催化燃烧、蓄热燃烧）
装载	挥发性有机物、其他	顶部浸没式或底部装载方式+油气回收或燃烧净化
污水处理厂油水分离器	挥发性有机物	密闭集输与储存+油气回收或燃烧净化
	有机特征污染物	
污水处理厂生化单元	挥发性有机物、氨	生物滴滤
	有机特征污染物	
	硫化氢	生物滴滤、碱洗技术

注：①碱洗技术适用于执行特别排放限值的污染源；

②对于石油炼制排污单位，有机特征污染物为苯、甲苯、二甲苯；对于石油化学排污单位，有机特征污染物为 GB 31571 中表 6 所列有机特征污染物。

6.2.1 通用工程运行情况合规性检查

6.2.1.1 工艺加热炉（通用表）

存在于常减压蒸馏装置、催化重整装置、加氢精制装置、加氢裂化装置、乙烯裂解、延迟焦化、催化汽油吸附脱硫（S-zorb）装置、烷基化装置、制氢装置等。通用工程检查见表 6-16。

表 6-16 装置工艺加热炉检查表

排污节点	检查内容							
工艺加热炉排放口	（1）排放口信息核查						检查依据	证据来源
	排放口数量是否与许可证一致		是否存在或开启旁路	排放口高度是否大于 15 m		排放口位置是否准确	许可证	现场检查
	是□ 否□		是□ 否□	是□ 否□		是□ 否□		
	（2）在线监测情况核查						检查依据	证据来源
	加热炉额定功率是否≥14 MW[a]	NO_x 是否开展在线监测	实际开展在线监测的污染因子	烟气流速是否正常范围	含氧量是否正常	采样点位是否选择在垂直管段和烟道负压区域	HJ 76—2017	设计文件 监测数据
	是□ 否□	是□ 否□		是□ 否□	是□ 否□	是□ 否□		
	（3）污染物排放浓度及监测频次检查						检查依据	证据来源
	检查因子	排放限值[b]	自动监测实时数据是否达标	自动监测历史[d]数据是否达标	手工监测数据是否达标	监督性监测数据是否达标	GB 31570 GB 31571	监测报告
	颗粒物	20 mg/m^3	是□ 否□	是□ 否□	是□ 否□	是□ 否□		
	SO_2	100 mg/m^3	是□ 否□	是□ 否□	是□ 否□	是□ 否□		
	NO_x[b]	150 mg/m^3 180 mg/m^3[c]	是□ 否□	是□ 否□	是□ 否□	是□ 否□		
	（4）污染治理设施检查						检查依据	证据来源
	污染因子	治理技术	检查内容			备注	技术规范 许可证	设计文件 环评批复 现场检查
	SO_2		使用燃料类型与环评是否符合			是□ 否□		
	NO_x		是否配备脱硝技术			是□ 否□		
			脱硝装置运行是否正常			是□ 否□		
	烟尘		是否有除尘设施			是□ 否□		
			除尘装置运行是否正常			是□ 否□		

排污节点	检查内容					
	（5）自行监测检查				检查依据	证据来源
工艺加热炉排放口	污染因子	监测频次是否达标	监测方法	质量保证与控制文件是否齐全	许可证载明的采样及测定方法	采样、监测相关台账
	颗粒物	是□ 否□		是□ 否□		
	SO_2	是□ 否□		是□ 否□		
	NO_x	是□ 否□		是□ 否□		

注：[a]若加热炉额定功率＜14 MW，可不安装自动监测设施。

[b]排放限值参考《石油炼制工业污染物排放标准》（GB 31570—2015）表 3 排放限值，《石油化学工业污染物排放标准》（GB 31571—2015）表 4 排放限值。地方执行特别排放限值或有更严格的排放标准要求的，按照地方排放标准从严确定，混合排放废气的排放许可浓度按最严格的限值执行。

[c]若炉膛温度≥850℃的工艺加热炉执行该限值。

[d]历史记录即追溯到上一次企业执法检查。

6.2.1.2 设备动静密封点（通用表）

挥发性有机物流经的设备与管线组件主要包括泵、压缩机、搅拌器、阀门、泄压设备、取样连接系统、开口阀或开口管线、法兰、连接件和其他等 10 大类。产污环节为设备与管线组件密封点泄漏，主要污染物为挥发性有机物（VOCs）。检查内容见表 6-17。

表 6-17 装置动静密封点无组织废气污染防治情况检查表

排污节点	污染因子	排放形式	检查内容		检查依据	证据来源
设备与管件组线密封点	非甲烷总烃	无组织	（1）检测频次			
			是否开展 LDAR 工作	是□ 否□	GB 31570 GB 31571 许可证	检测台账
			泵、阀门、压缩机、搅拌器（机）、开口阀或开口管线、泄压设备、取样连接系统是否每 3 个月检测一次，查看检测台账	是□ 否□		
			法兰及其他密封件、其他连接设备是否每 6 个月检测一次，查看检测台账	是□ 否□		
			对于挥发性有机物流经的初次开工开始运转的设备和管线组件，是否在开工 30 日内进行首次检测	是□ 否□		

排污节点	污染因子	排放形式	检查内容		检查依据	证据来源
设备与管件组线密封点	非甲烷总烃	无组织	（2）泄漏及修复认定			
			泄漏点是否悬挂标识标牌，现场泄漏牌是否记录密封点编码、净检测值、检测或检查时间、检测人员	是□ 否□	GB 31570 GB 31571 许可证	修复台账
			复测[a]记录是否存在问题	是□ 否□		
			延迟修复[b]台账记录是否存在问题	是□ 否□		
			（3）相关台账记录			
			仪器校准记录[c]是否存在问题	是□ 否□	GB 31570 GB 31571 许可证	运维台账
			台账保存时间是否达到 3 年	是□ 否□		

注：[a]首次维修或实质性维修后，应在 5 日内完成验证检测（复测）。复测记录台账内容包括但不限于泄漏密封点编码、密封点类别、维修时间、维修方法、维修人员、复测值、复测人员、复测时间等。

[b]延迟修复即检测到泄漏后，在不关闭工艺单元的条件下，在 15 日内进行维修技术上不可行则可延迟修复，但修复时间不应晚于最近一个停工期。

[c]仪器校准记录内筒包括但不限于仪器名称、型号、编号、气密和流量检查结果，校准气体类别、浓度、零点及示值检查结果、校准结果（如果示值检查超标）、准备时间、操作人、审核人。

6.2.2 产污装置运行管理情况合规性检查

6.2.2.1 常减压蒸馏装置

常减压蒸馏装置检查内容详见表 6-18。

表 6-18 常减压装置污染防治情况检查表

检查项目	检查内容		检查依据	证据来源
许可证载明内容	生产装置加工规模与许可证上报是否相符（检查运行时间、产品产量信息、原辅料需记录名称、用量）	是□ 否□	排污许可证	设计文件 环评文件 运行台账
	许可证上载明的整改措施落实情况	是□ 否□		
	排放口许可浓度是否按照标准执行	是□ 否□	规范	
	检查内容		检查依据	证据来源
废气-有组织排放	排污节点	（1）排放口信息核查		
	常压加热炉排放口	参照加热炉检查表		
	减压加热炉排放口			
废气-无组织排放	设备动静密封点泄漏	参照装置动静密封点废气检查表		

检查项目	检查内容						检查依据	证据来源
废水	含汞原油电脱盐废水车间排放口	（1）排放口信息核查					检查依据	证据来源
		污染因子	排放限值	监测频次是否达标	手工监测数据是否达标	监督性监测数据是否达标	规范 许可证	检测报告 采样台账 检测台账
		总汞	0.05 mg/m^3	月/次 是□ 否□	是□ 否□	是□　否□		
		烷基汞	不得检出	半年/次 是□ 否□	是□ 否□	是□　否□		

6.2.2.2　催化裂化装置

催化裂化装置的检查内容见表 6-19。

表 6-19　催化裂化装置污染防治情况检查表

检查项目	检查内容							检查依据	证据来源
许可证载明内容	生产装置加工规模与许可证上报是否相符（检查运行时间、产品产量信息、原辅料需记录名称、用量）					是□　否□		排污许可证	设计文件 环评文件 运行台账
	许可证上载明的整改措施落实情况					是□　否□			
	排放口许可浓度是否按照标准执行					是□　否□		规范	
	催化裂化再生器台账是否记录烧焦温度、运行时间					是□　否□			
废气-有组织排放	检查内容							检查依据	证据来源
	排污节点	（1）排放口信息核查							
	催化剂再生烟气排放口	排放口数量是否与许可证一致	是否存在或开启旁路	排放口高度是否大于 15 m	排放口位置是否准确	再生烟气排放口是否设置环境保护图形标志牌		GB 15562.1—1995 规范 许可证	现场核实
		是□ 否□	是□　否□	是□　否□	是□ 否□	是□　否□			
		（2）自行监测情况检查—监测数据							
		检查因子	排放限值[a]	自动监测实时数据是否达标	自动监测历史[b]数据是否达标	手工监测数据是否达标	监督性监测数据是否达标	检查依据	证据来源

检查项目	检查内容							检查依据	证据来源
废气-有组织排放	催化剂再生烟气排放口	颗粒物	50 mg/m³	是□ 否□	是□ 否□	是□ 否□	是□ 否□	GB 31570 规范	检测报告 采样台账 检测台账
		SO_2	100 mg/m³	是□ 否□	是□ 否□	是□ 否□	是□ 否□		
		NO_x	200 mg/m³	是□ 否□	是□ 否□	是□ 否□	是□ 否□		
		镍及其化合物	0.5 mg/m³	/	/	是□ 否□	是□ 否□		
		（2）自行监测情况检查—烟气排放连续监测系统（CEMS）						检查依据	证据来源
		采样点位是否选择在垂直管段和烟道负压区域					是□ 否□	HJ 75	现场检查 运维记录
		检查废气自动监控设施运行维护管理是否符合有关规定。主要包括停运、故障及其处理、耗材更换和校验记录等					是□ 否□		
		查阅近期数据有效性审核报告，按照相关规定检查自动监测数据是否通过有效性审核					是□ 否□		
		自动监控数据变化幅度长期在某一固定值上下小幅波动或自动监控数据变化幅度长期在量程 2%以内波动					是□ 否□		
		仪器量程是否存在设置过大现象					是□ 否□		
		零点和跨度校准频次是否 24 h/次					是□ 否□		
		颗粒物过滤器是否存在肮脏、积灰					是□ 否□		
		烟气分析单元皮托管是否变形、堵塞，是否与烟道气流方向偏离、不垂直					是□ 否□		
		热敏温度计表面有腐蚀情况，有积尘					是□ 否□		
		废气排放量、气态污染物浓度等换算不符合的相关要求					是□ 否□		
		（3）污染治理设施检查						检查依据	证据来源
		污染因子	检查内容						
		SO_2	治理技术是否与排污许可证一致				是□ 否□	规范 许可证	运行台账 药剂添加台账 DCS系统截图
			查看 DCS 系统截图，脱硫剂投加频次、运行时间、脱硫效率、烟气中 SO_2 的进出口浓度、用电量、副产品产量、药剂购买量是否符合逻辑				是□ 否□		
			SO_2的手工监测值与同一时间自动监测值比对是否在正常范围内				是□ 否□		
			含氧量是否正常				是□ 否□		

<table>
<tr><td>检查项目</td><td colspan="5">检查内容</td><td>检查依据</td><td>证据来源</td></tr>
<tr><td rowspan="5">废气-有组织排放</td><td rowspan="5">催化剂再生烟气排放口</td><td rowspan="4">NO_x</td><td colspan="2">治理技术是否与排污许可证一致</td><td>是□
否□</td><td rowspan="5">规范
许可证</td><td rowspan="5">运行台账
药剂添加台账
DCS系统截图</td></tr>
<tr><td colspan="2">查看DCS系统截图，还原剂用量、催化剂用量、催化剂更换频次、运行时间、药剂购买量、脱硝效率、NO_x进出口浓度间的关系是否符合逻辑</td><td>是□
否□</td></tr>
<tr><td colspan="2">若采用SCR技术脱硝，还需查看入口烟气温度</td><td>是□
否□</td></tr>
<tr><td colspan="2">NO_x的手工监测值与同一时间自动监测值比对是否在正常范围内</td><td>是□
否□</td></tr>
<tr><td>颗粒物</td><td colspan="2">颗粒物的手工监测值与同一时间自动监测值比对是否在正常范围内</td><td>是□
否□</td></tr>
<tr><td>废气-无组织排放</td><td>设备动静密封点</td><td colspan="6">参照装置动静密封点废气检查表</td></tr>
<tr><td rowspan="5">废水</td><td rowspan="5">烟气脱硫废水排放口</td><td colspan="4">（1）排放口信息核查</td><td rowspan="2">检查依据</td><td rowspan="2">证据来源</td></tr>
<tr><td>污染因子</td><td>排放限值</td><td>手工监测数据是否达标</td><td>监督性监测数据是否达标</td></tr>
<tr><td>总镍</td><td>1.0 mg/L</td><td>是□
否□</td><td>是□ 否□</td><td>规范
排污许可证</td><td>监测报告
采样台账
检测台账</td></tr>
<tr><td colspan="4">（2）污染治理设施核查</td><td>检查依据</td><td>证据来源</td></tr>
<tr><td colspan="3">脱硫废水是否单独收集、储存并进行预处理</td><td>是□ 否□</td><td>规范</td><td>现场检查</td></tr>
</table>

注：[a]排放限值参考《石油炼制工业污染物排放标准》（GB 31570—2015）表3排放限值。地方执行特别排放限值或有更严格的排放标准要求的，按照地方排放标准从严确定，混合排放废气的排放许可浓度按最严格的限值执行。

[b]历史记录即追溯到上一次企业执法检查。

6.2.2.3 连续重整装置

连续重整装置检查内容见表6-20。

表 6-20 连续重整装置污染防治情况检查表

检查项目	排污节点	检查内容					检查依据	证据来源
许可证载明内容	生产装置加工规模与许可证上报是否相符（检查运行时间、产品产量信息、原辅料需记录名称、用量）					是□ 否□	排污许可证	设计文件 环评文件 运行台账
许可证载明内容	许可证上载明的整改措施落实情况					是□ 否□	排污许可证	设计文件 环评文件 运行台账
许可证载明内容	排放口许可浓度是否按照标准执行					是□ 否□	规范	设计文件 环评文件 运行台账
废气-有组织排放	检查内容						检查依据	证据来源
废气-有组织排放	排污节点	（1）排放口信息核查					检查依据	证据来源
废气-有组织排放	加热炉烟气排放口	参照加热炉检查表						
废气-有组织排放	催化剂再生烟气排放口	（1）排放口信息核查					检查依据	证据来源
废气-有组织排放	催化剂再生烟气排放口	排放口数量是否与许可证一致	是否存在或开启旁路	排放口高度是否大于 15 m	排放口位置是否准确	再生烟气排放口是否设置环境保护图形标志牌	GB 15562.1—1995 规范 许可证	现场核实
废气-有组织排放	催化剂再生烟气排放口	是□ 否□	是□ 否□	是□ 否□	是□ 否□	是□ 否□	GB 15562.1—1995 规范 许可证	现场核实
废气-有组织排放	催化剂再生烟气排放口	（2）自行监测情况检查—监测数据					检查依据	证据来源
废气-有组织排放	催化剂再生烟气排放口	检查因子	排放限值[a]	手工监测数据是否达标		监督性监测数据是否达标	检查依据	证据来源
废气-有组织排放	催化剂再生烟气排放口	非甲烷总烃	60 mg/m^3、30 mg/m^3	是□ 否□		是□ 否□	GB 31570 规范	检测报告 采样台账 检测台账
废气-有组织排放	催化剂再生烟气排放口	氯化氢	30 mg/m^3、10 mg/m^3	是□ 否□		是□ 否□	GB 31570 规范	检测报告 采样台账 检测台账
废气-有组织排放	芳烃储罐的油气回收设施排气筒	（1）排放口信息核查					检查依据	证据来源
废气-有组织排放	芳烃储罐的油气回收设施排气筒	排放口数量是否与许可证一致	是否存在或开启旁路	排放口高度是否大于 15 m	排放口位置是否准确	再生烟气排放口是否设置环境保护图形标志牌	检查依据	证据来源
废气-有组织排放	芳烃储罐的油气回收设施排气筒	是□ 否□	是□ 否□	是□ 否□	是□ 否□	是□ 否□	GB 15562.1—1995 规范 许可证	现场核实

检查项目	检查内容			检查依据	证据来源
废气-有组织排放	芳烃储罐的油气回收设施排气筒	（2）自行监测情况检查—监测数据		检查依据	证据来源
		挥发性有机物去除效率是否≥95%或≥97%[b]	是□ 否□	GB 31570 规范	运行台账 检测记录
		油气回收设施相关台账是否能够证明油气回收一直处于正常运行状态（包括进出口浓度、油气回收量、吸附剂更换频次、压降等参数）	是□ 否□		
		油气回收是否安装在内浮顶罐上	是□ 否□	《石化行业挥发性有机物综合整治方案》	现场核实 验收文件
废气-无组织排放	设备动静密封点	参照装置动静密封点废气检查表			

注：[a]排放限值参考《石油炼制工业污染物排放标准》（GB 31570—2015）表 3、表 4 排放限值。地方执行特别排放限值或有更严格的排放标准要求的，按照地方排放标准从严确定，混合排放废气的排放许可浓度按最严格的限值执行。

[b]石油炼制工业排污单位有机废气排放口、石油化学工业排污单位有机废气排放口（除废水处理有机废气收集处理装置外）非甲烷总烃去除效率≥95%，执行大气污染物特别排放限值的区域非甲烷总烃去除效率≥97%。

6.2.2.4 酸性气体回收装置

酸性气体回收装置检查内容见表 6-21。

表 6-21 酸性气体回收装置污染防治情况检查表

检查项目	检查内容		检查依据	证据来源
许可证载明内容	生产装置加工规模与许可证上报是否相符（检查运行时间、产品产量信息、原辅料需记录名称、用量）	是□ 否□	排污许可证	设计文件 环评文件
	许可证上载明的整改措施落实情况	是□ 否□		
	排放口许可浓度是否按照标准执行	是□ 否□	规范	运行台账
废气-有组织排放	检查内容		检查依据	证据来源
	排污节点	（1）排放口信息核查		
	燃烧炉烟气排放口	参照加热炉检查表		

检查项目	检查内容							检查依据	证据来源
废气-有组织排放	硫黄回收焚烧炉排放口	（1）排放口信息核查						检查依据	证据来源
		排放口数量是否与许可证一致	是否存在或开启旁路	排放口高度是否大于 15 m	排放口位置是否准确	排放口是否设置环境保护图形标志牌		GB 15562.1—1995 规范 许可证	现场检查
		是□ 否□	是□　否□	是□　否□	是□ 否□	是□　否□			
		（2）自行监测情况检查—监测数据							
		检查因子	排放限值[b]	监测频次是否达标	监测历史[c]数据是否达标	手工监测数据是否达标	监督性监测数据是否达标	检查依据	证据来源
		SO_2	400 mg/m^3、100 mg/m^3	自动监测 是□　否□	是□ 否□	是□ 否□	是□ 否□	GB 31570 规范	检测报告 采样台账 检测台账
		硫化氢	根据排气筒高度确定排放速率	月/次 是□　否□	是□ 否□	是□ 否□	是□ 否□		
		硫酸雾[a]	30 mg/m^3、5 mg/m^3	季度/次 是□　否□	是□ 否□	是□ 否□	是□ 否□		
		（2）自行监测情况检查—烟气排放连续监测系统（CEMS）						检查依据	证据来源
		采样点位是否选择在垂直管段和烟道负压区域					是□ 否□	HJ 75	现场检查 运维记录
		检查废气自动监控设施运行维护管理是否符合有关规定。主要包括停运、故障及其处理、耗材更换和校验记录等					是□ 否□		
		查阅近期数据有效性审核报告，按照的相关规定检查自动监测数据是否通过有效性审核					是□ 否□		
		自动监控数据变化幅度长期在某一固定值上下小幅波动或自动监控数据变化幅度长期在量程 2%以内波动					是□ 否□		
		仪器量程是否存在设置过大现象					是□ 否□		
		零点和跨度校准频次是否 24 h/次					是□ 否□		
		颗粒物过滤器是否存在肮脏、积灰					是□ 否□		
		烟气分析单元皮托管是否变形、堵塞，是否与烟道气流方向偏离、不垂直					是□ 否□		
		热敏温度计表面有腐蚀情况，有积尘					是□ 否□		
		废气排放量、气态污染物浓度等换算不符合的相关要求					是□ 否□		

<table>
<tr><td>检查项目</td><td colspan="6">检查内容</td><td>检查依据</td><td>证据来源</td></tr>
<tr><td rowspan="13">废气-有组织排放</td><td rowspan="6">硫黄回收焚烧炉排放口</td><td colspan="5">（3）污染治理设施检查</td><td rowspan="2">检查依据</td><td rowspan="2">证据来源</td></tr>
<tr><td>污染因子</td><td colspan="4">检查内容</td></tr>
<tr><td rowspan="4">SO_2</td><td colspan="3">治理技术是否与排污许可证一致</td><td>是□　否□</td><td rowspan="4">规范
许可证</td><td rowspan="4">运行台账
药剂添加台账
DCS系统截图</td></tr>
<tr><td colspan="3">查看 DCS 系统截图，脱硫剂投加频次、运行时间、脱硫效率、烟气中 SO_2 的进出口浓度、用电量、副产品产量、药剂购买量是否符合逻辑</td><td>是□　否□</td></tr>
<tr><td colspan="3">SO_2 的手工监测值与同一时间自动监测值比对是否在正常范围内</td><td>是□　否□</td></tr>
<tr><td colspan="3">含氧量是否正常</td><td>是□　否□</td></tr>
<tr><td rowspan="7">酸性水汽提装置原料水罐排放的废气</td><td colspan="5">（1）排放口信息核查[d]</td><td rowspan="2">检查依据</td><td rowspan="2">证据来源</td></tr>
<tr><td>排放口数量是否与许可证一致</td><td>是否存在或开启旁路</td><td>排放口高度是否大于15 m</td><td>排放口位置是否准确</td><td>排放口是否设置环境保护图形标志牌</td></tr>
<tr><td>是□
否□</td><td>是□　否□</td><td>是□　否□</td><td>是□
否□</td><td>是□　否□</td><td>GB 15562.1—1995
许可证
规范</td><td>现场核实</td></tr>
<tr><td colspan="5">（2）污染治理设施情况检查</td><td>检查依据</td><td>证据来源</td></tr>
<tr><td colspan="4">治理工艺是否与排污许可证一致</td><td>是□　否□</td><td>排污许可证</td><td>环评批复
设计文件
验收文件</td></tr>
<tr><td colspan="4">是否对废水输集密闭收集</td><td>是□　否□</td><td rowspan="2">GB 31570—2015</td><td>现场核实</td></tr>
<tr><td colspan="4">非甲烷总烃的去除效率能否达到 95%或 97%[b]</td><td>是□　否□</td><td>监测数据</td></tr>
<tr><td>废气-无组织排放</td><td>设备动静密封点</td><td colspan="7">参照装置动静密封点废气检查表</td></tr>
</table>

<table>
<tr><td>检查项目</td><td colspan="6">检查内容</td><td>检查依据</td><td>证据来源</td></tr>
<tr><td rowspan="5">废水</td><td rowspan="5">酸性水汽提塔废水排放口</td><td colspan="5">（1）排放口信息核查</td><td rowspan="2">检查依据</td><td rowspan="2">证据来源</td></tr>
<tr><td>污染因子</td><td>排放限值</td><td>监测频次是否达标</td><td>手工监测数据是否达标</td><td>监督性监测数据是否达标</td></tr>
<tr><td>总砷</td><td>0.5 mg/L</td><td>月/次
是□　否□</td><td>是□　否□</td><td>是□
否□</td><td>规范、排污许可证</td><td>监测报告
监测相关台账</td></tr>
<tr><td colspan="5">（2）污染治理设施核查</td><td>检查依据</td><td>证据来源</td></tr>
<tr><td colspan="5">脱硫废水是否单独收集、储存并进行预处理</td><td>规范</td><td>现场检查</td></tr>
</table>

注：[a]酸性气回收装置生产硫酸时，执行该项目。

[b]排放限值参考《石油炼制工业污染物排放标准》（GB 31570—2015）表 3、表 4 排放限值。地方执行特别排放限值或有更严格的排放标准要求的，按照地方排放标准从严确定，混合排放废气的排放许可浓度按最严格的限值执行。

[c]历史记录即追溯到上一次企业执法检查。

[d]酸性水汽提装置原料水罐排放的废气经除臭设施治理后排入火炬系统，则不用检查尾气排放口。

6.2.2.5　延迟焦化装置

延迟焦化装置的检查内容见表 6-22。

表 6-22　延迟焦化装置污染防治检查表

<table>
<tr><td>检查项目</td><td colspan="3">检查内容</td><td>检查依据</td><td>证据来源</td></tr>
<tr><td rowspan="3">许可证载明内容</td><td colspan="2">生产装置加工规模与许可证上报是否相符（检查运行时间、产品产量信息、原辅料需记录名称、用量）</td><td>是□　否□</td><td rowspan="2">排污许可证</td><td rowspan="3">设计文件
环评文件
运行台账</td></tr>
<tr><td colspan="2">许可证上载明的整改措施落实情况</td><td>是□　否□</td></tr>
<tr><td colspan="2">排放口许可浓度是否按照标准执行</td><td>是□　否□</td><td>规范</td></tr>
<tr><td rowspan="3">废气-有组织排放</td><td colspan="3">检查内容</td><td rowspan="2">检查依据</td><td rowspan="2">证据来源</td></tr>
<tr><td>排污节点</td><td colspan="2">（1）排放口信息核查</td></tr>
<tr><td>加热炉烟气排放口</td><td colspan="4">参照加热炉检查表</td></tr>
<tr><td>废气-有组织排放</td><td>动静密封点</td><td colspan="4">参照装置动静密封点废气检查表</td></tr>
</table>

<table>
<tr><td>检查项目</td><td colspan="6">检查内容</td><td>检查依据</td><td>证据来源</td></tr>
<tr><td rowspan="10">废水</td><td rowspan="10">焦炭塔冷焦水、切焦水废水</td><td colspan="5">（1）排放口信息核查</td><td rowspan="2">检查依据</td><td rowspan="2">证据来源</td></tr>
<tr><td>污染因子</td><td>排放限值</td><td>监测频次是否达标</td><td>手工监测数据是否达标</td><td>监督性监测数据是否达标</td></tr>
<tr><td>苯并[a]芘</td><td>0.000 03 mg/L</td><td>月/次
是□
否□</td><td>是□
否□</td><td>是□
否□</td><td>规范、排污许可证</td><td>GB 31570</td></tr>
<tr><td colspan="5">污染治理设施情况检查</td><td>检查依据</td><td>证据来源</td></tr>
<tr><td colspan="2">除焦塔是否采用密闭除焦工艺</td><td colspan="3">是□　否□</td><td rowspan="6">GB 31570
技术规范</td><td rowspan="6">现场检查
监测数据
运行台账</td></tr>
<tr><td colspan="2">是否对废水输集密闭收集（若废水不采用未带压输送，则备注中注明收集形式）</td><td colspan="3">是□　否□</td></tr>
<tr><td colspan="2">是否对切焦水、冷焦水处理装置进行全密闭</td><td colspan="3">是□　否□</td></tr>
<tr><td colspan="2">切、冷焦水池挥发性有机物处理工艺是否与排污许可证一致[a]</td><td colspan="3">是□　否□</td></tr>
<tr><td colspan="2">若有处理工艺挥发性有机物，去除效率是否≥95%或≥97%[b]</td><td colspan="3">是□　否□</td></tr>
<tr><td colspan="2">处理设施相关台账是否能够证明该设施一直处于正常运行状态（包括进出口浓度、吸附剂更换频次、压降等参数）</td><td colspan="3">是□　否□</td></tr>
</table>

注：[a]若有废气治理设施，则检查该项及后两项内容。

[b]石油炼制工业排污单位有机废气排放口、石油化学工业排污单位有机废气排放口（除废水处理有机废气收集处理装置外）非甲烷总烃去除效率≥95%，执行大气污染物特别排放限值的区域非甲烷总烃去除效率≥97%。

6.2.2.6 烷基化装置

烷基化装置的检查内容见表 6-23。

表 6-23　烷基化装置污染防治检查表

<table>
<tr><td>检查项目</td><td colspan="2">检查内容</td><td>检查依据</td><td>证据来源</td></tr>
<tr><td rowspan="3">许可证载明内容</td><td>生产装置加工规模与许可证上报是否相符（检查运行时间、产品产量信息、原辅料需记录名称、用量）</td><td>是□　否□</td><td rowspan="2">排污许可证</td><td rowspan="3">设计文件
环评文件
运行台账</td></tr>
<tr><td>许可证上载明的整改措施落实情况</td><td>是□　否□</td></tr>
<tr><td>排放口许可浓度是否按照标准执行</td><td>是□　否□</td><td>规范</td></tr>
</table>

检查项目	检查内容						检查依据	证据来源
废气-有组织排放	检查内容						检查依据	证据来源
	排污节点	（1）排放口信息核查						
	废酸再生装置焚烧炉	排放口数量是否与许可证一致	是否存在或开启旁路	排放口高度是否大于15 m	排放口位置是否准确	再生烟气排放口是否设置环境保护图形标志牌	GB 15562.1—1995 规范 许可证	现场核实
		是□ 否□	是□ 否□	是□ 否□	是□ 否□	是□ 否□		
		（2）自行监测情况检查—监测数据					检查依据	证据来源
		检查因子	排放限值	手工监测数据是否达标		监督性监测数据是否达标		
		SO_2	400 mg/m^3	是□ 否□		是□ 否□	GB 31570—2015 规范	检测报告 采样台账 检测台账
		硫酸雾	30 mg/m^3	是□ 否□		是□ 否□		
废气-无组织排放	设备动静密封点	参照装置动静密封点废气检查表						

6.2.2.7 催化汽油吸附脱硫装置

催化汽油吸附脱硫装置的检查内容见表 6-24。

表 6-24 催化汽油吸附脱硫装置污染防治检查表

检查项目	检查内容			检查依据	证据来源
许可证载明内容	生产装置加工规模与许可证上报是否相符（检查运行时间、产品产量信息、原辅料需记录名称、用量）		是□ 否□	排污许可证	设计文件 环评文件 运行台账
	许可证上载明的整改措施落实情况		是□ 否□		
	排放口许可浓度是否按照标准执行		是□ 否□	规范	
废气-有组织排放	检查内容			检查依据	证据来源
	排污节点	（1）排放口信息核查			
	加热炉烟气排放口	参照加热炉检查表			

<table>
<tr><td>检查项目</td><td colspan="6">检查内容</td><td>检查依据</td><td>证据来源</td></tr>
<tr><td rowspan="13">废气-有组织排放</td><td rowspan="13">催化剂再生烟气排放口</td><td colspan="5">（1）排放口信息核查</td><td>检查依据</td><td>证据来源</td></tr>
<tr><td>排放口数量是否与许可证一致</td><td>是否存在或开启旁路</td><td>排放口高度是否大于 15 m</td><td>排放口位置是否准确</td><td>再生烟气排放口是否设置环境保护图形标志牌</td><td rowspan="2">GB 15562.1—1995
规范
许可证</td><td rowspan="2">现场检查</td></tr>
<tr><td>是□ 否□</td><td>是□ 否□</td><td>是□ 否□</td><td>是□ 否□</td><td>是□ 否□</td></tr>
<tr><td colspan="5">（2）自行监测情况检查—监测数据</td><td rowspan="2">检查依据</td><td rowspan="2">证据来源</td></tr>
<tr><td>检查因子</td><td>排放限值</td><td colspan="2">历史数据[a]是否达标</td><td>监督性监测数据是否达标</td></tr>
<tr><td>颗粒物</td><td>50 mg/m³</td><td colspan="2">是□ 否□</td><td>是□ 否□</td><td rowspan="4">GB 31570
规范</td><td rowspan="4">检测报告
采样台账
检测台账</td></tr>
<tr><td>SO_2</td><td>100 mg/m³</td><td colspan="2">是□ 否□</td><td>是□ 否□</td></tr>
<tr><td>NO_x</td><td>100mg/m³</td><td colspan="2">是□ 否□</td><td>是□ 否□</td></tr>
<tr><td>污染因子</td><td colspan="4">检查内容</td></tr>
<tr><td rowspan="4">SO_2</td><td colspan="3">治理技术是否与排污许可证一致</td><td>是□ 否□</td><td rowspan="4">规范
排污许可证</td><td rowspan="4">运行台账
药剂添加台账
DCS 系统截图</td></tr>
<tr><td colspan="3">脱硫剂投加频次、运行时间、脱硫效率、烟气中 SO_2 的进出口浓度、用电量、副产品产量、药剂购买量是否符合逻辑</td><td>是□ 否□</td></tr>
<tr><td colspan="3">SO_2 的手工监测值与同一时间自动监测值比对是否在正常范围内</td><td>是□ 否□</td></tr>
<tr><td colspan="3">含氧量是否正常</td><td>是□ 否□</td></tr>
<tr><td>废气-无组织排放</td><td>设备动静密封点</td><td colspan="7">参照装置动静密封点废气检查表</td></tr>
<tr><td rowspan="5">废水</td><td rowspan="5">烟气脱硫废水排放口</td><td colspan="5">（1）排放口信息核查</td><td rowspan="2">检查依据</td><td rowspan="2">证据来源</td></tr>
<tr><td>污染因子</td><td colspan="2">排放限值</td><td>手工监测数据是否达标</td><td>监督性监测数据是否达标</td></tr>
<tr><td>总镍</td><td colspan="2">1.0 mg/L</td><td>是□ 否□</td><td>是□ 否□</td><td>规范</td><td>现场检查</td></tr>
<tr><td colspan="5">（2）污染治理设施核查</td><td>检查依据</td><td>证据来源</td></tr>
<tr><td colspan="5">脱硫废水是否单独收集、储存并进行预处理</td><td>规范
排污许可证</td><td>监测报告
监测相关台账</td></tr>
</table>

注：[a]历史记录即追溯到上一次企业执法检查。

6.2.2.8 四乙基铅生产装置

四乙基铅生产装置检查内容见表 6-25。

表 6-25 四乙基铅生产装置污染防治检查表

<table>
<tr><td>检查项目</td><td colspan="5">检查内容</td><td>检查依据</td><td>证据来源</td></tr>
<tr><td rowspan="3">许可证载明内容</td><td colspan="2">生产装置加工规模与许可证上报是否相符（检查运行时间、产品产量信息、原辅料需记录名称、用量）</td><td colspan="3">是□ 否□</td><td rowspan="2">排污许可证</td><td rowspan="3">设计文件
环评文件
运行台账</td></tr>
<tr><td colspan="2">许可证上载明的整改措施落实情况</td><td colspan="3">是□ 否□</td></tr>
<tr><td colspan="2">排放口许可浓度是否按照标准执行</td><td colspan="3">是□ 否□</td><td>规范</td></tr>
<tr><td rowspan="3">废水</td><td colspan="5">排放口信息核查</td><td rowspan="2">检查依据</td><td rowspan="2">证据来源</td></tr>
<tr><td>排污节点</td><td>污染因子</td><td>排放限值</td><td>手工监测数据是否达标</td><td>监督性监测数据是否达标</td></tr>
<tr><td>四乙基铅车间废水排放口</td><td>总铅</td><td>1.0 mg/L</td><td>是□ 否□</td><td>是□ 否□</td><td>规范、排污许可证</td><td>监测报告
监测相关台账</td></tr>
</table>

6.2.2.9 航空汽油调和车间

航空汽油调和检查项目见表 6-26。

表 6-26 航空汽油调和车间污染防治检查表

<table>
<tr><td>检查项目</td><td colspan="5">检查内容</td><td>检查依据</td><td>证据来源</td></tr>
<tr><td rowspan="3">许可证载明内容</td><td colspan="2">生产装置加工规模与许可证上报是否相符（检查运行时间、产品产量信息、原辅料需记录名称、用量）</td><td colspan="3">是□ 否□</td><td rowspan="2">排污许可证</td><td rowspan="3">设计文件
环评文件
运行台账</td></tr>
<tr><td colspan="2">许可证上载明的整改措施落实情况</td><td colspan="3">是□ 否□</td></tr>
<tr><td colspan="2">排放口许可浓度是否按照标准执行</td><td colspan="3">是□ 否□</td><td>规范</td></tr>
<tr><td rowspan="4">废气-无组织排放</td><td colspan="5">检查内容</td><td rowspan="2">检查依据</td><td rowspan="2">证据来源</td></tr>
<tr><td colspan="2">排污节点</td><td colspan="3">（1）排放口信息核查</td></tr>
<tr><td colspan="2">设备动静密封点</td><td colspan="5">参照装置动静密封点废气检查表</td></tr>
<tr><td colspan="2">储罐呼吸排气</td><td colspan="5">物料储存系统废气污染防治检查表</td></tr>
<tr><td rowspan="3">废水</td><td colspan="5">排放口信息核查</td><td rowspan="2">检查依据</td><td rowspan="2">证据来源</td></tr>
<tr><td>排污节点</td><td>污染因子</td><td>排放限值</td><td>手工监测数据是否达标</td><td>监督性监测数据是否达标</td></tr>
<tr><td>航空汽油调和车间废水排放口</td><td>总铅</td><td>1.0 mg/L</td><td>是□
否□</td><td>是□
否□</td><td>规范、排污许可证</td><td>监测报告
监测相关台账</td></tr>
</table>

6.2.2.10 其他装置

按照排污许可证中的管控要求，石油工业生产中的加氢精制装置（汽油、煤油、航油、柴油、蜡油、渣油加氢精制装置）、减黏裂化装置、异构化装置、制氢装置只管控废气污染源。以上装置有组织废气污染源为加热炉排放的二氧化硫、氮氧化物和颗粒物，无组织废气为设备动静密封点排放的挥发性有机物。这两部分的表单在通用工程表单里已详细列出。因此，对这些装置不再单独列出表单（见表 6-27）。

表 6-27 其他装置合规性检查表

<table>
<tr><th>装置</th><th>加热炉烟气排放口</th><th>设备动静密封点</th></tr>
<tr><td>加氢精制装置
（汽油、煤油、航油、柴油、蜡油、渣油）</td><td rowspan="4">参照加热炉检查表</td><td rowspan="4">参照装置动静密封点废气检查表</td></tr>
<tr><td>加氢裂化装置</td></tr>
<tr><td>异构化装置</td></tr>
<tr><td>减黏裂化装置</td></tr>
</table>

6.2.3 公用工程运行情况合规性检查

6.2.3.1 储存系统

在储存调和过程中，挥发性有机物排放分有组织和无组织排放源。有组织排放源为设置有机废气回收或处理设施排气筒，其他为无组织排放。储存系统检查表见表 6-28。

表 6-28 储存系统运行情况合规性检查表

<table>
<tr><th colspan="5">（1）无组织排放</th></tr>
<tr><th>检查项目</th><th colspan="2">检查内容</th><th>检查依据</th><th>证据来源</th></tr>
<tr><td>储罐数量</td><td>储罐的数量是否与排污许可证登记的数量相符</td><td>是□ 否□</td><td rowspan="13">许可证
GB 31570
GB 31571</td><td rowspan="13">设计文件
现场核实
运行台账
月度、季度、年度执行报告</td></tr>
<tr><td rowspan="2">浮顶罐[a]密封选型</td><td>内浮顶罐的浮盘与罐壁之间是否采用液体镶嵌式、机械式鞋形、双封式等高效密封方式</td><td>是□ 否□</td></tr>
<tr><td>外浮顶罐的浮盘与罐壁之间是否采用双封式密封，且初级密封采用液体镶嵌式、机械式鞋形等高效密封方式</td><td>是□ 否□</td></tr>
<tr><td rowspan="2">固定顶罐[a]</td><td>是否安装密闭排气系统至有机废气治理装置</td><td>是□ 否□</td></tr>
<tr><td>检查废气处理设施相关台账，查看是否正常运行</td><td>是□ 否□</td></tr>
<tr><td rowspan="4">台账</td><td>是否记录物料储存温度、周转量</td><td>是□ 否□</td></tr>
<tr><td>汽油、柴油及石脑油是否记录雷德蒸汽压，以及各挥发性有机液体 5%、15%的馏出温度</td><td>是□ 否□</td></tr>
<tr><td>浮盘检维修记录是否完整[b]</td><td>是□ 否□</td></tr>
<tr><td>相关台账是否能保存 3 年</td><td>是□ 否□</td></tr>
<tr><td>许可证</td><td>许可排放量计算过程是否合规</td><td>是□ 否□</td></tr>
<tr><td>执行报告</td><td>实际排放量计算过程是否合规</td><td>是□ 否□</td></tr>
<tr><td>LDAR</td><td colspan="2">参照装置动静密封点废气检查表</td></tr>
</table>

（2）有组织排放					
排污节点	污染因子	检查内容		检查依据	证据来源
油气回收装置排气筒	非甲烷总烃、苯系物	苯、甲苯、二甲苯等有毒危险化学品是否在内浮顶罐基础上安装油气回收等处理设施	是□ 否□	《石化行业挥发性有机物综合整治方案》（环发〔2014〕177 号）	现场核实 设计文件
		油气回收设施去除效率是否≥95%或≥97%[c]	是□ 否□	许可证 GB 31570 GB 31571	监测数据
		油气回收设施相关台账是否能够证明油气回收一直处于正常运行状态（包括进出口浓度、油气回收量、吸附剂更换频次、压降等参数）	是□ 否□		运行台账

注：[a]5.2 kPa≤储存物料的真实蒸气压＜27.6 kPa，且储罐设计容积≥150 m^3 或 27.6 kPa≤储存物料的真实蒸气压＜76.6 kPa，且储罐设计容积≥75 m^3 的储罐应满足。

[b]对浮盘的检查至少每 6 个月进行一次，每次检查应记录浮盘密封设施的状态。

[c]石油炼制工业排污单位有机废气排放口、石油化学工业排污单位有机废气排放口（除废水处理有机废气收集处理装置外）非甲烷总烃去除效率≥95%，执行大气污染物特别排放限值的区域非甲烷总烃去除效率≥97%。

6.2.3.2 装载系统

挥发性有机液体装载设施按装载形式分为汽车装载、火车装载和船舶装载。挥发性有机液体在装载过程中的排放形式分有组织排放和无组织排放。有组织排放源为设置油气回收或处理设施的挥发性有机液体排气筒，其他为无组织排放。装载系统检查内容见表 6-29。

表 6-29 装载系统运行情况合规性检查表

有组织排放					
排污节点	污染因子	检查内容		检查依据	证据来源
油气回收或废气处理装置排气筒	非甲烷总烃或苯系物	装载油品为挥发性有机液体是否采用全密闭、顶部浸没式或底部装载方式	是□ 否□	许可证 GB 31570 GB 31571	设计文件 装卸台账 运行台账
		汽油、石脑油、煤油等高挥发性有机液体和苯、甲苯、二甲苯等危险化学品在灌装过程中是否采用全密闭、液下装载的方式	是□ 否□		
		是否设置油气收集、回收处理装置	是□ 否□		
		油气回收装置排气筒是否低于 15 m	是□ 否□		
		油气回收设施去除效率是否≥95%或≥97%[a]	是□ 否□		
		油气回收设施相关台账是否能够证明油气回收一直处于正常运行状态（包括进出口浓度、油气回收量、吸附剂更换频次、压降等参数）	是□ 否□		
		装载油品为有毒有害气体或者粉尘物质是否采取密闭措施或者其他防护措施	是□ 否□		

无组织排放
参照装置动静密封点废气检查表
注：[a]石油炼制工业排污单位有机废气排放口、石油化学工业排污单位有机废气排放口（除废水处理有机废气收集处理装置外）非甲烷总烃去除效率≥95%，执行大气污染物特别排放限值的区域非甲烷总烃去除效率≥97%。

6.2.3.3 污水处理厂

根据《排污许可申请与核发技术规范　石化工业》（HJ 853—2017）中 6.3 废水的有关规定制定检查表。检查时，石化工业排污单位主要废水可行技术可参照表 6-30。

表 6-30　石化工业排污单位污水处理可行技术参照表

<table>
<tr><th>类别</th><th colspan="2">废水类型</th><th>可行技术</th></tr>
<tr><td rowspan="10">工艺装置预处理污水</td><td colspan="2">脱硫废水</td><td>氢化、汽提</td></tr>
<tr><td colspan="2">电脱盐工艺废水</td><td>破乳、除油</td></tr>
<tr><td colspan="2">含硫含氨酸性水</td><td>汽提</td></tr>
<tr><td colspan="2">碱渣废水</td><td>湿式氧化、生化</td></tr>
<tr><td colspan="2">酸碱废水</td><td>中和</td></tr>
<tr><td colspan="2">对苯二甲酸（PTA）工艺废水</td><td>酸析、厌氧</td></tr>
<tr><td colspan="2">含腈废水</td><td>次氯酸钠或过氧化氢氧化</td></tr>
<tr><td colspan="2">甲醇制烯烃（MTO）急冷塔塔底工艺废水</td><td>过滤、中和、厌氧</td></tr>
<tr><td colspan="2">苯酚丙酮工艺废水</td><td>酸化、萃取</td></tr>
<tr><td colspan="2">含苯系物废水</td><td>溶剂回收</td></tr>
<tr><td rowspan="12">外排或回用废水</td><td rowspan="5">工艺废水</td><td>含碱废水</td><td rowspan="8">预处理+生化处理+深度处理。
预处理：隔油、气浮、混凝、调节等；
生化处理：活性污泥法、序批式活性污泥法（SBR）、厌氧缺氧好氧法（A^2/O）、缺氧好氧法（A/O）、氧化沟法、膜生物法（MBR）、曝气生物滤池（BAF）、生物接触氧化法、一体化微氧高浓缺氧好氧法等；
深度处理：混凝、过滤、臭氧氧化、超滤（UF）、反渗透（RO）</td></tr>
<tr><td>含硫含氨酸性水</td></tr>
<tr><td>含盐废水</td></tr>
<tr><td>含油废水</td></tr>
<tr><td>其他工艺废水</td></tr>
<tr><td colspan="2">污染雨水</td></tr>
<tr><td colspan="2">生活污水</td></tr>
<tr><td colspan="2">循环冷却水排污水</td></tr>
<tr><td colspan="2">蒸汽发生器排污水</td><td rowspan="2">回用</td></tr>
<tr><td colspan="2">余热锅炉排污水</td></tr>
<tr><td colspan="2">化学水制水排污水</td><td>中和</td></tr>
<tr><td colspan="2">脱硫废水</td><td>过滤（沉淀）+氧化</td></tr>
</table>

污水处理厂检查内容见表 6-31。

表 6-31 污水处理厂运行情况合规性检查表

废气

排污节点	排放形式	检查内容		检查依据	证据来源
有机废气回收或处理装置排气筒	有组织排放	有机废气回收或处理装置相关内容			
		集输、储存和处理挥发性有机物、恶臭物质的废水设施是否密闭	是□ 否□	许可证 GB 31570 GB 31571	设计文件 验收文件 运行台账 运维台账 现场核实
		是否设置有机废气回收或处理装置	是□ 否□		
		废气治理工艺是否合规，与许可证是否一致	是□ 否□		
		相关台账记录能否证明废气治理设施处于正常运行状态（如吸附剂用量、操作温度、系统压降等）	是□ 否□		
		排气筒是否高度不低于 15 m	是□ 否□		
		排放口地理坐标是否与许可证填报一致	是□ 否□		

自行监测情况

污染因子	排放限值[a]/（mg/m^3）	监测频次	监测频次是否达标	手工监测数据是否达标	监督性监测数据	检查依据	证据来源
非甲烷总烃	120	月/次	是□ 否□	是□ 否□		许可证 GB 31570 GB 31571	监测台账 监测报告
苯	4	季度/次	是□ 否□	是□ 否□			
甲苯	15		是□ 否□	是□ 否□			
二甲苯	20		是□ 否□	是□ 否□			
硫化氢[b]	0.06	月/次	是□ 否□	是□ 否□		GB 14554—93	

废水

检查内容

排放口检查		具体情况	检查依据	证据来源
是否设立环境保护图形标志牌	是□ 否□		许可证	现场检测
废水总排放口是否设置流量计等在线监测设施	是□ 否□			
现场有无发现未申报的排放口	是□ 否□			
是否存在雨污混合排放现象	是□ 否□			
雨水收集池，有无不明管道引入雨水收集池中，并从雨水排放口排出	是□ 否□			
台账检查				
查看污水处理厂进水量与污水排放量、污水回用量、其他损耗量（查看污泥产生量）逻辑关系，是否水平衡	是□ 否□		许可证	运行台账 三剂台账
查看药剂购买量（如发票）与药剂消耗量的逻辑关系	是□ 否□			
废水处理设施运行时间、流量计流量与污水处理量是否逻辑相符	是□ 否□			

自行监测检查				
COD、氨氮自动监测设施[c]	废水总排放口自动监测设备是否进行验收	是□ 否□	HJ/T 354	环评及验收文件
	有无给水、排水管路外的其他旁路，反冲洗水是否存在对采集水样的稀释现象	是□ 否□	HJ/T 355	现场检查
	预处理装置与验收、登记备案或最近一次有效性审核是否不一致	是□ 否□	HJ/T 355	现场检查
	取样管路位置是否正确，管路是否畅通；进水阀、排水阀等有无正常打开	是□ 否□	HJ/T 355	现场检查
	取样管路损坏或取样池干涸（污水间歇性排放除外）、锈蚀	是□ 否□	HJ/T 355	现场检查
	试剂瓶内无试剂，试剂管是否插入试剂液位下	是□ 否□	HJ/T 355	现场检查
	实际使用的试剂的种类、浓度与登记备案是否相符	是□ 否□	HJ/T 355	现场检查
	比色池表面有无遮挡光路的污物	是□ 否□	HJ/T 355	现场检查
	电极表面是否玷污	是□ 否□	HJ/T 355	现场检查
	水污染源自动监控设施频次应当按照的相关要求，每 48 h 自动进行零点和量程校准，零点漂移是否在规定范围内，量程漂移是否在规定范围内，在线监测设备中 COD、氨氮的量程是否过大，参数设定是否过小	是□ 否□	HJ/T 355	现场检查
	检查在线监测设施是否设有样品过滤器，样品过滤器有无定时清洗、更换（因为过滤器会过滤掉废水中存在的悬浮物，而悬浮物对 COD 有较大的影响）	是□ 否□	HJ/T 355	现场检查
	每月至少进行一次实际水样比对试验和质控样试验，在线监测小屋有无手工比对记录，重点关注采样时间、采样点、监测方法、监测时间等因素。比对台账是否按要求进行记录（国家、地方要求）	是□ 否□	HJ/T 355	现场检查
	监测设施有无运维记录台账、校准例行维护、保养检修、故障检修、停机维护、试剂配制与数据平台的日常管理与记录方面	是□ 否□	HJ/T 355	现场检查
	监测数据是否存在连续不变情况	是□ 否□	HJ/T 355	
监测台账	监测台账中是否记录手工监测日期、采样方法、采样人、采样时间、测定方法、监测人员、监测结果、药剂类型、分析方法、分析仪器校准记录等信息	是□ 否□	HJ/T 373—2007	台账

	污染因子	排放限值[d]/（mg/L）（pH 除外）	特别排放限值[d]/（mg/L）（pH 除外）	是否达标	检查依据	证据来源
排放限值	COD	60	50	是□ 否□	许可证 GB 31570 GB 31571	监测数据 采样台账 监测台账 监测报告
	氨氮	8.0	5.0	是□ 否□		
	总氮	40	30	是□ 否□		
	总磷	1.0	0.5	是□ 否□		
	pH 值	6.0～9.0		是□ 否□		
	悬浮物	70	50	是□ 否□		
	BOD_5	20	10	是□ 否□		
	总有机碳	20	15	是□ 否□		
	石油类	5.0	3.0	是□ 否□		
	硫化物	1.0	0.5	是□ 否□		
	挥发酚	0.5	0.3	是□ 否□		
	总钒	1.0	1.0	是□ 否□		
	苯	0.1	0.1	是□ 否□		
	甲苯	0.1	0.1	是□ 否□		
	邻二甲苯	0.4	0.2	是□ 否□		
	间二甲苯	0.4	0.2	是□ 否□		
	对二甲苯	0.4	0.2	是□ 否□		
	乙苯	0.4	0.2	是□ 否□		
	总氰化物	0.5	0.3	是□ 否□		

注：表格中仅列出 GB 31570 中水污染物一般和特殊排放的直接排放限值，间接排放限值可在执法构建表单时加入。

[a]污染物排放限值按照 GB 31570、GB 31571 确定，要求苯≤4 mg/m^3、甲苯≤15 mg/m^3、二甲苯≤20 mg/m^3、非甲烷总烃≤120 mg/m^3。地方有更严格的排放标准要求的，按照地方排放标准从严确定。如果采用焚烧处理需要对含氧量进行校核，各因子的许可排放量与浓度在检查前准备阶段在备注中注明。

[b]硫化氢排放限值参考《恶臭污染物排放标准》（GB 14554—93）二级标准。

[c]《排污许可证申请与核发技术规范石化行业》（HJ 853—2017）废水总排口若直接排放，COD 和氨氮需安装在线监测设施。

[d]水污染物排放限值参照 GB 31570 的表 1 确定，特别排放限值参照表 2 确定。地方有更严格的排放标准要求的，按照地方排放标准从严确定。各因子的许可排放量与浓度在检查前准备阶段在备注中进行明确。

6.2.3.4 火炬系统

火炬排放气主要污染物为二氧化硫、氮氧化物、颗粒物和挥发性有机物，高空排入大气。具体检查内容见表 6-32。

表 6-32 火炬系统运行情况合规性检查表

废气					
排污节点	排放形式	检查内容	记录情况	检查依据	证据来源
火炬排放口	有组织排放	台账记录	判断内容是否真实、完整	许可证 GB 31570 GB 31571	运行台账 监测台账
		火炬气流量			
		火种气流量			
		火炬头温度			
		火种温度			
		火炬气组分			
		火种气组分			

6.2.4 特殊情况执法检查

6.2.4.1 检查内容

检查是否满足特殊时段污染防治要求。

6.2.4.2 对照标准依据

《打赢蓝天保卫战三年行动计划》重点区域实施秋冬季重点行业错峰生产。加大秋冬季工业企业生产调控力度，各地针对钢铁、建材、焦化、铸造、有色、化工等高排放行业，制订错峰生产方案，实施差别化管理。要将错峰生产方案细化到企业生产线、工序和设备，载入排污许可证。企业未按期完成治理改造任务的，一并纳入当地错峰生产方案，实施停产。属于《产业结构调整指导目录》限制类的，要提高错峰限产比例或实施停产。

《大气污染防治法》第九十六条规定，县级以上地方人民政府应当依据重污染天气的预警等级，及时启动应急预案，根据应急需要可以采取责令有关企业停产或者限产、限制部分机动车行驶、禁止燃放烟花爆竹、停止工地土石方作业和建筑物拆除施工、停止露天烧烤、停止幼儿园和学校组织的户外活动、组织开展人工影响天气作业等应急措施。

6.2.4.3 检查重点与方法

（1）检查企业是否编制了重污染天气应急预案。

（2）检查企业是否按照应急预案要求实施停产或限产，或者其他加强污染防治措施。

（3）检查方法包括查资料、查台账记录、查在线监控系统，以及现场检查等。

6.3 典型违反排污许可行为

6.3.1 违反排污许可证规定排放污染物

6.3.1.1 未取得排污许可证排放污染物（见表 6-33）

表 6-33 未取得排污许可证排放污染物的法律依据及检查方法

可能存在的违法行为	违法认定的法律依据	处罚依据	检查方法
（1）未申请排污许可证排放污染物的； （2）申请后未取得排污许可证排放污染物的； （3）有效期届满后未申请延续的； （4）排污许可证已被撤销、注销、吊销、收回后仍然排放污染物	(1)《中华人民共和国环境保护法》第四十五条第二款："实行排污许可管理的企业事业单位和其他生产经营者应当按照排污许可证的要求排放污染物；未取得排污许可证的，不得排放污染物。" (2)《中华人民共和国大气污染防治法》第十九条："排放工业废气或者本法第七十八条规定名录中所列有毒有害大气污染物的企业事业单位、集中供热设施的燃煤热源生产运营单位以及其他依法实行排污许可管理的单位，应当取得排污许可证。" (3)《中华人民共和国水污染防治法》第二十一条："直接或者间接向水体排放工业废水和医疗污水以及其他按照规定应当取得排污许可证方可排放的废水、污水的企业事业单位和其他生产经营者，应当取得排污许可证；城镇污水集中处理设施的运营单位，也应当取得排污许可证。排污许可证应当明确排放水污染物的种类、浓度、总量和排放去向等要求。排污许可的具体办法由国务院规定。禁止企业事业单位和其他生产经营者无排污许可证或者违反排污许可证的规定向水体排放前款规定的废水、污水。"	(1)《中华人民共和国环境保护法》第六十三条："企业事业单位和其他生产经营者有下列行为之一，尚不构成犯罪的，除依照有关法律法规规定予以处罚外，由县级以上人民政府环境保护主管部门或者其他有关部门将案件移送公安机关，对其直接负责的主管人员和其他直接责任人员，处十日以上十五日以下拘留；情节较轻的，处五日以上十日以下拘留：（二）违反法律规定，未取得排污许可证排放污染物，被责令停止排污，拒不执行的。" (2)《行政主管部门移送适用行政拘留环境违法案件暂行办法》第四条："《环境保护法》第六十三条第二项规定的违反法律规定，未取得排污许可证排放污染物，被责令停止排污，拒不执行的行为，包括以下情形：（一）送达责令停止排污决定书后，再次检查发现仍在排污的；（二）现场检查虽未发现当场排污，但有证据证明在被责令停止排污期间有过排污事实的；（三）被责令停止排污后，拒绝、阻挠环境保护主管部门或者其他具有环境保护管理职责的部门核查的。" (3)《中华人民共和国大气污染防治法》第九十九条："违反本法规定，有下列行为之一的，由县级以上人民政府环境保护主管部门责令改正或者限制生产、停产整治，并处十万元以上一百万元以下的罚款；情节严重的，报经有批准权的人民政府批准，责令停业、关闭：（一）未依法取得排污许可证排放大气污染物的。" (4)《中华人民共和国水污染防治法》第八十三条："违反本法规定，有下列行为之一的，由县级以上人民政府环境保护主管部门责令改正或者责令限制生产、停产整治，并处十万元以上一百万元以下的罚款；情节严重的，报经有批准权的人民政府批准，责令停业、关闭：（一）未依法取得排污许可证排放水污染物的。"	查看企业是否有合法合规申请的排污许可证

6.3.1.2 超浓度超总量控制要求排放污染物（见表 6-34）

表 6-34 超过排放标准及总量控制要求排放污染物的法律依据及检查方法

可能存在的违法行为	违法认定的法律依据	处罚依据	检查方法
（1）废水总排放口水污染物超标排放。 （2）废水总排放口COD、氨氮、总氮、总磷等许可排放量因子超许可排放量。 （3）石油炼制工业的延迟焦化装置冷焦水、切焦水废水排放口苯并芘超标排放；加工含汞原油常减压蒸馏装置电脱盐废水排放口的总汞、烷基汞超标排放；酸性水汽提装置废水排放口的总砷超标排放，催化裂化装置烟气脱硫废水排放口、催化汽油吸附脱硫装置烟气脱硫废水排放口的总镍超标排放；航空汽油调和车间废水排放口、四乙基铅生产装置废水排放口的总铅超标排放。 （4）石油化工工业的车间排放口的苯并[a]芘、总铅、总镉、总砷、总镍、总汞、烷基汞、总铬、六价铬超标排放	(1)《中华人民共和国水污染防治法》第十条：“排放水污染物，不得超过国家或者地方规定的水污染物排放标准和重点水污染物排放总量控制指标。” (2)《环境保护主管部门实施按日连续处罚办法》第五条：“排污者有下列行为之一，受到罚款处罚，被责令改正，拒不改正的，依法作出罚款处罚决定的环境保护主管部门可以实施按日连续处罚：（一）超过国家或者地方规定的污染物排放标准，或者超过重点污染物排放总量控制指标排放污染物的。” 第十条：“环境保护主管部门应当在送达责令改正违法行为决定书之日起三十日内，以暗查方式组织对排污者违法排放污染物行为的改正情况实施复查。”	（1）《中华人民共和国环境保护法》第六十条：“企业事业单位和其他生产经营者超过污染物排放标准或者超过重点污染物排放总量控制指标排放污染物的，县级以上人民政府环境保护主管部门可以责令其采取限制生产、停产整治等措施；情节严重的，报经有批准权的人民政府批准，责令停业、关闭。” （2）《中华人民共和国水污染防治法》第八十三条第二项：“违反本法规定，有下列行为之一的，由县级以上人民政府环境保护主管部门责令改正或者责令限制生产、停产整治，并处十万元以上一百万元以下的罚款；情节严重的，报经有批准权的人民政府批准，责令停业、关闭：（二）超过水污染物排放标准或者超过重点水污染物排放总量控制指标排放水污染物的。” (3)《环境保护主管部门实施限制生产、停产整治办法》第五条：“排污者超过污染物排放标准或者超过重点污染物日最高允许排放总量控制指标的，环境保护主管部门可以责令其采取限制生产措施。” 第六条：“排污者有下列情形之一的，环境保护主管部门可以责令其采取停产整治措施：（一）通过暗管、渗井、渗坑、灌注或者篡改、伪造监测数据，或者不正常运行防治污染设施等逃避监管的方式排放污染物，超过污染物排放标准的；（二）非法排放含重金属、持久性有机污染物等严重危害环境、损害人体健康的污染物超过污染物排放标准三倍以上的；（三）超过重点污染物排放总量年度控制指标排放污染物的；（四）被责令限制生产后仍然超过污染物排放标准排放污染物的；（五）因突发事件造成污染物排放超过排放标准或者重点污染物排放总量控制指标的。” （4）《环境保护主管部门实施按日连续处罚办法》第十七条：“按日连续处罚的计罚日数为责令改正违法行为决定书送达排污者之日的次日起，至环境保护主管部门复查发现违法排放污染物行为之日止。再次复查仍拒不改正的，计罚日数累计执行。” 第十九条第一款：“按日连续处罚每日的罚款数额，为原处罚决定书确定的罚款数额。”第十九条第二款：“按照按日连续处罚规则决定的罚款数额，为原处罚决定书确定的罚款数额乘以计罚日数。”	检查主要包括资料审查和现场检查两部分。 资料审查具体参照废水排放合规性审查、自行监测审查和执行报告合规性审查。 现场检查主要参照废水治理设施运行现场检查。具体检查参照 6.2 节内容

可能存在的违法行为	违法认定的法律依据	处罚依据	检查方法
（1）企业各有组织排放口的大气污染物超标排放。 （2）企业边界无组织污染物排放浓度超标。 （3）非正常情况包括计划内的催化裂化装置、焚烧炉、锅炉启停时段内的氮氧化物排放浓度达标。 （4）企业有组织排放源主要排放口的大气污染物年实际排放量之和不超过许可排放量之和；设备与管线组件、挥发性有机液体储存、挥发性有机液体装载挥发性有机物年实际排放量分别不超过其年许可排放量。有特殊时段许可排放量要求的，实际排放量不超过特殊时段许可排放量	第十二条第一款：“环境保护主管部门复查时发现排污者拒不改正违法排放污染物行为的，可以对其实施按日连续处罚。” （3）《中华人民共和国大气污染防治法》第十八条“企业事业单位和其他生产经营者建设对大气环境有影响的项目，应当依法进行环境影响评价、公开环境影响评价文件；向大气排放污染物的，应当符合大气污染物排放标准，遵守重点大气污染物排放总量控制要求。”	（1）《中华人民共和国环境保护法》第六十条：“企业事业单位和其他生产经营者超过污染物排放标准或者超过重点污染物排放总量控制指标排放污染物的，县级以上人民政府环境保护主管部门可以责令其采取限制生产、停产整治等措施；情节严重的，报经有批准权的人民政府批准，责令停业、关闭。” （2）《中华人民共和国大气污染防治法》第九十九条第二项：“违反本法规定，有下列行为之一的，由县级以上人民政府环境保护主管部门责令改正或者限制生产、停产整治，并处十万元以上一百万元以下的罚款；情节严重的，报经有批准权的人民政府批准，责令停业、关闭：（二）超过大气污染物排放标准或者超过重点大气污染物排放总量控制指标排放大气污染物的。” （3）《中华人民共和国大气污染防治法》第一百二十三条第二款：“违反本法规定，企业事业单位和其他生产经营者有下列行为之一，受到罚款处罚，被责令改正，拒不改正的，依法作出处罚决定的行政机关可以自责令改正之日的次日起，按照原处罚数额按日连续处罚；（二）超过大气污染物排放标准或者超过重点大气污染物排放总量控制指标排放大气污染物的。” （4）《环境保护主管部门实施限制生产、停产整治办法》第五条：“排污者超过污染物排放标准或者超过重点污染物日最高允许排放总量控制指标的，环境保护主管部门可以责令其采取限制生产措施。” 第六条：“排污者有下列情形之一的，环境保护主管部门可以责令其采取停产整治措施：（一）通过暗管、渗井、渗坑、灌注或者篡改、伪造监测数据，或者不正常运行防治污染设施等逃避监管的方式排放污染物，超过污染物排放标准的；（二）非法排放含重金属、持久性有机污染物等严重危害环境、损害人体健康的污染物超过污染物排放标准三倍以上的；（三）超过重点污染物排放总量年度控制指标排放污染物的；（四）被责令限制生产后仍然超过污染物排放标准排放污染物的；（五）因突发事件造成污染物排放超过排放标准或者重点污染物排放总量控制指标的。” （5）《环境保护主管部门实施按日连续处罚办法》第五条：“排污者有下列行为之一，受到罚款处罚，被责令改正，拒不改正的，依法作出罚款处罚决定的环境保护主管部门可以实施按日连续处罚：（一）超过国家或者地方规定的污染物排放标准，或者超过重点污染物排放总量控制指标排放污染物的。”	检查主要包括资料审查和现场检查两部分。 资料审查具体参照废气排放合规性审查、自行监测审查和执行报告合规性审查。 现场检查废气污染防治设施运行情况。 检查企业有组织排放口的在线设施运行情况。 具体检查参照 6.2 节内容

6.3.1.3 违反排放口规范化要求（见表 6-35）

表 6-35 违反排放口规范化要求的法律依据及检查方法

可能存在的违法行为	违法认定的法律依据	处罚依据	检查方法
（1）排放口位置和数量不符合要求，如废水排放口设置于水源地；不按规定设置废水车间排放口；废水处理有机废气收集处理装置排放筒、含卤代烃有机废气排放口和其他有机废气排放源未按规定设置废气排放口等； （2）污染物排放方式和排放去向不符合要求的； （3）控制污染物的具体措施不符合要求的； （4）排放未经许可的污染物种类的	（1）《中华人民共和国大气污染防治法》第二十条"企业事业单位和其他生产经营者向大气排放污染物的，应当依照法律法规和国务院环境保护主管部门的规定设置大气污染物排放口。" （2）《中华人民共和国水污染防治法》第二十二条："向水体排放污染物的企业事业单位和其他生产经营者，应当按照法律、行政法规和国务院环境保护主管部门的规定设置排污口；在江河、湖泊设置排污口的，还应当遵守国务院水行政主管部门的规定。"	（1）《中华人民共和国大气污染防治法》第一百条第五项："违反本法规定，有下列行为之一的，由县级以上人民政府环境保护主管部门责令改正，处二万元以上二十万元以下的罚款；拒不改正的，责令停产整治：（五）未按照规定设置大气污染物排放口的。" （2）《中华人民共和国水污染防治法》第八十四条："在饮用水水源保护区内设置排污口的，由县级以上地方人民政府责令限期拆除，处十万元以上五十万元以下的罚款；逾期不拆除的，强制拆除，所需费用由违法者承担，处五十万元以上一百万元以下的罚款，并可以责令停产整治。除前款规定外，违反法律、行政法规和国务院环境保护主管部门的规定设置排污口的，由县级以上地方人民政府环境保护主管部门责令限期拆除，处二万元以上十万元以下的罚款；逾期不拆除的，强制拆除，所需费用由违法者承担，处十万元以上五十万元以下的罚款；情节严重的，可以责令停产整治。"	根据 6.1 节排污口情况进行资料审查；校核各装置是否配套有相应的排放口，污染因子是否有遗漏等。根据 6.2 节相关内容

6.3.1.4 违反其他管理要求排放污染物（见表 6-36）

表 6-36 违反管理要求排放污染物的法律依据及检查方法

可能存在的违法行为	违法认定的法律依据	处罚依据	检查方法
未采取措施对管道、设备及密封点进行日常维护、维修；产生泄漏未及时收集处理等	《中华人民共和国大气污染防治法》第四十七条："石油、化工以及其他生产和使用有机溶剂的企业，应当采取措施对管道、设备进行日常维护、维修，减少物料泄漏，对泄漏的物料应当及时收集处理。"	《中华人民共和国大气污染防治法》第一百零八条："违反本法规定，有下列行为之一的，由县级以上人民政府环境保护主管部门责令改正，处二万元以上二十万元以下的罚款；拒不改正的，责令停产整治：（一）产生含挥发性有机物废气的生产和服务活动，未在密闭空间或者设备中进行，未按照规定安装、使用污染防治设施，或者未采取减少废气排放措施的；（二）石油、化工以及其他生产和使用有机溶剂的企业，未采取措施对管道、设备进行日常维护、维修，减少物料泄漏或者对泄漏的物料未及时收集处理的。"	根据《石化企业泄漏检测与修复工作指南》和《石化行业 VOCs 污染源排查工作指南》查看企业的设备与管线组件泄漏污染控制是否防治到位

<table>
<tr><th>可能存在的违法行为</th><th>违法认定的法律依据</th><th>处罚依据</th><th>检查方法</th></tr>
<tr><td>（1）挥发性有机液体储罐不符合管理要求。
（2）浮顶罐浮盘密封措施不到位；固定顶罐未安装密闭排气系统等</td><td rowspan="2">《中华人民共和国大气污染防治法》第四十五条：“产生含挥发性有机物废气的生产和服务活动，应当在密闭空间或者设备中进行，并按照规定安装、使用污染防治设施；无法密闭的，应当采取措施减少废气排放。”
第四十八条：“钢铁、建材、有色金属、石油、化工、制药、矿产开采等企业，应当加强精细化管理，采取集中收集处理等措施，严格控制粉尘和气态污染物的排放。
工业生产企业应当采取密闭、围挡、遮盖、清扫、洒水等措施，减少内部物料的堆存、传输、装卸等环节产生的粉尘和气态污染物的排放。”</td><td>《中华人民共和国大气污染防治法》第一百零八条：“违反本法规定，有下列行为之一的，由县级以上人民政府环境保护主管部门责令改正，处二万元以上二十万元以下的罚款；拒不改正的，责令停产整治：（一）产生含挥发性有机物废气的生产和服务活动，未在密闭空间或者设备中进行，未按照规定安装、使用污染防治设施，或者未采取减少废气排放措施的；（三）石油、化工以及其他生产和使用有机溶剂的企业，未采取措施对管道、设备进行日常维护、维修，减少物料泄漏或者对泄漏的物料未及时收集处理的；（四）储油储气库、加油加气站和油罐车、气罐车等，未按照国家有关规定安装并正常使用油气回收装置的。”</td><td>对照《石油炼制工业污染物排放标准》（GB 31570—2015）和《石油化学工业污染物排放标准》（GB 31571—2015）。
根据 6.2.3 节内容现场检查挥发性有机液体储罐管理运行情况</td></tr>
<tr><td>挥发性有机液体装载过程未采取密闭措施，未设置有机废气收集、回收或处置装置</td><td>《中华人民共和国大气污染防治法》第一百零八条：“违反本法规定，有下列行为之一的，由县级以上人民政府环境保护主管部门责令改正，处二万元以上二十万元以下的罚款；拒不改正的，责令停产整治：（一）产生含挥发性有机物废气的生产和服务活动，未在密闭空间或者设备中进行，未按照规定安装、使用污染防治设施，或者未采取减少废气排放措施的；（五）钢铁、建材、有色金属、石油、化工、制药、矿产开采等企业，未采取集中收集处理、密闭、围挡、遮盖、清扫、洒水等措施，控制、减少粉尘和气态污染物排放的。”</td><td>对照《石化行业 VOCs 污染源排查工作指南》，主要检查企业物料装载过程中，汽车、火车和船舶（包括轮船和驳船）内的蒸汽被装载物料置换时所产生的污染源管控与国家、地方环保法规、标准是否一致。
根据 6.2.3 节内容现场检查装载挥发性有机物的运行管理情况</td></tr>
</table>

可能存在的违法行为	违法认定的法律依据	处罚依据	检查方法
废水集输、储存、处理处置设施产生的恶臭气体未按照规范要求设置恶臭及挥发性有机物的收集处理装置	《中华人民共和国大气污染防治法》第八十条："企业事业单位和其他生产经营者在生产经营活动中产生恶臭气体的，应当科学选址，设置合理的防护距离，并安装净化装置或者采取其他措施，防止排放恶臭气体。" 第四十五条："产生含挥发性有机物废气的生产和服务活动，应当在密闭空间或者设备中进行，并按照规定安装、使用污染防治设施；无法密闭的，应当采取措施减少废气排放。"	《中华人民共和国大气污染防治法》第一百一十七条："违反本法规定，有下列行为之一的，由县级以上人民政府环境保护等主管部门按照职责责令改正，处一万元以上十万元以下的罚款；拒不改正的，责令停工整治或者停业整治：（八）未采取措施防止排放恶臭气体的。" 第一百零八条："违反本法规定，有下列行为之一的，由县级以上人民政府环境保护主管部门责令改正，处二万元以上二十万元以下的罚款；拒不改正的，责令停产整治：（一）产生含挥发性有机物废气的生产和服务活动，未在密闭空间或者设备中进行，未按照规定安装、使用污染防治设施，或者未采取减少废气排放措施的。"	根据 6.2.3 节内容现场检查废水集输、储存、处理处置过程逸散 VOCs 污染源排查过程运行情况，检查范围包括收集系统中排水明渠、未密闭的检查井、隔油井、集水井等，处理设施中未密闭的各类废水储罐（调节池或均质池）、隔油池、气浮池、生物池和澄清池等
未编制重污染天气应急预案；未按照应急预案要求实施停产或限产	《打赢蓝天保卫战三年行动计划》：重点区域实施秋冬季重点行业错峰生产。加大秋冬季工业企业生产调控力度，各地针对钢铁、建材、焦化、铸造、有色、化工等高排放行业，制定错峰生产方案，实施差别化管理。要将错峰生产方案细化到企业生产线、工序和设备，载入排污许可证。企业未按期完成治理改造任务的，一并纳入当地错峰生产方案，实施停产。属于《产业结构调整指导目录》限制类的，要提高错峰限产比例或实施停产。 《大气污染防治法》第九十六条："县级以上地方人民政府应当依据重污染天气的预警等级，及时启动应急预案，根据应急需要可以采取责令有关企业停产或者限产、限制部分机动车行驶、禁止燃放烟花爆竹、停止工地土石方作业和建筑物拆除施工、停止露天烧烤、停止幼儿园和学校组织的户外活动、组织开展人工影响天气作业等应急措施。"	《中华人民共和国大气污染防治法》第三十条："企业事业单位和其他生产经营者违反法律法规规定排放大气污染物，造成或者可能造成严重大气污染，或者有关证据可能灭失或者被隐匿的，县级以上人民政府环境保护主管部门和其他负有大气环境保护监督管理职责的部门，可以对有关设施、设备、物品采取查封、扣押等行政强制措施。"	查阅特殊时段环境管理台账，查阅排污许可证管理要求及管理台账记录，是否明确停产、限产的起止时间，该期间的用电量、用水量、原辅材料用量等数据

可能存在的违法行为	违法认定的法律依据	处罚依据	检查方法
超过排污许可证规定的固体废物贮存、转移、利用、处置、重量或数量的	《中华人民共和国固体废物污染环境防治法》第三十九条：“产生工业固体废物的单位应当取得排污许可证。排污许可的具体办法和实施步骤由国务院规定。 产生工业固体废物的单位应当向所在地生态环境主管部门提供工业固体废物的种类、数量、流向、贮存、利用、处置等有关资料，以及减少工业固体废物产生、促进综合利用的具体措施，并执行排污许可管理制度的相关规定。” 第七十八条：“产生危险废物的单位，应当按照国家有关规定制定危险废物管理计划；建立危险废物管理台账，如实记录有关信息，并通过国家危险废物信息管理系统向所在地生态环境主管部门申报危险废物的种类、产生量、流向、贮存、处置等有关资料。 前款所称危险废物管理计划应当包括减少危险废物产生量和降低危险废物危害性的措施以及危险废物贮存、利用、处置措施。危险废物管理计划应当报产生危险废物的单位所在地生态环境主管部门备案。 产生危险废物的单位已经取得排污许可证的，执行排污许可管理制度的规定。”	《中华人民共和国固体废物污染环境防治法》第一百零四条：“违反本法规定，未依法取得排污许可证产生工业固体废物的，由生态环境主管部门责令改正或者限制生产、停产整治，处十万元以上一百万元以下的罚款；情节严重的，报经有批准权的人民政府批准，责令停业或者关闭。”	查阅排污许可证填报的固废管理相关数据，对照管理台账，核实固废种类、数量、转移联单、处置去向等是否符合要求。 现场检查企业的固体废物贮存场所是否符合规范要求

6.3.2 违反排污许可证规定管理要求

6.3.2.1 违反自行监测要求（见表 6-37 和表 6-38）

表 6-37 违反自行监测要求的法律依据及检查方法

可能存在的违法行为	违法认定的法律依据	处罚依据	检查方法
（1）未按规定开展自行监测； （2）未按要求保存原始监测数据的；未按要求提交自行监测数据； （3）篡改和伪造监测数据的	（1）《中华人民共和国水污染防治法》第二十三条：“实行排污许可管理的企业事业单位和其他生产经营者应当按照国家有关规定和监测规范，对所排放的水污染物自行监测，并保存原始监测记录。重点排污单位还应当安装水污染物排放自动监测设备，与环境保护主管部门的监控设备联网，并保证监测设备正常运行。” 第二十四条：“企业事业单位和其他生产经营者应当按照国家有关规定和监测规范，对其排放的工业废气和本法第七十八条规定名录中所列有毒有害大气污染物进行监测，并保存原始监测记录。其中，重点排污单位应当安装、使用大气污染物排放自动监测设备，与环境保护主管部门的监控设备联网，保证监测设备正常运行并依法公开排放信息。” （2）《中华人民共和国环境保护法》第四十二条第四款：“严禁通过暗管、渗井、渗坑、灌注或者篡改、伪造监测数据，或者不正常运行防治污染设施等逃避监管的方式违法排放污染物。”	（1）《中华人民共和国水污染防治法》第八十二条：“违反本法规定，有下列行为之一的，由县级以上人民政府环境保护主管部门责令限期改正，处二万元以上二十万元以下的罚款；逾期不改正的，责令停产整治：（一）未按照规定对所排放的水污染物自行监测，或者未保存原始监测记录的；（二）未按照规定安装水污染物排放自动监测设备，未按照规定与环境保护主管部门的监控设备联网，或者未保证监测设备正常运行的；（三）未按照规定对有毒有害水污染物的排污口和周边环境进行监测，或者未公开有毒有害水污染物信息的。” 第八十三条：“违反本法规定，有下列行为之一的，由县级以上人民政府环境保护主管部门责令改正或者责令限制生产、停产整治，并处十万元以上一百万元以下的罚款；情节严重的，报经有批准权的人民政府批准，责令停业、关闭：（三）利用渗井、渗坑、裂隙、溶洞，私设暗管，篡改、伪造监测数据，或者不正常运行水污染防治设施等逃避监管的方式排放水污染物的。” （2）《中华人民共和国大气污染防治法》第九十九条第三项：“违反本法规定，有下列行为之一的，由县级以上人民政府环境保护主管部门责令改正或者限制生产、停产整治，并处十万元以上一百万元以下的罚款；情节严重的，报经有批准权的人民政府批准，责令停业、关闭：（三）通过逃避监管的方式排放大气污染物的。” 第一百条：“违反本法规定，有下列行为之一的，由县级以上人民政府环境保护主管部门责令改正，处二万元以上二十万元以下的罚款；拒不改正的，责令停产整治：（一）侵占、损毁或者擅自移动、改变大气环境质量监测设施或者大气污染物排放自动监测设备的；（二）未按照规定对所排放的工业废气和有毒有害大气污染物进行监测并保存原始监测记录的；（三）未按照规定安装、使用大气污染物排放自动监测设备或者未按照规定与环境保护主管部门的监控设备联网，并保证监测设备正常运行的。”	进行自行监测资料审查。 根据自动监控设施运行情况现场检查。 对照《环境监测数据弄虚作假行为判定及处理办法》进行现场检查

可能存在的违法行为	违法认定的法律依据	处罚依据	检查方法
	(3)《中华人民共和国水污染防治法》第三十九条："禁止利用渗井、渗坑、裂隙、溶洞，私设暗管，篡改、伪造监测数据，或者不正常运行水污染防治设施等逃避监管的方式排放水污染物。" (4)《中华人民共和国大气污染防治法》第二十条第二款："禁止通过偷排、篡改或者伪造监测数据、以逃避现场检查为目的的临时停产、非紧急情况下开启应急排放通道、不正常运行大气污染防治设施等逃避监管的方式排放大气污染物。"	(3)《中华人民共和国土壤污染防治法》第八十六条："违反本法规定，有下列行为之一的，由地方人民政府生态环境主管部门或者其他负有土壤污染防治监督管理职责的部门责令改正，处以罚款；拒不改正的，责令停产整治：（一）土壤污染重点监管单位未制定、实施自行监测方案，或者未将监测数据报生态环境主管部门的；有前款规定行为之一的，处二万元以上二十万元以下的罚款；有前款第二项、第四项、第五项、第七项规定行为之一，造成严重后果的，处二十万元以上二百万元以下的罚款。" (4)《中华人民共和国环境保护法》第六十三条："企业事业单位和其他生产经营者有下列行为之一，尚不构成犯罪的，除依照有关法律法规规定予以处罚外，由县级以上人民政府环境保护主管部门或者其他有关部门将案件移送公安机关，对其直接负责的主管人员和其他直接责任人员，处十日以上十五日以下拘留；情节较轻的，处五日以上十日以下拘留：（三）通过暗管、渗井、渗坑、灌注或者篡改、伪造监测数据，或者不正常运行防治污染设施等逃避监管的方式违法排放污染物的。"	

表 6-38　环境监测数据弄虚作假行为检查表

检查内容	检查对照依据	具体对照要求	是否符合
是否存在环境监测数据弄虚作假行为	《环境监测数据弄虚作假行为判定及处理办法》	篡改监测数据，系指利用某种职务或者工作上的便利条件，故意干预环境监测活动的正常开展，导致监测数据失真的行为，包括以下情形： （一）未经批准部门同意，擅自停运、变更、增减环境监测点位或者故意改变环境监测点位属性的； （二）采取人工遮挡、堵塞和喷淋等方式，干扰采样口或周围局部环境的； （三）人为操纵、干预或者破坏排污单位生产工况、污染源净化设施，使生产或污染状况不符合实际情况的； （四）稀释排放或者旁路排放，或者将部分或全部污染物不经规范的排污口排放，逃避自动监控设施监控的； （五）破坏、损毁监测设备站房、通讯线路、信息采集传输设备、视频设备、电力设备、空调、风机、采样泵、采样管线、监控仪器或仪表以及其他监测监控或辅助设施的； （六）故意更换、隐匿、遗弃监测样品或者通过稀释、吸附、吸收、过滤、改变样品保存条件等方式改变监测样品性质的； （七）故意漏检关键项目或者无正当理由故意改动关键项目的监测方法的； （八）故意改动、干扰仪器设备的环境条件或运行状态或者删除、修改、增加、干扰监测设备中存储、处理、传输的数据和应用程序，或者人为使	

检查内容	检查对照依据	具体对照要求	是否符合
		用试剂、标样干扰仪器的； （九）未向环境保护主管部门备案，自动监测设备暗藏可通过特殊代码、组合按键、远程登录、遥控、模拟等方式进入不公开的操作界面对自动监测设备的参数和监测数据进行秘密修改的； （十）故意不真实记录或者选择性记录原始数据的； （十一）篡改、销毁原始记录，或者不按规范传输原始数据的； （十二）对原始数据进行不合理修约、取舍，或者有选择性评价监测数据、出具监测报告或者发布结果，以至评价结论失真的； （十三）擅自修改数据的； （十四）其他涉嫌篡改监测数据的情形。 伪造监测数据，系指没有实施实质性的环境监测活动，凭空编造虚假监测数据的行为，包括以下情形： （一）纸质原始记录与电子存储记录不一致，或者谱图与分析结果不对应，或者用其他样品的分析结果和图谱替代的； （二）监测报告与原始记录信息不一致，或者没有相应原始数据的； （三）监测报告的副本与正本不一致的； （四）伪造监测时间或者签名的； （五）通过仪器数据模拟功能，或者植入模拟软件，凭空生成监测数据的； （六）未开展采样、分析，直接出具监测数据或者到现场采样、但未开设烟道采样口，出具监测报告的； （七）未按规定对样品留样或保存，导致无法对监测结果进行复核的； （八）其他涉嫌伪造监测数据的情形	

6.3.2.2 违反台账记录要求（参考表 6-39）

表 6-39 违反管理台账要求的法律依据及检查方法

可能存在的违法行为	违法认定的法律依据	处罚依据	检查方法
未按要求记录台账的； 台账内容不真实、不完整的		《排污许可管理条例》（草案征求意见稿）第六十九条［违反台账记录（按日计罚）］违反本条例规定，有下列行为之一的，由设区的市级以上地方生态环境主管部门责令改正，并处每日一千元以上二万元以下的罚款；拒不改正的，依法作出处罚决定的行政机关可以自责令改正之日的次日起，按照原处罚数额按日连续处罚： （一）未按照排污许可证规定要求记录台账的； （二）台账内容不真实、不完整的	根据 6.1.5 节进行信息公开资料审查

6.3.2.3 违反执行报告要求（参考表 6-40）

表 6-40 违反执行报告要求的法律依据及检查方法

可能存在的违法行为	违法认定的法律依据	处罚依据	检查方法
未按要求提交执行报告的； 执行报告内容不真实、不完整的		《排污许可管理条例》（草案征求意见稿）第七十条［违反执行报告（按次计罚）］违反本条例规定，有下列行为之一的，由县级以上地方生态环境主管部门责令改正，并处每次五千元以上十万元以下的罚款；拒不改正的，责令停产整治： （一）未按照排污许可证规定要求提交执行报告的； （二）执行报告内容不真实、不完整的	根据 7.1.4 节进行信息公开资料审查

6.3.2.4 违反信息公开要求（见表 6-41）

表 6-41 违反信息公开要求的法律依据及检查方法

可能存在的违法行为	违法认定的法律依据	处罚依据	检查方法
不按规定公开环境信息	《中华人民共和国环境保护法》第五十五条："重点排污单位应当如实向社会公开其主要污染物的名称、排放方式、排放浓度和总量、超标排放情况，以及防治污染设施的建设和运行情况，接受社会监督。"	(1)《中华人民共和国环境保护法》第六十二条："违反本法规定，重点排污单位不公开或者不如实公开环境信息的，由县级以上地方人民政府环境保护主管部门责令公开，处以罚款，并予以公告。" (2)《中华人民共和国大气污染防治法》第一百条："违反本法规定，有下列行为之一的，由县级以上人民政府环境保护主管部门责令改正，处二万元以上二十万元以下的罚款；拒不改正的，责令停产整治：（四）重点排污单位不公开或者不如实公开自动监测数据的。"	根据 6.1.4 节进行信息公开资料审查

6.3.2.5 不正当手段取得排污许可证（参考表 6-42）

表 6-42 不正当手段取得排污许可证的法律依据及检查方法

可能存在的违法行为	违法认定的法律依据	处罚依据	检查方法
通过隐瞒、提供虚假材料、欺骗、贿赂等不正当手段取得排污许可证		《排污许可管理条例》（草案征求意见稿）第七十三条［材料弄虚作假］排污单位以隐瞒、提供虚假材料、欺骗、贿赂等不正当手段取得排污许可证的，设区的市级以上地方生态环境主管部门责令改正，并处二万元以上二十万元以下罚款；情节严重的，吊销排污许可证，三年内不得重新申请排污许可证，并处二十万以上一百万以下罚款。 前款规定的排污单位以不正当手段取得排污许可证的，由生态环境主管部门对直接负责的主管人员和其他直接责任人员，处一万以上五万以下罚款；情节严重的，十年内禁止从事相关业务；构成犯罪的，终身禁止从事相关业务	通过现场检查和资料审查，校核企业是否存在提供虚假材料等行为；可委托第三方对相关申报材料进行现场核实

6.3.2.6 违反证照管理要求（参考表 6-43）

表 6-43 违反执行报告要求的法律依据及检查方法

可能存在的违法行为	违法认定的法律依据	处罚依据	检查方法
（1）涂改、非法转让、遗失后未及时补办排污许可证的； （2）未及时变更排污许可证的	《排污许可管理条例》（草案征求意见稿）第三十七条［证照管理］排污单位应当妥善保管排污许可证，确保排污许可证保持完整、未受到损毁，并在生产经营场所内方便公众查看区域悬挂排污许可证正本，以便公众监督。禁止涂改或者使用伪造的排污许可证，禁止以出租、出借等方式非法转让排污许可证	《排污许可管理条例》（草案征求意见稿）第七十四条［证书管理不善］排污单位涂改排污许可证、非法转让排污许可证、遗失后未及时补办排污许可证的，由设区的市级以上地方生态环境主管部门责令改正，并处一万元以上十万元以下罚款。 第七十五条［未按时变更］发生本条例第五十一条变更情形，而排污单位未按时变更的，并由设区的市级以上地方生态环境主管部门责令改正，并处一万元以上十万元以下罚款	现场查看其排污许可证悬挂位置，资料审查其排污许可证；通过资料审查，核实企业是否存在应变更而未及时变更的行为。（1）核实企业生产实际和申请的相符性；（2）核实排放标准变更、重污染天气应急预案要求，限期达标规划要求变更等外部条件变更导致的情形

6.3.3 其他常见违法行为

6.3.3.1 不配合检查（见表6-44）

表6-44 不配合检查的法律依据及检查方法

可能存在的违法行为	违法认定的法律依据	处罚依据	检查方法
（1）采取拖延、围堵、滞留执法人员等方式拒绝、阻挠环境保护主管部门；（2）接受检查时弄虚作假	(1)《中华人民共和国水污染防治法》第三十条："环境保护主管部门和其他依照本法规定行使监督管理权的部门，有权对管辖范围内的排污单位进行现场检查，被检查的单位应当如实反映情况，提供必要的资料。检查机关有义务为被检查的单位保守在检查中获取的商业秘密。" （2）违反《中华人民共和国大气污染防治法》第二十九条："环境保护主管部门及其委托的环境监察机构和其他负有大气环境保护监督管理职责的部门，有权通过现场检查监测、自动监测、遥感监测、远红外摄像等方式，对排放大气污染物的企业事业单位和其他生产经营者进行监督检查。被检查者应当如实反映情况，提供必要的资料。实施检查的部门、机构及其工作人员应当为被检查者保守商业秘密。"	（1）《中华人民共和国水污染防治法》第八十一条："以拖延、围堵、滞留执法人员等方式拒绝、阻挠环境保护主管部门或者其他依照本法规定行使监督管理权的部门的监督检查，或者在接受监督检查时弄虚作假的，由县级以上人民政府环境保护主管部门或者其他依照本法规定行使监督管理权的部门责令改正，处二万元以上二十万元以下的罚款。" （2）《中华人民共和国大气污染防治法》第九十八条："违反本法规定，以拒绝进入现场等方式拒不接受环境保护主管部门及其委托的环境监察机构或者其他负有大气环境保护监督管理职责的部门的监督检查，或者在接受监督检查时弄虚作假的，由县级以上人民政府环境保护主管部门或者其他负有大气环境保护监督管理职责的部门责令改正，处二万元以上二十万元以下的罚款；构成违反治安管理行为的，由公安机关依法予以处罚。" （3）《中华人民共和国土壤污染防治法》第九十三条："违反本法规定，被检查者拒不配合检查，或者在接受检查时弄虚作假的，由地方人民政府生态环境主管部门或者其他负有土壤污染防治监督管理职责的部门责令改正，处二万元以上二十万元以下的罚款；对直接负责的主管人员和其他直接责任人员处五千元以上二万元以下的罚款。"	根据6.1节材料审查和6.2节现场检查情况汇总，如有发现企业存在管理台账、自行监测、污染防治设施运行记录等方面弄虚作假行为的，可依据该项处罚依据进行处罚

6.3.3.2 违反监测设施要求（见表 6-45 和表 6-46）

表 6-45 违反监测设施要求的法律依据及检查方法

可能存在的违法行为	违法认定的法律依据	处罚依据	检查方法
（1）侵占、损毁或者擅自移动、改变生态环境质量监测设施或者污染物排放自动监测设备的； （2）未按照要求安装、使用污染物排放自动监测设备或者未按照要求与生态环境主管部门的监控设备联网，并保证监测设备正常运行的； （3）违反国家规定，对污染源监控系统进行删除、修改、增加、干扰，或者对污染源监控系统中存储、处理、传输的数据和应用程序进行删除、修改、增加，造成污染源监控系统不能正常运行的； （4）其他致使监测、监控设施不能正常运行的情形	《中华人民共和国水污染防治法》第二十三条："实行排污许可管理的企业事业单位和其他生产经营者应当按照国家有关规定和监测规范，对所排放的水污染物自行监测，并保存原始监测记录。重点排污单位还应当安装水污染物排放自动监测设备，与环境保护主管部门的监控设备联网，并保证监测设备正常运行。" 第二十四条："企业事业单位和其他生产经营者应当按照国家有关规定和监测规范，对其排放的工业废气和本法第七十八条规定名录中所列有毒有害大气污染物进行监测，并保存原始监测记录。其中，重点排污单位应当安装、使用大气污染物排放自动监测设备，与环境保护主管部门的监控设备联网，保证监测设备正常运行并依法公开排放信息。"	（1）《中华人民共和国水污染防治法》第八十二条："违反本法规定，有下列行为之一的，由县级以上人民政府环境保护主管部门责令限期改正，处二万元以上二十万元以下的罚款；逾期不改正的，责令停产整治：（一）未按照规定对所排放的水污染物自行监测，或者未保存原始监测记录的；（二）未按照规定安装水污染物排放自动监测设备，未按照规定与环境保护主管部门的监控设备联网，或者未保证监测设备正常运行的；（三）未按照规定对有毒有害水污染物的排污口和周边环境进行监测，或者未公开有毒有害水污染物信息的。" （2）《中华人民共和国大气污染防治法》第一百条："违反本法规定，有下列行为之一的，由县级以上人民政府环境保护主管部门责令改正，处二万元以上二十万元以下的罚款；拒不改正的，责令停产整治：（一）侵占、损毁或者擅自移动、改变大气环境质量监测设施或者大气污染物排放自动监测设备的；（二）未按照规定对所排放的工业废气和有毒有害大气污染物进行监测并保存原始监测记录的；（三）未按照规定安装、使用大气污染物排放自动监测设备或者未按照规定与环境保护主管部门的监控设备联网，并保证监测设备正常运行的。" （3）《中华人民共和国土壤污染防治法》第八十六条："违反本法规定，有下列行为之一的，由地方人民政府生态环境主管部门或者其他负有土壤污染防治监督管理职责的部门责令改正，处以罚款；拒不改正的，责令停产整治：（一）土壤污染重点监管单位未制定、实施自行监测方案，或者未将监测数据报生态环境主管部门的；有前款规定行为之一的，处二万元以上二十万元以下的罚款；有前款第二项、第四项、第五项、第七项规定行为之一，造成严重后果的，处二十万元以上二百万元以下的罚款。"	根据《污染源自动监控设施现场监督检查技术指南》，现场核实企业自动监控设施管理是否符合规范要求，是否存在不正常运行等情况。具体检查可参照《污染源自动监控设施现场监督检查技术指南》内容

表 6-46 检查企业是否存在违反监测设施行为对照表

检查内容	检查对照依据	具体对照要求	检查重点
是否存在违反监测设施的行为	《污染源自动监控设施现场监督检查技术指南》	以下为自动监控设施不正常运行判定情形。 （1）数据异常 ①长期无正当理由无自动监控数据。 ②自动监控数据长期在仪器分析方法检出限上下波动。 ③自动监控数据变化幅度长期在某一固定值上下小幅波动。 ④自动监控数据变化幅度长期在量程 2%以内波动。 ⑤监督性监测数值与同时段自动监控数值的误差超过 HJ/T 354 及 HJ 75 规定的比对监测指标范围。 ⑥分析仪器、数采仪、监控中心之间数据异常。分析仪器数据与数采仪数据偏差大于 1%。数采仪数据与监控中心数据偏差大于 1%。 ⑦企业生产工况、污染治理设施运行与自动监控数据的相关性异常。 ⑧其他不符合逻辑的数据变化情形。 （2）仪器参数设置异常 ①仪器量程设置过大。 ②实际监测条件发生变化，仪器参数未相应调整或变化调整未进行登记备案。 ③自动监控数据换算公式与有关国家技术规定不一致。 ④标准曲线发生改变未进行登记备案。 （3）自动监控设施状态异常 ①部分擅自停运或闲置。 ②工作环境发生变化未进行登记备案。 ③自动监控设施硬件、软件发生变化未进行登记备案	（1）废水自动监控设施重点检查：废水采样系统、化学需氧量（COD_{Cr}）自动监测仪、总有机碳（TOC）分析仪、紫外（UV）吸收水质自动监测仪、重金属自动监测仪、流量计、校准和校验检查； （2）固定污染源烟气自动监控设施重点检查采样单元、分析单元、校准和校验检查

6.3.3.3 逃避监管（见表 6-47 和表 6-48）

表 6-47 逃避监管的法律依据及检查方法

可能存在的违法行为	违法认定的法律依据	处罚依据	检查方法
（1）将部分或全部废水、废气或者其他污染物不经过处理设施，直接排入环境。 （2）通过私设暗管或者其他隐蔽排放的方式，将废水、	（1）《中华人民共和国环境保护法》第四十二条第四款："严禁通过暗管、渗井、渗坑、灌注或者篡改、伪造监测数据，或者	（1）《中华人民共和国环境保护法》第六十三条："企业事业单位和其他生产经营者有下列行为之一，尚不构成犯罪的，除依照有关法律法规规定予以处罚外，由县级以上人民政府环境保护主管部门或者其他有关部门将案件移送公安机关，对其直接负责的主管人员和其他直接责任人员，处十日以上十五日以下拘留；情节较轻的，处五日以上十日以下拘留：（三）通过暗管、渗井、渗坑、灌注或者篡改、伪造监测数据，或	现场检查企业污染防治设施的运行情况

可能存在的违法行为	违法认定的法律依据	处罚依据	检查方法
废气或者其他污染物不经处理而排入环境。 (3) 非紧急情况下开启污染物处理设施的应急排放阀门，将部分或全部废水、废气或者其他污染物直接排入环境。 (4) 将未经处理或处理不达标的废水、废气或者其他污染物从污染物处理设施的中间工序引出直接排入环境。 (5) 不正常使用污染处理设施，在污染物处理设施末端采取稀释排放的手段。 (6) 将部分污染物处理设施无理由短期或者长期停止运行的，致使处理设施不能正常发挥处理作用。 (7) 违反操作规程使用污染物处理设施，致使处理设施不能正常发挥处理作用。 (8) 污染物处理设施发生故障后，排污单位不及时或者不按规程进行检查和维修，致使处理设施不能正常发挥处理作用。 (9) 违反污染物处	不正常运行防治污染设施等逃避监管的方式违法排放污染物。” (2)《中华人民共和国水污染防治法》第三十九条：“禁止利用渗井、渗坑、裂隙、溶洞，私设暗管，篡改、伪造监测数据，或者不正常运行水污染防治设施等逃避监管的方式排放水污染物。” (3)《中华人民共和国大气污染防治法》第二十条第二款：“禁止通过偷排、篡改或者伪造监测数据、以逃避现场检查为目的的临时停产、非紧急情况下开启应急排放通道、不正常运行大气污染防治设施等逃避监管的方式排放大气污染物。”	者不正常运行防治污染设施等逃避监管的方式违法排放污染物的。” (2)《中华人民共和国水污染防治法》第八十三条：“违反本法规定，有下列行为之一的，由县级以上人民政府环境保护主管部门责令改正或者责令限制生产、停产整治，并处十万元以上一百万元以下的罚款；情节严重的，报经有批准权的人民政府批准，责令停业、关闭：(三) 利用渗井、渗坑、裂隙、溶洞，私设暗管，篡改、伪造监测数据，或者不正常运行水污染防治设施等逃避监管的方式排放水污染物的。” (3)《中华人民共和国大气污染防治法》第九十九条第三项：“违反本法规定，有下列行为之一的，由县级以上人民政府环境保护主管部门责令改正或者限制生产、停产整治，并处十万元以上一百万元以下的罚款；情节严重的，报经有批准权的人民政府批准，责令停业、关闭：(三) 通过逃避监管的方式排放大气污染物的。” 第一百二十三条：“违反本法规定，企业事业单位和其他生产经营者有下列行为之一，受到罚款处罚，被责令改正，拒不改正的，依法作出处罚决定的行政机关可以自责令改正之日的次日起，按照原处罚数额按日连续处罚：(三) 通过逃避监管的方式排放大气污染物的。” (4)《环境保护主管部门实施查封、扣押办法》第四条：“排污者有下列情形之一的，环境保护主管部门依法实施查封、扣押：(四) 通过暗管、渗井、渗坑、灌注或者篡改、伪造监测数据，或者不正常运行防治污染设施等逃避监管的方式违反法律法规规定排放污染物的。环境保护主管部门应当实施查封、扣押。” (5)《环境保护主管部门实施限制生产、停产整治办法》第六条：“排污者有下列情形之一的，环境保护主管部门可以责令其采取停产整治措施：(一) 通过暗管、渗井、渗坑、灌注或者篡改、伪造监测数据，或者不正常运行防治污染设施等逃避监管的方式排放污染物，超过污染物排放标准的。” (6)《环境保护主管部门实施按日连续处罚办法》第五条“排污者有下列行为之一，受到罚款处罚，被责令改正，拒不改正的，依法作出罚款处罚决定的环境保护主管部门可以实施按日连续处罚：(二) 通过暗管、渗井、渗坑、灌注或者篡改、伪造监测数据，或者不正常运行防治污染设施等逃避监管的方式排放污染物	

可能存在的违法行为	违法认定的法律依据	处罚依据	检查方法
理设施正常运行所需的条件，致使处理设施不能正常运行的其他情形。 （10）以逃避现场检查为目的的临时停产		的”；第十条“环境保护主管部门应当在送达责令改正违法行为决定书之日起三十日内，以暗查方式组织对排污者违法排放污染物行为的改正情况实施复查”；第十二条“环境保护主管部门复查时发现排污者拒不改正违法排放污染物行为的，可以对其实施按日连续处罚”；第十三条“排污者具有下列情形之一的，认定为拒不改正：（一）责令改正违法行为决定书送达后，环境保护主管部门复查发现仍在继续违法排放污染物的”	

表 6-48 不正常运行污染防治设施的检查要点及方法

检查内容	检查要点	检查方法
废水污染防治设施是否存在不正常运行情况	(1)查看煤堆场喷淋水排放情况，是否有专门收集设施，收集的废水是否排往废水处理设施。 (2)查看环燃料堆场的雨水沟是否有喷淋水排放的痕迹，是否有软管通往雨水沟排放；查看环燃料堆场是否有跑冒滴漏情况。 (3)现场检查生产厂区排水系统，包括工艺废水、生活污水、循环冷却水排污水、污染雨水等废水处理设施是否正常运行，查看日常运行情况。如开启污染设施应急排放阀门，将部分污水或者其他污染物直接排入环境（或污水管网）；排放超标水污染物，如经雨水沟。 (4)查看污水处理站是否私设暗管或规避监管排污。 (5)查看有污水产生的各生产单元是否私设暗管或规避监管排污。 (6)查看工艺装置的预处理污水设施是否正常收集、预处理，是否存在泄漏或者规避监管排污情况；查看工艺废水处理设施中隔油、气浮设施的除油情况。 (7)查看好氧曝气状态和物化沉淀情况，查看好氧曝气设施运行台账和企业好氧设施运行规程，	(1)主要查找煤堆场废水几个排放去向，查找煤堆场废水排放管道走向，沿煤堆场周边查找是否存在暗管、软管排放痕迹或煤堆场废水排放痕迹。 (2)主要查看煤堆场废水是否全部排至收集设施，收集设施是否及时排至污水站处理。查看环煤堆场雨水沟是否存在遗漏点、断点、节点，查看煤堆场外是否有煤渣排放痕迹。 (3)主要查找生产厂区废水几个排放去向，查找废水排放管道走向，各生产单元周边查找是否存在暗管、软管排放痕迹或废水排放痕迹，对比中控历史曲线或记录台账，查看废水进污水站情况是否异常。 (4)查看废水设计方案、图纸或者现场悬挂的废水处理工艺示意图，勘查现场废水处理设施位置、铭牌等，核查各废水处理设施的完备性。 (5)查看各工艺装置废水是否单独收集、储存，需预处理的有无预处理，禁止与其他废水混合稀释。 (6)查看工艺废水（含油废水、含碱废水、含盐废水、含硫含氨酸性水、含苯系物废水等）、其他工艺废水、污染雨水、生活污水、循环冷却水排水、余热锅炉排污水等废水是否均收集进入废水处理设施。 (7)查看隔油、气浮等处理装置是否正常工作，装置出水含油率是否符合后续生化系统的进水要求，以此作为生化系统是否正常运行的判断依据之一。必要时可在气浮出水处采样监测。 (8)查看好氧曝气设备是否开机，曝气状态是否均匀，有无曝气气泡明显偏少区域，查看好氧曝气数据（污泥浓度、含氧量、污泥沉降比）是否符合要求，好氧进水浓度是否存在过高情况，好氧出水情况是否与在线数据相符。查看

检查内容	检查要点	检查方法
	检查近期好氧进出水数据、好氧曝气数据、废水好氧设施中控室现场数据、加药数据等。 (8)查看污泥处理设施情况，检查气浮池、二沉池、调节池等工序产生污泥是否专管输送至污泥处理，检查污泥压滤状态、污泥储存情况、污泥运送处理情况。查看污泥储存是否存在跑冒滴漏的情况，污泥储存是否符合要求。压滤废水是否回抽至废水处理设施。 (9)查看是否存在稀释方式排放废水，如冷却水直接汇入调节池进行稀释，降低工艺废水浓度。 (10)查看部分水污染处理设施是否存在短期或长期停止运行情况	中控室现场情况显示各项设施是否开机运行，加药数据是否符合常规。必要时可在好氧进出水处采样监测。综合上述判断生化系统是否正常运行。 (9)查看各废水处理设施历史运行记录，结合记录中的运行时间、处理水量、能耗、药耗等数据，综合判断历史运行记录的真实性，确定废水处理设施的历史运行情况；查看计量装置是否完备，核定处理水量与生产系统产生的水量是否相符。 (10)查看污水处理进出水环节，水质是否变化较大；查看各污水处理环节的流量是否存在较大差异；查看污水处理设施周边管道，是否有无关管道或阀门；查看周边排污雨水管道或其他管道，是否有排污情况痕迹或超越污水流程排污。 (11)查看污水处理站各环节，是否会出现水质的较大变化；查看各生产单元周边管道，是否有无关管道或阀门；查看周边排污雨水管道或其他管道，是否有排污痕迹或超越污水处理流程的排污情况。 (12)查看雨水管网闸阀设置，雨水管网与污水管网或污水处理站连通及闸阀转换设置，查看雨水排放口排放情况，开展雨天现场检查
废气污染防治设施是否存在不正常运行情况	(1)查看煤堆场、燃料转运系统、灰渣库及各类产生粉尘的料仓，是否有抑尘与除尘处理设施。 (2)查看锅炉、工艺加热炉、反应炉等烟气处理设施与含酸、含挥发性有机物等工艺废气的处理设施在运行中是否故意开启烟气盘路或超越管直接排放。 (3)查看脱硫、脱硝、除尘、脱酸、焚烧、油气回收与除臭等废气治理设施是否正常运行。 (4)查看火炬长明灯是否正常工作	(1)检查锅炉、工艺加热炉、反应炉等烟气的旁路封闭情况，检查是否为非正常工况情况。 (2)通过现场勘查和查阅设计图纸检查是否存在烟气旁路通道。如有，通过分布式控制系统(DCS)显示的旁路烟道挡板门开关信号、旁路烟气流量及温度的实时和历史曲线判断旁路是否开启。 (3)通过DCS系统实时参数(温度、流量等)和历史曲线判断脱硝、除尘、脱硫、脱酸、焚烧、油气回收等设施是否正常运行，尾气是否达标排放，必要时可采样监测。 (4)检查是否存在吹灰或装置烧焦作业等特殊情况导致的超标情况。 (5)检查气柜是否存在泄漏，事故排放火炬长明灯是否正常工作。 (6)现场检查污染治理设施运行和维修记录等台账记录，如用电量记录、布袋更换记录、碱脱硫剂的消耗记录、氨水或液氨消耗记录、油气回收量记录等，并根据石油炼制工业污染源源强核算技术指南，核算记录数据的合理性。 (7)现场检查生物除臭设施运行情况，查看药剂使用量、工作温度、压力损失等记录台账判断其运行情况，检查循环液中污泥性状，可对尾气采样监测，判断其是否超标排放

6.3.3.4　违反环境污染有关刑事法律规定的法律责任

涉及严重污染环境的情形，按照《中华人民共和国刑法》和《最高人民法院 最高人民检察院关于办理环境污染刑事案件适用法律若干问题的解释》（法释〔2016〕29 号）有关规定执行。

附件：

计量单位换算表

单位符号	单位名称	换算系数
bbl（US liq）	液量桶	1 bbl（US liq）=31.5 gal（US） =1.192 40×10^2 dm^3
Btu	英热单位	1 Btu=1 055.06 J
ft	英尺	1 ft=0.304 8 m
ft^3	立方英尺	1 ft^3=2.831 685×10^{-2} m^3
gal	加仑	1 gal（US）=3.785 43 L
lb	磅	1 lb=0.453 592 kg
psi	磅力每平方英寸	1 psi=6 894.76 Pa
psia	磅力每平方英寸（绝对压力）	
psig	磅力每平方英寸（表压）	
ton（US）	短吨	1 ton（US）=2 000 lb=907.184 74 kg